网络设备配置与维护项目化教程

（第2版）

主　编　李亚方　刘　静
副主编　杨正校　李志刚

以项目为载体、以任务为驱动、以学生为中心
引入企业情境、引导学习流程、强化过程管理

北京理工大学出版社
BEIJING INSTITUTE OF TECHNOLOGY PRESS

内容提要

本书以项目为载体，以任务为驱动，以学生为中心，引入企业情境，引导学习流程，强化过程管理。教程的体系结构完整，内容丰富，结构清晰，通俗易懂，实例众多。所有任务均以与思科模拟器和锐捷等真实设备相结合的方式进行编写，在学校设备不足的情况下也能使每个学生在上课的时候都可以独立操作。每次实验都要提交实验结果，每个任务末尾都附有相关理论和习题，推行"做中学、做中教"的引导式、互动式教学方法。

本书由多年从事计算机网络技术教学工作及网络系统集成项目的教师及工程技术人员编写，既可以作为信息类相关专业的教学用书，也可以作为网络培训或工程技术人员的自学用书，还可以为参加 CCNA、RCNA 等相关网络工程师考试的读者提供参考和帮助。

图书在版编目（CIP）数据

网络设备配置与维护项目化教程/李亚方，刘静主编．—2 版．—北京：北京理工大学出版社，2020.6

ISBN 978－7－5682－7844－7

Ⅰ．①网…　Ⅱ．①李…②刘…　Ⅲ．①网络设备－配置－教材②网络设备－维修－教材　Ⅳ．①TP393

中国版本图书馆 CIP 数据核字（2019）第 243530 号

出版发行／北京理工大学出版社有限责任公司
社　　址／北京市海淀区中关村南大街 5 号
邮　　编／100081
电　　话／（010）68914775（总编室）
　　　　　82562903（教材售后服务热线）
　　　　　68948351（其他图书服务热线）
网　　址／http：//www.bitpress.com.cn
经　　销／全国各地新华书店
印　　刷／涿州市新华印刷有限公司
开　　本／787 毫米×1092 毫米　1/16
印　　张／16.5
字　　数／383 千字
版　　次／2020 年 6 月第 2 版　2020 年 6 月第 1 次印刷
定　　价／69.00 元

责任编辑／封　雪
文案编辑／封　雪
责任校对／周瑞红
责任印制／施胜娟

前　　言

本书的编写以学生为中心，创新教学方法，按照实际网络工程中需要掌握的技能和网络工程师必须具备的知识，以逐步深入、阶段实践、分层记忆、过程监管的方式来提高教与学两方面的效果。

全书共设计了 8 个项目，34 个任务。针对院校中普遍采用的思科、锐捷等网络设备开展交换机、路由器等硬件的项目实战。每个任务都设置出实际工程情境，提出试验的要求、步骤和最终效果，只给出新学的命令，前面学过的命令学生在操作的过程中会主动地去复习和记忆，让学生自己去思考和动手，做出要求的效果来，中间提示易出错的地方，引导学生进行思考和探索，提高解决问题的能力，而不只是简单模仿。各任务之间相互关联，前面的任务为后继任务做铺垫，后继任务对前面的任务进行复习巩固，不断地刺激和训练学生的操作能力。同时，在每个任务的最后编写了相关的理论知识和习题，给实践操作提供相关的技术支撑。项目一、项目二介绍了交换机的配置和进阶功能；项目三、项目四、项目五介绍了路由器配置、广域网接入和网络安全配置；项目六介绍了内外网互联；项目七设计了网络综合设备配置的范例和实训；项目八介绍了网络工程师认证基础知识。

本书既可以作为信息类相关专业的教学用书，也可以作为网络培训或工程技术人员的自学用书，还可以为参加 CCNA、RCNA 等相关网络工程师考试的读者提供参考和帮助。

由于时间仓促及作者水平有限，书中难免有不当和错误之处，恳请广大读者批评指正，如有建议和意见，请发至邮箱 tczj_lyf@ sina. com。

编　者

目　　录

项目一　交换机配置 …… 1

任务 1　交换机的初始化配置 …… 1
任务 2　交换机 VLAN 划分 …… 10
任务 3　跨交换机实现相同 VLAN 互通 …… 16
任务 4　利用三层交换机路由功能实现不同 VLAN 互通 …… 22
任务 5　生成树配置一（端口上开启 RSTP） …… 27
任务 6　生成树配置二（VLAN 上开启 RSTP） …… 38
任务 7　端口聚合 …… 43
任务 8　交换机端口安全 …… 50

项目二　交换机进阶功能 …… 58

任务 1　三层交换机的路由功能一（端口路由） …… 58
任务 2　三层交换机的路由功能二（SVI 路由） …… 64
任务 3　交换机综合实验网络规划与配置 …… 69

项目三　路由器配置 …… 75

任务 1　路由器基本配置与静态路由 …… 75
任务 2　单臂路由配置 …… 84
任务 3　RIP 动态路由配置 …… 89
任务 4　OSPF 动态路由单区域配置 …… 97
任务 5　OSPF 动态路由多区域配置 …… 110

项目四　广域网接入 …… 119

任务 1　广域网协议封装与 PPP 的 PAP 认证 …… 119
任务 2　PPP 的 CHAP 认证 …… 126
任务 3　VoIP 因特网语音协议拨号对等体实验 …… 131

项目五　网络安全配置 …… 138

任务 1　标准 ACL 访问控制列表实验一（编号方式） …… 138
任务 2　标准 ACL 访问控制列表实验二（命名方式） …… 143
任务 3　扩展 ACL 访问控制列表实验一（编号方式） …… 149

任务4　扩展ACL访问控制列表实验二（命名方式）……158
任务5　扩展ACL访问控制列表实验三（VTY访问限制）……164

项目六　内外网互联……172

任务1　动态NAPT配置……172
任务2　反向NAT映射……179
任务3　DHCP配置（Client与Server处于同一子网）……185
任务4　DHCP中继代理（Client与Server处于不同子网）……191
任务5　Wireless无线实验……196

项目七　网络综合配置……209

任务1　网络综合配置重要实验命令范例……209
任务2　中小型企业网络配置实训……221
任务3　校园网络规划与设计实训……229

项目八　网络工程师认证基础知识……233

任务1　网络体系结构……233
任务2　IP编址与子网划分……241

【课后习题】参考答案……250

参考文献……258

项目一

交换机配置

任务1　交换机的初始化配置

【学习情境】

你是某公司的网络管理员，现在新买了一台二层交换机，需要安装在某个车间，要对其进行初台化配置，配置的内容包括：终端密码（控制台 Console 口）、虚拟终端密码（远程登录密码）、用户特权密码、管理地址以及默认网关。

【学习目的】

1. 能对交换机进行初始化配置的拓扑搭建与正确连线。
2. 能正确使用 PC 的超级终端，会配置交换机名称与控制台密码。
3. 会配置和验证交换机的远程登录密码。
4. 会配置和验证交换机的特权密码（加密和非加密两种方式）。
5. 会配置交换机的管理地址与默认网关。
6. 会配置 PC 的网卡地址与默认网关。
7. 会保存配置命令、配置文件和提交作业。

【相关设备】

二层交换机 1 台、PC 1 台、交换机配置线 1 根、直连线 1 根。

【实验拓扑】

拓扑如图 1－1－1 所示。

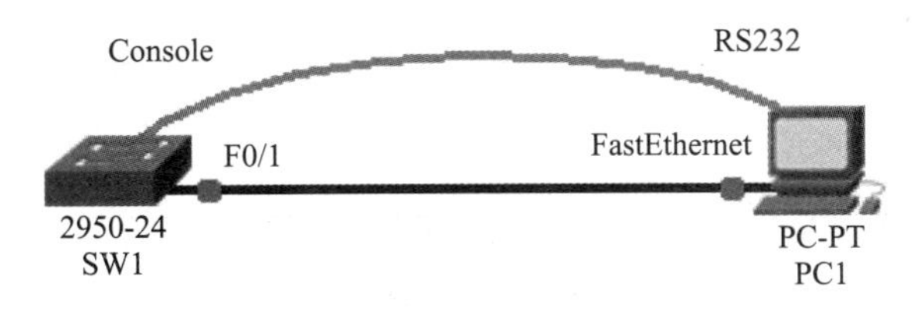

图 1－1－1

【实验任务】

1. 先通过配置线进行网络拓扑搭建（图1－1－2），指定相关端口（Console和RS232）并进行正确连线，对交换机和PC进行名称标注。

图1－1－2

2. 通过PC的超级终端（开始→程序→附件→通信→超级终端）进入交换机（图1－1－3），配置交换机名为SW2950。如果是模拟器，超级终端截图如图1－1－4所示。

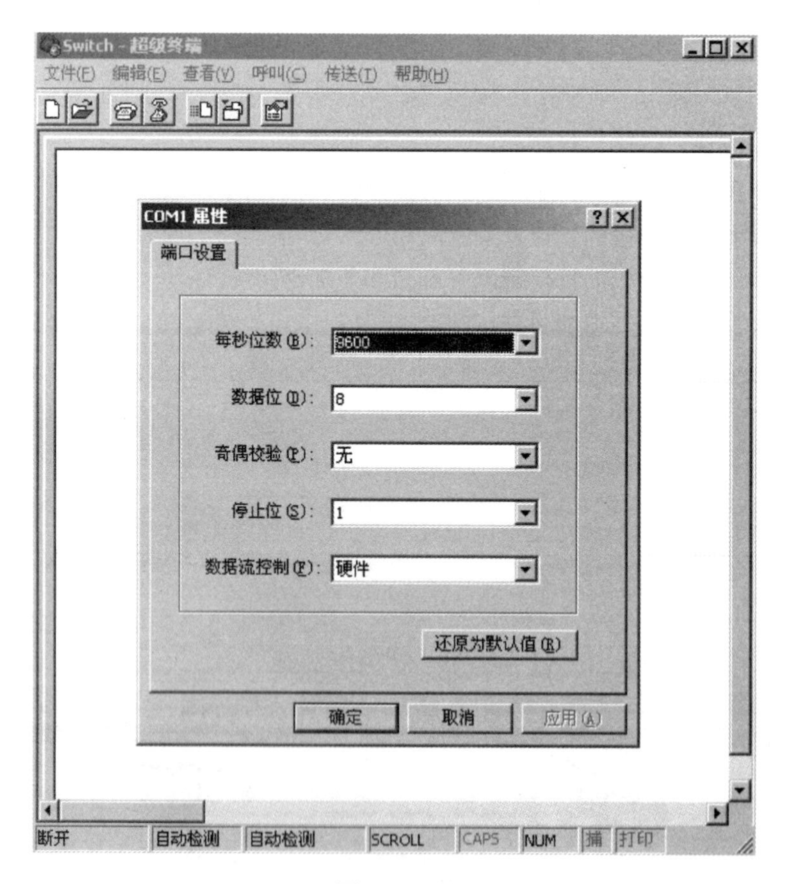

图1－1－3

3. 设置交换机的控制台密码为123456。退出到用户模式，退出超级终端，重新进入，验证控制台密码的有效性（图1－1－5）。

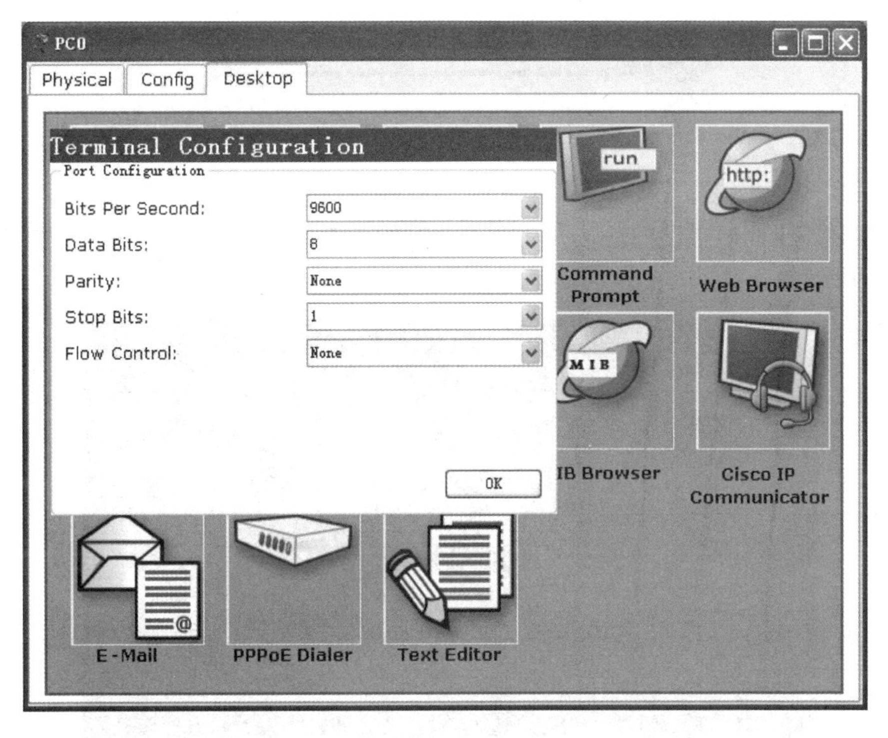

图 1－1－4

图 1－1－5

4. 设置交换机的特权密码（非加密）为 swpassword，特权密码（加密）为 swsecret，注意两种密码同时设置时，加密的密码有效，非加密的变为无效。退出到用户模式，再进入特权模式并验证特权密码的有效性（图 1－1－6）。

图 1－1－6

5. 配置交换机的管理 IP 为 192.168.0.10/24，配置交换机的默认网关为 192.168.0.254。

6. 设置交换机的远程登录密码为 abcdef。

7. 配置 PC1 的 IP 为 192.168.0.1/24，默认网关为 192.168.0.254。

8. （1）如图 1－1－7 所示，删除配置线，用直连线将交换机和 PC 连接，注意端口（F0/1 和网卡）的变化。

图 1－1－7

（2）在 PC1 上测试自己的地址和交换机地址的连通性（ping 命令），一定要调通，如图 1－1－8 所示。

```
PC>ping 192.168.0.1

Pinging 192.168.0.1 with 32 bytes of data:

Reply from 192.168.0.1: bytes=32 time=16ms TTL=128
Reply from 192.168.0.1: bytes=32 time=15ms TTL=128
Reply from 192.168.0.1: bytes=32 time=0ms TTL=128
Reply from 192.168.0.1: bytes=32 time=0ms TTL=128

Ping statistics for 192.168.0.1:
    Packets: Sent = 4, Received = 4, Lost = 0 (0% loss),
Approximate round trip times in milli-seconds:
    Minimum = 0ms, Maximum = 16ms, Average = 7ms

PC>ping 192.168.0.10

Pinging 192.168.0.10 with 32 bytes of data:

Reply from 192.168.0.10: bytes=32 time=31ms TTL=255
Reply from 192.168.0.10: bytes=32 time=28ms TTL=255
Reply from 192.168.0.10: bytes=32 time=31ms TTL=255
Reply from 192.168.0.10: bytes=32 time=31ms TTL=255

Ping statistics for 192.168.0.10:
    Packets: Sent = 4, Received = 4, Lost = 0 (0% loss),
Approximate round trip times in milli-seconds:
    Minimum = 28ms, Maximum = 31ms, Average = 30ms

PC>
```

图 1－1－8

（3）再使用 telnet 命令远程登录交换机，测试远程登录密码，如图 1－1－9 所示。

```
PC>telnet 192.168.0.10
Trying 192.168.0.10 ...


User Access Verification

Password:
```

图 1－1－9

9. 保存交换机的当前配置到启动配置中，确保重新启动配置不会丢失。

10. 最后把配置文件以及测试结果截图打包，以“学号姓名”为文件名，提交作业。

【实验命令】

1. 查看交换机的版本和当前配置。

```
show version
show running - config
```

2. 配置交换机的名称。

```
Switch >
Switch > enable
Switch#configure terminal
Switch(config)#hostname SW2950
SW2950(config)#
```

3. 配置交换机的终端密码（控制台 Console 口密码）。

```
SW2950 >
SW2950 > enable
SW2950#configure terminal
SW2950(config)#line console 0
SW2950(config - line)#password 123456
SW2950(config - line)#login
SW2950(config - line)#exit
SW2950(config)#
```

4. 设置用户特权密码。

```
SW2950 >
SW2950 > enable
SW2950#configure terminal
SW2950(config)#enable password swpassword        (非加密)
SW2950(config)#enable secret swsecret            (加密)
```

5. 配置交换机的虚拟终端密码（远程登录密码，Vty 口密码。交换机为 15 级，路由器为 4 级）。

```
SW2950 >
SW2950 > enable
SW2950#configure terminal
SW2950(config)#line vty 0 15
SW2950(config - line)#password abcdef
SW2950(config - line)#login
SW2950(config - line)#exit
SW2950(config)#
```

6. 查看交换机的 MAC 地址表。

```
SW2950#show mac - address - table
```

7. 配置交换机的管理地址和默认网关。

```
SW2950 >
SW2950 >enable
SW2950#configure terminal
SW2950(config)#interface VLAN 1
SW2950(config-VLAN)#ip address 192.168.0.10 255.255.255.0
SW2950(config-VLAN)#no shutdown
SW2950(config-VLAN)#exit

SW2950(config)#ip default-gateway 192.168.0.254
SW2950(config)#
```

8. 保存当前配置文件。

```
SW2950#copy running-config startup-config
SW2950#write memory
```

【注意事项】

1. 确定自己设定的密码都正确，可就是进不去，有可能你的输入法处于输入汉字状态，可以用 <Ctrl + 空格> 关闭输入法，再重试。

2. 在实验中出现问题的时候多使用命令 show running-config 来观看配置信息。

【配置结果】

SW2950#show running-config:

```
Building configuration...
Current configuration:1046 bytes
version 12.1
no service password-encryption
hostname sw2950
enable secret 5  $1 $mERr $SX1DdzJ6XG4NClAaR9JWv1
enable password swpassword
interface FastEthernet0/1
interface FastEthernet0/2
interface FastEthernet0/3
interface FastEthernet0/4
interface FastEthernet0/5
interface FastEthernet0/6
interface FastEthernet0/7
interface FastEthernet0/8
interface FastEthernet0/9
interface FastEthernet0/10
```

```
interface FastEthernet0/11
interface FastEthernet0/12
interface FastEthernet0/13
interface FastEthernet0/14
interface FastEthernet0/15
interface FastEthernet0/16
interface FastEthernet0/17
interface FastEthernet0/18
interface FastEthernet0/19
interface FastEthernet0/20
interface FastEthernet0/21
interface FastEthernet0/22
interface FastEthernet0/23
interface FastEthernet0/24
interface vlan1
ip address 192.168.0.10 255.255.255.0
ip default-gateway 192.168.0.254
line con 0
  password 123456
  login
line vty 0 4
  password abcdef
  login
line vty 0 15
password abcdef
  login
end
```

【技术原理】

1. 交换机的访问方式主要有两大类：

（1）带外管理：通过带外对交换机进行管理（PC 与交换机直接相连）。

（2）带内管理：通过 Telnet 对交换机进行远程管理；通过 Web 对交换机进行远程管理；通过 SNMP 工作站对交换机进行远程管理。

2. 交换机配置命令模式主要有 6 种：

（1）用户模式 Switch >。

（2）特权模式 Switch#。

（3）全局模式 Switch（config）#。

（4）端口模式 Switch（config-if）#。

（5）VLAN（虚拟局域网）配置模式 Switch（config-vlan)#。

（6）线路配置模式 Switch（config-line)#。

3. 命令行的常用快捷键及其功能：

(1)?：获取命令帮助；

（2）Tab：将简写的命令补填完整；

（3）Ctrl+P 或上方向键：调出最近（前一）使用过的命令；

（4）Ctrl+N 或下方向键：调出更近用过的命令；

（5）Ctrl+A：光标移动到命令行的开始位置；

（6）Ctrl+E：光标移动到命令行的结束位置；

（7）Esc+B：回移一个单词；

（8）Ctrl+F：下移一个字符；

（9）Ctrl+B：回移一个字符；

（10）Esc+F：下移一个单词；

（11）Ctrl+D：删除当前字符；

（12）Ctrl+Shift+6：终止一个进程。

4. 交换机的硬件结构（图1-1-10）。

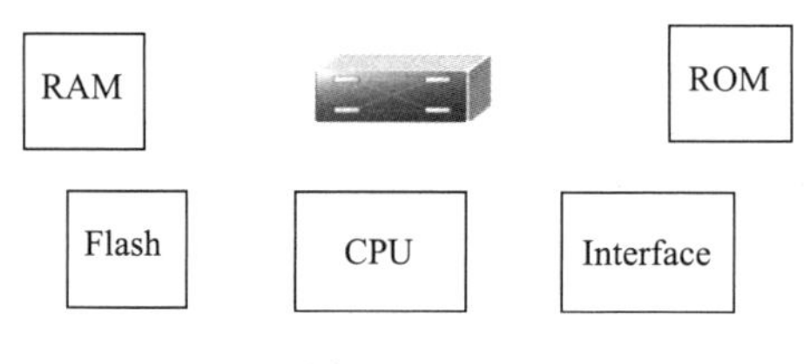

图1-1-10

（1）Flash（闪存）：交换机操作系统（RGNOS）、配置文件（config. text）。

（2）RAM（随机存储器）：交换机当前运行的配置（running-config）。

（3）ROM（只读存储器）：Mini OS、BootStart。

5. 配置文件的管理。

（1）保存配置：将当前运行的参数保存到 Flash 中用于系统初始化时初始化参数。

```
Switch#copy running-config startup-config
Switch#write memory
Switch#write
```

（2）删除配置：永久性地删除 Flash 中不需要的文件。

使用命令 `delete flash:config.text`

（3）删除 Vlan 数据库：永久性地删除 Flash 中 Vlan 数据库文件。

使用命令 `delete flash:vlan.dat`

（4）查看配置文件内容。

```
Switch#more flash:config.text
Switch#show configure
Switch#show running-config
```

【课后习题】

一、单项选择题

1. 交换机一般用于哪种网络拓扑？(　　)

A. 总线形网络　　B. 星形网络　　C. 环形网络　　D. 树形网络

2. 在二层交换机中察看转发查询表的命令是？(　　)

A. show mac - address - table　　B. show mac - port - table

C. show address - table　　D. show L2 - table

3. 交换机依据以下哪一个信息构建 MAC 地址表？(　　)

A. 入站帧的源 MAC 地址　　B. 入站帧的目的 MAC 地址

C. 入站帧的源 IP 地址　　D. 入站帧的目的 IP 地址

4. 下列关于以太网二层交换机特点的描述，正确的是(　　)。

A. 是网络层设备　　B. 根据链路层信息进行数据帧的转发

C. 与路由器相比，端口密度小　　D. 可以支持多种路由协议

5. 当 CLI 界面中提示“% Incomplete command.”时，代表什么含义？(　　)

A. 字符错误　　B. 命令不存在　　C. 命令未被执行　　D. 命令不完整

6. 在锐捷交换机中，删除配置文件的命令是(　　)。

A. erase startup - config　　B. erase config. txt

C. del startup - config　　D. del config. text

7. 交换机的管理方式一种是带内管理，另一种是带外管理，下面属于带外管理的是(　　)。

A. Console 口　　B. Telnet 方式　　C. SNMP 方式　　D. Web 方式

8. 重启锐捷交换机的命令是(　　)。

A. reboot　　B. reload　　C. restart　　D. reset

9. 查看交换机保存在 Flash 中的配置信息，使用命令(　　)。

A. show running - config　　B. show startup - config

C. show saved - config　　D. show flash - config

10. 如果管理员需要对接入层交换机进行远程管理，可以在交换机的哪一个接口上配置管理地址？(　　)

A. FastEthernet 0/1　　B. Console 0　　C. Vty 0/4　　D. Vlan 1

11. 快速以太网的速率是(　　)。

A. 10Mbps　　B. 10Mbps　　C. 100Mbps　　D. 100Mbps

12. 运行在锐捷路由器和交换机中的操作系统是(　　)。

A. iOS　　B. RGOS　　C. JUNOS　　D. CentOS

二、多项选择题

1. 使用 CLI 配置交换机，当从终端会话中滚动输出时，出现提示符“more”。对于该提示符，下列陈述正确的有哪两项？(　　)

A. 按回车键滚动一页　　B. 按空格键滚动一页

C. 按回车键滚动一行　　　　　　　　　　D. 按空格键滚动一行

2. 下列哪两项正确描述了不同的 exec 级别？（　　）

A. 用户模式允许对交换机进行配置

B. ruijie# 是特权模式提示符的例子

C. ruijie（config)# 是特权模式提示符的例子

D. ruijie > 是用户模式提示符的例子

任务2　交换机 VLAN 划分

【学习情境】

你是某公司的网络管理员，现在新买了一台二层交换机，需要安装在销售部门，其中 PC1 和 PC2 为同一个销售小组，PC3 是一个独立的销售小组，要求同小组的 PC 之间可以相互通信，不同小组的 PC 之间不能通信。要对其进行配置，配置的内容包括：终端密码（控制台 Console 口）、虚拟终端密码（远程登录密码）、用户特权密码、管理地址以及默认网关、VLAN 划分。

【学习目的】

1. 能对交换机进行拓扑搭建与正确连线。
2. 复习和巩固交换机多种管理密码的配置。
3. 了解交换机 VLAN 的原理、作用和多种方式。
4. 学会配置 VLAN 和验证 VLAN 的效果。

【相关设备】

二层交换机 1 台、PC 4 台、交换机配置线 1 根、直连线 4 根。

【实验拓扑】

拓扑如图 1－2－1 所示。

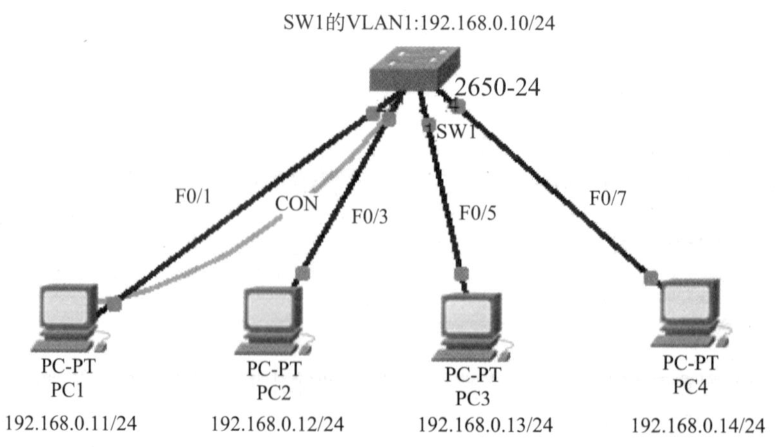

图 1－2－1

【实验任务】

1. 进行网络拓扑搭建，将4台PC分别连在交换机的F0/1、F0/3、F0/5、F0/7口上，交换机Console口接入到PC1的RS232口上。对交换机和PC进行名称标注、地址设置（包括子网掩码）。

2. 配置PC的IP。PC1：192.168.0.11；PC2：192.168.0.12；PC3：192.168.0.13；PC4：192.168.0.14；子网掩码均为255.255.255.0，网关均为192.168.0.254。测试4台PC之间的互通情况（结果应该是全通）。

3. 配置交换机。名为SW1，管理IP为192.168.0.10/24，网关为192.168.0.254。控制台密码为network，远程登录密码为rjxy，特权密码为wjxvtc。测试交换机与4台PC之间的互通情况（结果应该是全通）。

4. 在交换机上创建VLAN2和VLAN3，并按如下要求进行划分。VLAN2包含F0/1～F0/4口（即包含PC1、PC2），VLAN3包含F0/5口（即包含PC3），结果如图1-2-2所示。

```
SW1#show vlan

VLAN Name                             Status    Ports
---- -------------------------------- --------- -------------------------------
1    default                          active     F0/6, F0/7, F0/8, F0/9
                                                 F0/10, F0/11, F0/12, F0/13
                                                 F0/14, F0/15, F0/16, F0/17
                                                 F0/18, F0/19, F0/20, F0/21
                                                 F0/22, F0/23, F0/24
2    VLAN0002                         active     F0/1, F0/2, F0/3, F0/4
3    VLAN0003                         active     F0/5
```

图1-2-2

5. 测试交换机、4台PC之间的互通情况，验证VLAN的功能（结果应该PC1与PC2互通，PC4与交换机互通，其他都不通）。

6. 删除VLAN 3，注意要先把F0/5释放回VLAN 1再删除。再测试PC3与其他设备的通信情况（应该是PC3可以与PC4、交换机互通，与PC1、PC2不通）。

7. 最后把配置以及测试结果截图打包，以“学号姓名”为文件名，提交作业。

【实验命令】

1. 创建VLAN。

```
SW1# vlan database
SW1(vlan)#vlan 2
SW1(vlan)#exit
SW1#
```

或

```
SW1(config)# vlan 2
SW1(config-vlan)#exit
SW1(config)#
```

2. 查看VLAN。

```
SW1#show vlan
```

3. 划分 port - vlan。

```
SW1(config)#interface  FastEthernet 0/5
SW1(config-if)#switchport access vlan 3

SW1(config)#interface range FastEthernet 0/1 -4
SW1(config-if-range)#switchport access vlan 2
```

4. 删除 VLAN。

```
SW1(config)#interface  FastEthernet 0/5
SW1(config-if)#switchport access vlan 1
SW1(config-if)#end
SW1#VLAN database
SW1(VLAN)#no vlan 3
```

【注意事项】

1. 注意交换机的提示符状态，不同情况下做的命令和事情是不一样的。如下面的错误情况（本想创建完 VLAN 3，再把 F0/5 口加入），请分析原因。

```
SW1# vlan database
SW1(VLAN)# vlan 3
SW1(VLAN)#interface  FastEthernet 0/5  此时发现命令错误
SW1(config-if)#switchport access vlan 3
```

2. 是否发现 PC1 已经不能对交换机进行远程登录了，那是因为 PC1 和交换机的 IP 不在同一个 VLAN 中。可以把交换机的 Console 口配置线移至 PC4 的 RS232 口上进行远程登录。

【配置结果】

SW1#show running - config:

```
Building configuration...
Current configuration:1154 bytes
version 12.1
no service password-encryption
hostname SW1
enable password wjxvtc
interface FastEthernet0/1
  switchport access vlan 2
switchport mode access
interface FastEthernet0/2
  switchport access vlan 2
  switchport mode access
```

```
interface FastEthernet0/3
  switchport access vlan 2
  switchport mode access
interface FastEthernet0/4
  switchport access vlan 2
  switchport mode access
interface FastEthernet0/5
interface FastEthernet0/6
interface FastEthernet0/7
interface FastEthernet0/8
interface FastEthernet0/9
interface FastEthernet0/10
interface FastEthernet0/11
interface FastEthernet0/12
interface FastEthernet0/13
interface FastEthernet0/14
interface FastEthernet0/15
interface FastEthernet0/16
interface FastEthernet0/17
interface FastEthernet0/18
interface FastEthernet0/19
interface FastEthernet0/20
interface FastEthernet0/21
interface FastEthernet0/22
interface FastEthernet0/23
interface FastEthernet0/24
interface vlan1
  ip address 192.168.0.10 255.255.255.0
line con 0
password network
  login
line vty 0 4
  password rjxy
  login
line vty 5 15
  password rjxy
  login
end
```

【技术原理】

1. VLAN（Virtual Local Area Network），翻译成中文是“虚拟局域网”。

VLAN 是在一个物理网络上划分出来的逻辑网络。这个网络对应于 OSI 模型的第二层网络。VLAN 的划分不受网络端口的实际物理位置的限制。VLAN 有着和普通物理网络同样的属性。第二层的单播帧、广播帧和多播帧在一个 VLAN 内转发、扩散，而不会直接进入其他的 VLAN 之中。

广播域的概念：广播域，指的是广播帧（目标 MAC 地址全部为 1）所能传递到的范围，亦即能够直接通信的范围。严格地说，并不仅是广播帧，多播帧（MulticastFrame）和目标不明的单播帧（Unknown Unicast Frame）也能在同一个广播域中畅行无阻。

本来二层交换机只能构建单一的广播域，不过使用 VLAN 功能后，VLAN 通过限制广播帧转发的范围分割了广播域，这样就将网络分割成多个广播域。

2. 交换机的端口，可以分为以下两种模式：

（1）访问链接（Access Link）。

（2）汇聚链接（Trunk Link）。

设定访问链接的方法可以是事先固定的，也可以是根据所连的计算机而动态改变设定。前者称为“静态 VLAN”，后者则称为“动态 VLAN”。

3. VLAN 的种类。

（1）静态 VLAN（基于端口的 VLAN）：将交换机的各端口固定指派给 VLAN（一个端口只属于一个 Port VLAN）。

（2）基于 MAC 地址的动态 VLAN：根据各端口所连计算机的 MAC 地址设定。

（3）基于子网的动态 VLAN：根据各端口所连计算机的 IP 地址设定。

（4）基于用户的动态 VLAN：根据端口所连计算机上登录用户设定。

【课后习题】

一、单项选择题

1. 在以太网中，是根据什么地址来区分不同的设备的？（　　）

A. IP 地址　　B. MAC 地址　　C. IPX 地址　　D. LLC 地址

2. 当交换机收到一个目的地址未知单播帧时，将会把该帧（　　）。

A. 丢弃　　B. 缓存　　C. 泛洪　　D. 返回

3. 当交换机检测到一个入站数据帧的目的 MAC 地址与源 MAC 地址映射在转发表中同一个端口时，交换机会（　　）。

A. 将数据帧泛洪　　B. 将数据帧丢弃

C. 正常转发该数据帧　　D. 将数据帧转发给相邻的交换机

4. 下列哪项不是二层交换机的作用？（　　）

A. 帧转发　　B. 帧过滤　　C. 路由学习　　D. 地址学习

5. 你最近接管了公司网管的工作，在查看设备配置时发现在一台 RG－S2328G 交换机上配置了 VLAN 1 的 IP 地址，你可以判断出该 IP 地址的作用是（　　）。

A. 作为 VLAN 1 内主机的默认网关

B. 作为交换机的管理地址

C. RG－S2328G 必须配置 IP，否则交换机无法工作

D. RG－S2328G 上创建的每个 VLAN 必须配置 IP 地址，否则无法为 VLAN 指派接口

6. 最常用的定义 VLAN 的方法是（　　）。

A. 接口 VLAN　　B. MAC VLAN　　C. 组播 VLAN　　D. 网络层 VLAN

7. 在 CLI 中删除 VLAN 时，你输入了命令 no vlan 0030，这里的 0030 是（　　）。

A. VLAN 的名字　　B. VLAN 的号码

C. 号码或者名字均可以　　D. 既不是名字也不是号码，该命令错误

8. 工程师在部署 VLAN 时，把一个接口分配给一个不存在的 VLAN，那么（　　）。

A. 这个 VLAN 将自动被创建

B. 这个接口将进入 error 状态

C. 系统会提示操作者请在创建 VLAN 后，再配置此接口的 VLAN 信息

D. 系统会提示 VLAN 不存在，命令不被执行

9. 总公司管理员为分公司指派了 10. 80. 64. 128/25 作为分公司 5 个主机数不超过 12 个 VLAN 的 IP 地址分配范围。作为分公司的管理员，你需要将该网段进行划分并分配给 5 个 VLAN 使用。以下哪一个子网可以被用于其中一个 VLAN？（　　）

A. 10. 80. 64. 172/28　　B. 10. 80. 64. 144/28

C. 10. 80. 64. 190/28　　D. 10. 80. 64. 128/28

二、多项选择题

1. 依据图 1－2－3 所示，以下描述正确的是哪两项？（　　）

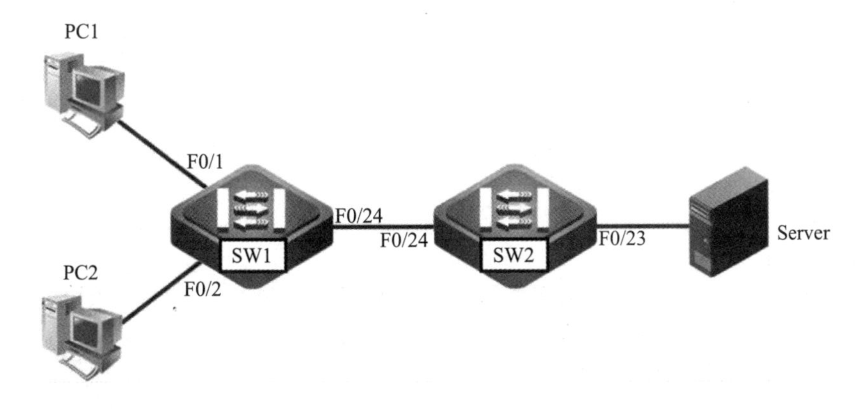

图 1－2－3

A. 在 SW1 的 MAC 地址表中，PC1 和 PC2 的 MAC 地址映射在 F0/24 端口，在 SW2 的 MAC 地址表中，Server 的 MAC 地址映射在 F0/23 端口

B. 在 SW1 的 MAC 地址表中，Server 的 MAC 地址映射在 F0/24 端口，在 SW2 的 MAC 地址表中，PC1 和 PC2 的 MAC 地址映射在 F0/23 端口

C. 在 SW1 的 MAC 地址表中，Server 的 MAC 地址映射在 F0/24 端口，在 SW2 的 MAC 地址表中，PC1 和 PC2 的 MAC 地址映射在 F0/24 端口

D. 在SW1的MAC地址表中，PC2的MAC地址映射在F0/2端口，在SW2的MAC地址表中，Server的MAC地址映射在F0/23端口

2. 下列哪两个命令可以显示Show命令之后的有效参数列表？（　　）

A. show?　　B. show ?　　C. sh?　　D. sh ?

任务3　跨交换机实现相同VLAN互通

【学习情境】

你是某公司的网络管理员，现在PC1和PC3都是财务部的计算机，但是处于不同的楼层中的不同交换机上，但要实现它们的相互通信；PC2是销售部的计算机，虽然和财务部的PC1处于同一台交换机上，但要限制它们不能通信，对同一广播域进行隔离。

【学习目的】

1. 掌握Tag VLAN的功能和作用。
2. 掌握IEEE 802.1Q的技术原理。
3. 理解Trunk连接与普通连接的区别和作用。
4. 会对跨交换机之间的VLAN实现互通。

【相关设备】

二层交换机2台、PC 3台、直连线3根、交叉线1根。

【实验拓扑】

拓扑如图1－3－1所示。

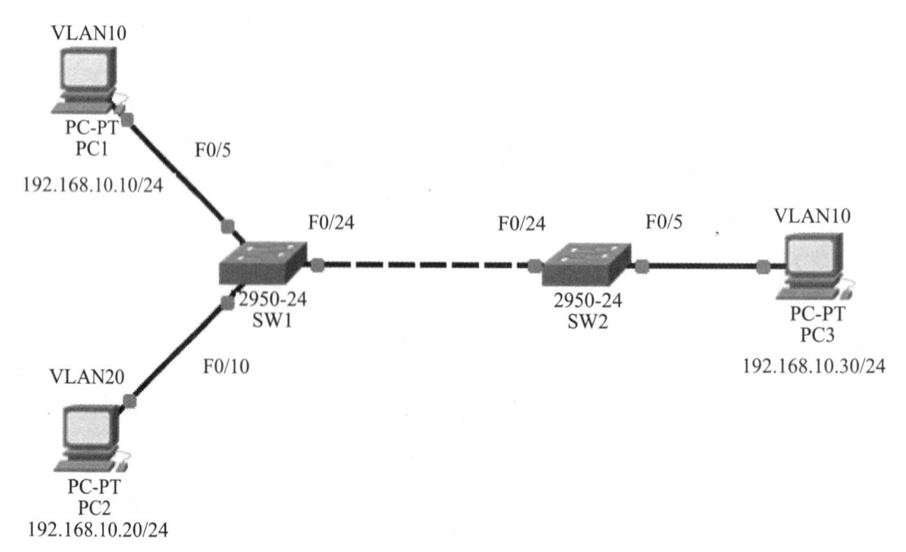

图1－3－1

【实验任务】

1. 进行网络拓扑搭建，将 PC1 连接在 SW1 的 F0/5 口上，将 PC2 连接在 SW1 的 F0/10 口上，将 PC3 连接在 SW2 的 F0/5 口上。SW1 与 SW2 之间通过 F0/24 口用交叉线相连。

2. 配置 3 台 PC 的地址、子网掩码，默认网关都是 192.168.10.254。测试结果：PC1、PC2、PC3 都能互通，这是实验的基础，必须全通。

3. 在 SW1 和 SW2 上分别创建 VLAN10 和 VLAN20，并把 SW1 和 SW2 的 F0/5 口放入 VLAN10 中，把 SW1 上的 F0/10 口放入 VLAN20 中。测试结果：PC1、PC2、PC3 都不能互通。

4. 2 台交换机的连接口配置 Trunk 模式，形成干线，实现不同交换机之间的相同 VLAN 可以互通。测试结果：PC1 能与 PC3 互通，而 PC2 与 PC1、PC3 不通。

5. 再把 PC3 放到 VLAN 20，观察互通的情况。测试结果：PC1 与 PC2、PC3 不通，而 PC2 与 PC3 互通。

6. 最后把配置以及 ping 的结果截图打包，以“学号姓名”为文件名，提交作业。

【实验命令】

1. 建立 VLAN 的另一种方式（全局模式下创建）。

```
Switch>enable
Switch#configure terminal
SW1(config)#vlan 10
SW1(config-vlan)#exit
SW1(config)#vlan 20
SW1(config-vlan)#exit
SW1(config)#
```

2. 2 台交换机的连接口配置 Trunk 模式。

```
SW1(config)#interface FastEthernet 0/24
SW1(config-if)#switchport mode trunk

SW2(config)#interface FastEthernet 0/24
SW2(config-if)#switchport mode trunk
```

【注意事项】

1. 一般情况下，相同设备之间用交叉线连接，不同设备之间用直连线连接。如图 1-3-1 中的 SW1 与 SW2 之间通过 F0/24 口用交叉线相连。

2. 交换机配置 Trunk 模式时，两个相关的交换机互连端口都要进行配置，单方配置 Trunk 是没有作用的。

3. 有时为了更好地观察实验的效果，在 ping 命令中可以加 t 参数。如 PC1 对 PC3 进行 ping 的时候：ping 192.168.10.30 -t（或 ping -t 192.168.10.30）。

【配置结果】

1. SW1#show vlan：

```
VLAN    Name              Status     Ports
----- ---------------- --------- ----------------------------
1       default           active     F0/1,F0/2,F0/3,F0/4
                                     F0/6,F0/7,F0/8,F0/9
                                     F0/11,F0/12,F0/13,F0/14
                                     F0/15,F0/16,F0/17,F0/18
                                     F0/19,F0/20,F0/21,F0/22
                                     F0/23,F0/24
10      VLAN0010          active     F0/5,F0/24
20      VLAN0020          active     F0/10,F0/24
```

2. SW1#show running-config：

```
Building configuration...
Current configuration:941 bytes
version 12.1
no service password-encryption
hostname Switch1
interface FastEthernet0/1
interface FastEthernet0/2
interface FastEthernet0/3
interface FastEthernet0/4
interface FastEthernet0/5
  switchport access vlan 10
interface FastEthernet0/6
interface FastEthernet0/7
interface FastEthernet0/8
interface FastEthernet0/9
interface FastEthernet0/10
switchport access vlan 20
interface FastEthernet0/11
interface FastEthernet0/12
interface FastEthernet0/13
interface FastEthernet0/14
interface FastEthernet0/15
interface FastEthernet0/16
interface FastEthernet0/17
```

```
interface FastEthernet0/18
interface FastEthernet0/19
interface FastEthernet0/20
interface FastEthernet0/21
interface FastEthernet0/22
interface FastEthernet0/23
interface FastEthernet0/24
  switchport mode trunk
interface Vlan1
  no ip address
  shutdown
line con 0
line vty 0 4
  login
line vty 5 15
  login
end
```

【技术原理】

1. 设置跨越多台交换机的 VLAN。

前面学习的都是使用单台交换机设置 VLAN 时的情况。那么，如果需要设置跨越多台交换机的 VLAN 时又如何呢？在规划企业级网络时，很有可能会遇到隶属于同一部门的用户分散在同一座建筑物中的不同楼层的情况，这时可能就需要考虑到如何跨越多台交换机设置 VLAN 的问题了。

为了避免这种低效率的连接方式，人们想办法让交换机间互联的网线集中到一根上，这时使用的就是汇聚链接（Trunk Link）的方法。

汇聚链接（Trunk Link）指的是能够转发多个不同 VLAN 通信的端口。汇聚链路上流通的数据帧都被附加了用于识别分属于哪个 VLAN 的特殊信息（Tag VLAN），如图 1－3－2 所示。

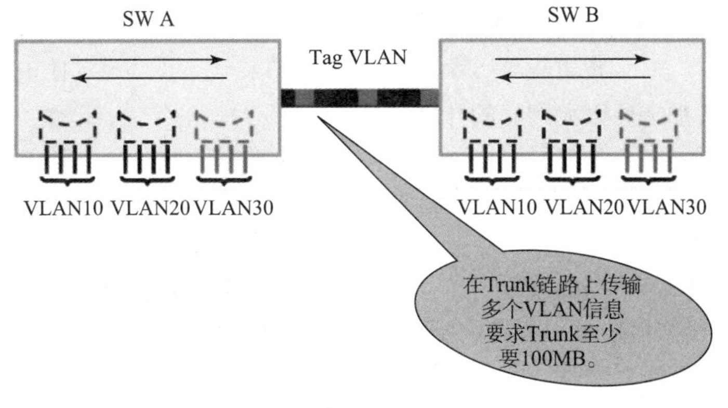

图 1－3－2

通过汇聚链路时附加的 VLAN 识别信息，就要支持标准的“IEEE 802.1Q”协议。基于 IEEE 802.1Q 附加的 VLAN 信息，就像在传递物品时附加的标签。因此，它也被称作“标签型 VLAN（Tagging VLAN）”。

（1）传输多个 VLAN 的信息。

（2）实现同一 VLAN 跨越不同的交换机。

2. IEEE 802.1Q 数据帧。

IEEE 802.1Q，俗称“Dot One Q”，是经过 IEEE 认证的对数据帧附加 VLAN 识别信息的协议。

IEEE 802.1Q 所附加的 VLAN 识别信息位于数据帧中“发送源 MAC 地址”与“类别域（Type23Field）”之间。具体内容为 2 字节的 TPID 和 2 字节的 TCI，共计 4 字节，如图 1-3-3 所示。

目的，源MAC地址	2字节标记协议标识 2字节标记控制信息	类型，数据	重新计算帧检测序列

图 1-3-3

在数据帧中添加了 4 字节的内容，那么 CRC 值自然也会有所变化。这时数据帧上的 CRC 是插入 TPID、TCI 后，对包括它们在内的整个数据帧重新计算后所得的值。而当数据帧离开汇聚链路时，TPID 和 TCI 会被去除，这时还会进行一次 CRC 的重新计算。

（1）标记协议标识（TPID）：固定值 0x8100，表示该帧载有 802.1Q 标记信息。

（2）标记控制信息（TCI）：

Priority 3 比特表示优先级。

Canonical format indicator 1 比特用于总线型以太网、FDDI、令牌环网。

VlanID 12 比特表示 VID，范围 1～4094。

【课后习题】

一、单项选择题

1. 可以转发多个 VLAN 数据的交换机端口模式是（　　）。

A. Access　　B. Trunk　　C. Forward　　D. Storage

2. 在 802.1Q 中，VLAN 配置的最大可能值为（　　）。

A. 8192　　B. 4096　　C. 4092　　D. 4094

3. 802.1Q 帧头加在原以太网帧的什么位置？（　　）

A. 目的地址后　　B. 源地址后　　C. 长度/类型后　　D. FCS 后

4. 如果拓扑已经设计完毕。作为实施工程师，你会为拓扑中哪条线缆配置 Trunk 模式？

A. 传输重要数据的线缆　　B. 传输 VLAN 1 数据的线缆

C. 传输多个 VLAN 数据的线缆　　D. 链接总裁办公室的线缆

5. VLAN 在现代交换技术中占有重要的地位，同一个 VLAN 中的 2 台主机（　　）。

A. 必须连接在同一台交换机上　　B. 可以跨越多台交换机

C. 必须连接在同一台 Hub 上　　D. 可以跨越多台路由器

6. 锐捷 RG－S3760E 交换机如何将接口设置为 Tag VLAN 模式？（　　）

A. switchport mode tag　　B. switchport mode trunk

C. trunk on　　D. set port trunk on

7. 当 VLAN 数据帧通过 Trunk 链路转发时，将会在以太网帧中加入 802.1Q 标记，以区分不同 VLAN 的数据帧。该标记插入到了原始以太网帧的（　　）。

A. 目的 MAC 地址后　B. 源 MAC 地址后　C. Type 后　D. FCS 前

8. 在配置交换机 Trunk 接口的 VLAN 许可列表时，使用 all 选项的含义是（　　）。

A. 许可 VLAN 列表包含当前创建的所有 VLAN

B. 许可 VLAN 列表剪掉当前除 VLAN1 之外的所有 VLAN

C. 许可 VLAN 列表包含 VLAN 1～VLAN 4094

D. 许可 VLAN 列表包含当前存在成员接口的 VLAN

9. 在配置交换机 Trunk 接口的 VLAN 许可列表时，使用 add 选项的含义是（　　）。

A. 将指定 VLAN 加入许可 VLAN 列表

B. 向许可 VLAN 列表中加入合法的主机 MAC 地址

C. 向许可 VLAN 分配 Access 接口

D. 将指定 VLAN 移出许可 VLAN 列表

10. 在配置交换机 Trunk 接口的 VLAN 许可列表时，使用 remove 选项的含义是（　　）。

A. 将指定 VLAN 移出许可 VLAN 列表

B. 将指定主机的 MAC 地址移出许可 VLAN 列表

C. 将指定的成员接口移出某个许可 VLAN

D. 将某个成员接口转移到另一个许可 VLAN 中

11. 在配置交换机 Trunk 接口的 VLAN 许可列表时，使用 expert 选项的含义是（　　）。

A. 将除列出的 VLAN 列表外的所有 VLAN 加入许可 VLAN 列表

B. 将除列出的 VLAN 列表外的所有 VLAN 加入移出 VLAN 列表

C. 将除列出的主机 MAC 地址外的所有主机加入某许可 VLAN

D. 将除列出的 Access 类型接口外的所有 Access 接口加入某许可 VLAN

12. 为了在网络中部署 VLAN 并配置 Trunk，在交换设备上架之前，你需要确认交换机支持（　　）。

A. IEEE 802.1W 标准　　B. IEEE 802.3AD 标准

C. IEEE 802.1Q 标准　　D. IEEE 802.1X 标准

13. Switch（config－if)#sw mode trunk switch（config－if)#sw trunk allowed vlan remove 20 在执行了上述命令后，此接口接收到 VLAN20 的数据会做怎样的处理？（　　）

A. 根据 MAC 地址表进行转发

B. 将 VLAN20 的标签去掉，加上合法的标签再进行转发

C. Trunk 接口会去掉 VLAN20 的标签，直接转发给主机

D. 直接丢弃数据，不进行转发

14. 在锐捷交换机上配置 Trunk 接口时，如果要从允许 VLAN 列表中删除 VLAN 15，使用的命令是（　　）。

A. Switch（config－if）#switchport trunk allowed remove 15

B. Switch（config－if）#switchport trunk vlan remove 15
C. Switch（config－if）#switchport trunk vlan allowed remove 15
D. Switch（config－if）#switchport trunk allowed vlan remove 15

二、多项选择题

1. 802. 1Q 标签格式包含下列哪两项内容？（　　）
A. 目的地址　　B. 源地址　　C. TPID　　D. TCI　　E. 数据
2. 在交换网络中配置 Trunk 链路时，需要考虑 NativeVLAN 的一致性和对特定 VLAN 的修剪。下列关于 Native VLAN 和修剪的描述，正确的两项是（　　）。
A. 属于 Native VLAN 的数据在 Trunk 上传输时是不带 Tag 的
B. 属于 Native VLAN 的数据在 Trunk 上传输时携带 VLAN 1 的标记
C. 在做 Trunk 修剪时，VLAN 1 不能被修剪，否则生成树的 BPDU 报文将无法在 Trunk 上传输
D. 在做 Trunk 修剪时，可以将 VLAN1 修剪掉，生成树的 BPDU 报文仍然可以在 Trunk 上传输

任务4　利用三层交换机路由功能实现不同 VLAN 互通

【学习情境】

一个公司或单位的局域网中，进行 VLAN 的划分是为了防止病毒的传播和相同部门的隔离，提高安全性，可是最终要都实现全部互通，以保证局域网内的互联功能，所以不仅要实现相同 VLAN 的互通也要实现不同 VLAN 的互通。

【学习目的】

1. 掌握在三层交换机上配置 SVI 口（交换虚拟接口）的方法。
2. 掌握三层交换机上直连路由的形成原理。
3. 了解路由的作用和掌握查看路由表的方法。

【相关设备】

三层交换机 1 台、二层交换机 2 台、PC 2 台、直连线 2 根、交叉线 2 根。

【实验拓扑】

拓扑如图 1－4－1 所示。

【实验任务】

1. 如图 1－4－1 所示搭建网络拓扑，PC1 的 IP 是 192. 168. 1. 6/16，网关 192. 168. 1. 254；PC2 的 IP 为 192. 168. 2. 6/16，网关 192. 168. 2. 254；子网掩码都是 255. 255. 0. 0，测试 2 台 PC 的通信情况（互通）。

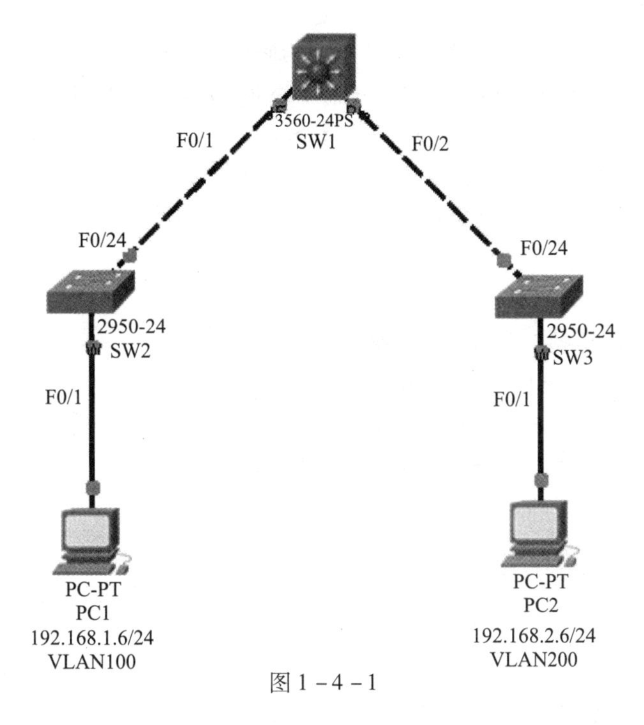

图 1－4－1

2. 设置交换机的提示符名分别为 SW1（三层）和 SW2、SW3。

3. 配置二层交换机，分别在 2 个二层交换机上创建 VLAN 100 和 VLAN 200，并将 PC1 移入 VLAN 100，PC2 移入 VLAN100。测试 2 台 PC 的通信情况（不通）。

4. 在三层交换机 SW1 上设置 VLAN 100 和 VLAN 200，在交换机间启用 Trunk 链路，保证 VLAN 能够实现跨越交换机的通信。测试 2 台 PC 的通信情况（互通）。

5. 如图 1－4－2 所示，改建网络拓扑，PC1 仍为 VLAN 100，PC2 移入 VLAN 200。测试 2 台 PC 的通信情况（不通）。

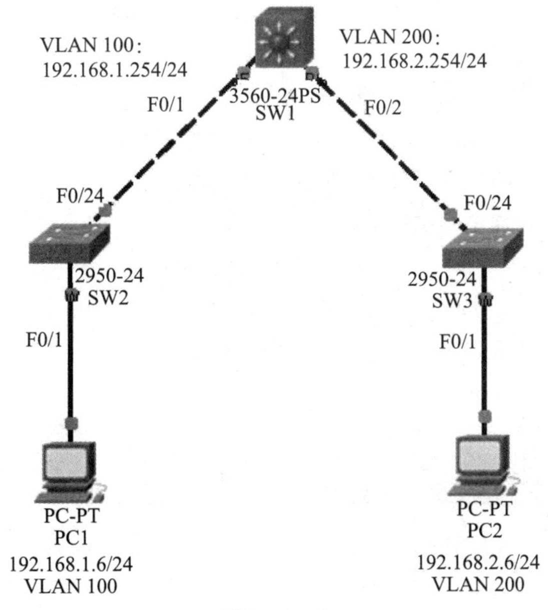

图 1－4－2

6. 配置三层交换机，为SVI口（交换虚拟接口）配置IP地址，VLAN 100：192.168.1.254，VLAN 200：192.168.2.254，子网掩码都是255.255.255.0，实现直连路由功能。2个PC的子网掩码也要改成255.255.255.0，要与默认网关的子网掩码一致，路由才能起作用，最终实现PC1和PC2相互通信。

7. 最后把配置以及ping的结果截图打包，以“学号姓名”为文件名提交作业。

【实验命令】

1. SVI口（交换虚拟接口）配置IP地址：

```
SW1(config)#interface vlan 100
SW1(config-VLAN)#ip address 192.168.1.254 255.255.255.0
SW1(config-VLAN)#no shutdown
SW1(config-VLAN)#exit
SW1(config)#interface vlan 200
SW1(config-VLAN)#ip address 192.168.2.254 255.255.255.0
SW1(config-VLAN)#no shutdown
```

2. 查看路由表信息：

```
SW1#show ip route
```

【配置结果】

1. SW1#show ip route：

```
Codes:C - connected,S - static,I - IGRP,R - RIP,M - mobile,B - BGP
      D - EIGRP,EX - EIGRP external,O - OSPF,IA - OSPF inter area
      N1 - OSPF NSSA external type 1,N2 - OSPF NSSA external type 2
      E1 - OSPF external type 1,E2 - OSPF external type 2,E - EGP
      i - IS - IS,L1 - IS - IS level - 1,L2 - IS - IS level - 2,ia - IS - IS in-
ter area
      * - candidate default,U - per - user static route,o - ODR
      P - periodic downloaded static route
Gateway of last resort is not set

C   192.168.1.0/24 is directly connected,Vlan100
C   192.168.2.0/24 is directly connected,Vlan200
```

2. SW1#show running - config：

```
Building configuration...
Current configuration:1147 bytes
version 12.2
no service password - encryption
hostname SW1
```

```
ip ssh version 1
port-channel load-balance src-mac
interface FastEthernet0/1
  switchport mode trunk
interface FastEthernet0/2
  switchport mode trunk
interface FastEthernet0/3
interface FastEthernet0/4
interface FastEthernet0/5
interface FastEthernet0/6
interface FastEthernet0/7
interface FastEthernet0/8
interface FastEthernet0/9
interface FastEthernet0/10
interface FastEthernet0/11
interface FastEthernet0/12
interface FastEthernet0/13
interface FastEthernet0/14
interface FastEthernet0/15
interface FastEthernet0/16
interface FastEthernet0/17
interface FastEthernet0/18
interface FastEthernet0/19
interface FastEthernet0/20
interface FastEthernet0/21
interface FastEthernet0/22
interface FastEthernet0/23
interface FastEthernet0/24
interface GigabitEthernet0/1
interface GigabitEthernet0/2
interface Vlan1
  no ip address
  shutdown
interface Vlan100
ip address 192.168.1.254 255.255.255.0
interface Vlan200
  ip address 192.168.2.254 255.255.255.0
ip classless
```

```
line con 0
line vty 0 4
  login
end
```

【技术原理】

1. VLAN 间路由。

VLAN 是广播域，而通常两个广播域之间由路由器连接，广播域之间来往的数据包都是由路由器中继的。因此，VLAN 间的通信也需要路由器提供中继服务，这被称作“VLAN 间路由”。VLAN 间路由，可以使用普通的路由器，也可以使用三层交换机。

为什么不同 VLAN 间不通过路由就无法通信。在 VLAN 内的通信，必须在数据帧头中指定通信目标的 MAC 地址。而为了获取 MAC 地址，TCP/IP 协议下使用的是 ARP。ARP 解析 MAC 地址的方法，则是通过广播。也就是说，如果广播报文无法到达，那么就无从解析 MAC 地址，亦即无法直接通信。

计算机分属不同的 VLAN，也就意味着分属不同的广播域，自然收不到彼此的广播报文。因此，属于不同 VLAN 的计算机之间无法直接互相通信。为了能够在 VLAN 间通信，需要利用 OSI 参照模型中更高一层（网络层）的信息（IP 地址）来进行路由选择。

2. 开启三层交换机的路由功能，实现 VLAN 的划分、VLAN 内部的二层交换和 VLAN 间路由的功能。

第一步：分别创建每个 VLAN 三层 SVI 端口，并分配 IP 地址：

```
Switch(config)# interface vlan <vlan >
Switch(config - if)# ip address <address > <netmask >
Switch(config - if)#no shutdown
```

第二步：将每个 VLAN 内主机的网关指定为本 VLAN 接口地址。

【课后习题】

一、单项选择题

1. RG－S5750 交换机背面有一个 RPS 接口，该接口的作用是（　　）。

A. 连接光纤模块　　B. 连接 POE 模块　　C. 连接冗余电源　　D. 连接堆叠线缆

2. 在锐捷交换机接口下可以使用哪一条命令将光电复用口切换到光口模式下？（　　）

A. medium－type copper　　B. medium－type fiber

C. media－type basex auto　　D. media－type baset

二、多项选择题

1. 在锐捷交换机上经常能看到光电复用口，以下关于光电复用口哪些说法是正确的？（　　）

A. 相同端口号的光口和电口可以同时使用

B. 相同端口号的光口和电口不能同时使用

C. 端口缺省为电口

D. 端口缺省为光口

E. 光口和电口自动切换，不需要通过命令配置

F. 光口和电口不能自动切换，需要通过命令配置

2. 根据图 1-4-3，下面对该网络编址陈述正确的有哪三项？(　　)

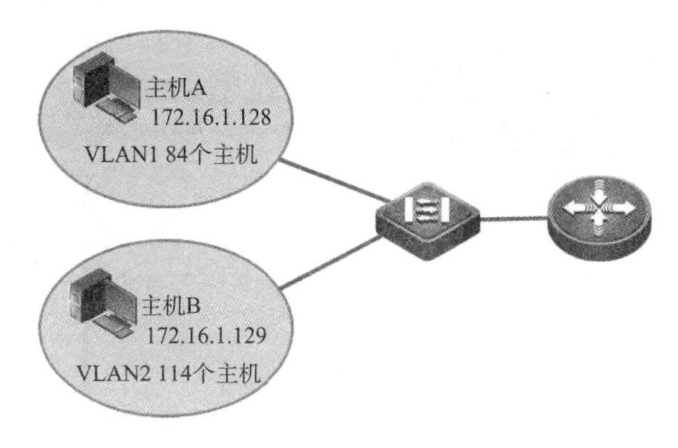

图 1-4-3

A. 使用的子网掩码是 255. 255. 255. 192

B. 使用的子网掩码是 255. 255. 255. 128

C. 地址 172. 16. 1. 25 可以指派给 VLAN1 中的主机

D. 地址 172. 16. 1. 205 可以指派给 VLAN1 中的主机

E. 分配一个 IP 地址给路由器的 LAN 接口

F. 分配一个 IP 地址给路由器的每个子接口

任务 5　生成树配置一（端口上开启 RSTP）

【学习情境】

你是某公司的网络管理员，为了提高网络的可靠性，在服务器和核心交换机等很多重要地方进行了 2 根或多根链路的连接，提供了冗余备份，可是现在还要做适当的配置，避免网络出现环路，防止广播风暴。

【学习目的】

1. 理解快速生成树协议的工作原理、广播风暴的形成和对网络的危害。

2. 掌握如何在交换机上配置快速生成树协议。

3. 学会识别快速生成树协议中的根交换机、非根交换机、根端口、指定端口、替换端口、备份端口等重要概念。

4. 掌握交换机优先级和端口优先级的设置。

【相关设备】

三层交换机1台、二层交换机1台、PC 2台、直连线2根、交叉线2根。

【实验拓扑】

拓扑如图1－5－1所示。

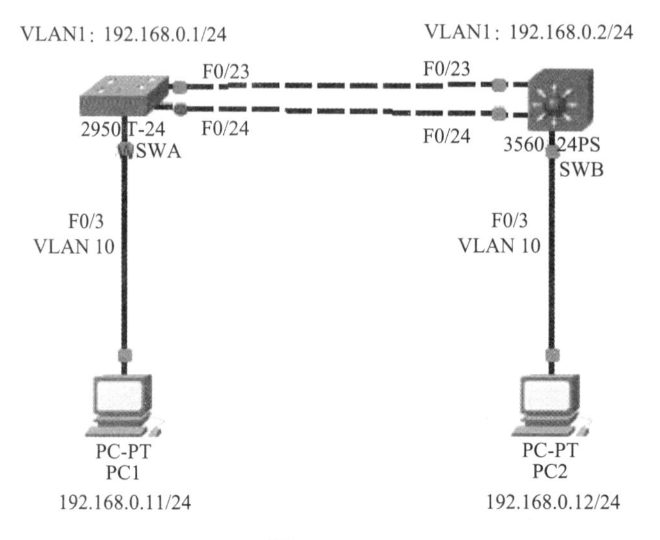

图1－5－1

【实验任务】

1. 进行网络拓扑的搭建，将1台二层交换机2950（SWA）与1台三层交换机3560（SWB）用两根交叉线连接F0/23和F0/24口，各分别再连接1台PC（都是F0/3口）。

2. 基本IP地址配置如图1－5－1所示。SWA的VLAN1地址：192.168.0.1/24；SWB的VLAN1地址：192.168.0.2/24；PC1的地址：192.168.0.11/24；PC2的地址：192.168.0.12/24；4台设备的默认网关都是192.168.0.254。测试4台设备的互通性（应该是全通）。

3. 在SWA和SWB上分别建立VLAN 10，并把F0/3口都加入。再测试4台设备的互通性（应该是SWA和SWB互通，其他都不通，因为跨交换机之间的Trunk模式未设置）。

4. 分别设置SWA和SWB的F0/23口和F0/24口的模式为Trunk。再测试4台设备的互通性（应该是SWA和SWB互通，PC1和PC2互通，其他不通）。

5. 在PC1上对PC2一直进行ping（命令ping－t 192.168.0.12），观察实验中的丢包和连接情况。此时断开主链路，如F0/23口（即数据转发口），观察丢掉多少个数据包F0/24才能从阻塞变为转发状态，PC2可以重新ping通。

6. 重新连接F0/23，再次观察结果，如图1－5－2和图1－5－3所示。说明在默认的STP生成树中，冗余链路的延时比较长，影响网络速度和质量。查看和记录2台交换机的生成树信息（Show Spanning Tree），分析并判断SWA和SWB中哪个是根交换机。找出F0/23口和F0/24口哪个是转发状态，哪个是根端口，哪个是替换端口，哪些是指定端口。

```
SWA#show spanning-tree
VLAN0001
  Spanning tree enabled protocol ieee
  Root ID    Priority    32769
             Address     000A.F373.7362
             This bridge is the root
             Hello Time  2 sec  Max Age 20 sec  Forward Delay 15 sec

  Bridge ID  Priority    32769  (priority 32768 sys-id-ext 1)
             Address     000A.F373.7362
             Hello Time  2 sec  Max Age 20 sec  Forward Delay 15 sec
             Aging Time  20

Interface        Role Sts Cost      Prio.Nbr Type
---------------- ---- --- --------- -------- --------------------------------
F0/23            Desg LRN 19        128.23   P2p
F0/24            Desg LRN 19        128.24   P2p

VLAN0010
  Spanning tree enabled protocol ieee
  Root ID    Priority    32778
             Address     000A.F373.7362
             This bridge is the root
             Hello Time  2 sec  Max Age 20 sec  Forward Delay 15 sec
```

图 1－5－2

```
SWB#show spanning-tree
VLAN0001
  Spanning tree enabled protocol ieee
  Root ID    Priority    32769
             Address     000A.F373.7362
             Cost        19
             Port        23(FastEthernet0/23)
             Hello Time  2 sec  Max Age 20 sec  Forward Delay 15 sec

  Bridge ID  Priority    32769  (priority 32768 sys-id-ext 1)
             Address     0030.F21B.1366
             Hello Time  2 sec  Max Age 20 sec  Forward Delay 15 sec
             Aging Time  20

Interface        Role Sts Cost      Prio.Nbr Type
---------------- ---- --- --------- -------- --------------------------------
F0/23            Root FWD 19        128.23   P2p
F0/24            Altn BLK 19        128.24   P2p

VLAN0010
  Spanning tree enabled protocol ieee
  Root ID    Priority    32778
             Address     000A.F373.7362
```

图 1－5－3

7. 开启 SWA 和 SWB 的生成树协议，指定类型为 RSTP。再次断开 F0/23 口（即数据转发口），观察丢掉多少个数据包，F0/24 才能从阻塞变为转发状态，PC2 可以重新 ping 通。重新连接 F0/23，再次观察结果，如图 1－5－4 和图 1－5－5 所示。说明在 RSTP 生成树中，冗余链路的延时比较短，加快了收敛速度，大大提高了网络速度和质量。再次查看和记录 2 台交换机的生成树信息（Show Spanning Tree），分析并判断 2 台交换机的状态与端口。

```
SWA#show spanning-tree
VLAN0001
  Spanning tree enabled protocol rstp
  Root ID    Priority    32769
             Address     0000.0C45.33B8
             Cost        19
             Port        23(FastEthernet0/23)
             Hello Time  2 sec  Max Age 20 sec  Forward Delay 15 sec

  Bridge ID  Priority    32769  (priority 32768 sys-id-ext 1)
             Address     000A.F37E.8044
             Hello Time  2 sec  Max Age 20 sec  Forward Delay 15 sec
             Aging Time  20

Interface        Role Sts Cost      Prio.Nbr Type
---------------- ---- --- --------- -------- --------------------------------
F0/23            Desg FWD 19        128.23   P2p
F0/24            Altn BLK 19        128.24   P2p

VLAN0010
  Spanning tree enabled protocol rstp
  Root ID    Priority    32778
             Address     0000.0C45.33B8
```

图1-5-4

```
SWB#show spanning-tree
VLAN0001
  Spanning tree enabled protocol rstp
  Root ID    Priority    32769
             Address     0000.0C45.33B8
             This bridge is the root
             Hello Time  2 sec  Max Age 20 sec  Forward Delay 15 sec

  Bridge ID  Priority    32769  (priority 32768 sys-id-ext 1)
             Address     0000.0C45.33B8
             Hello Time  2 sec  Max Age 20 sec  Forward Delay 15 sec
             Aging Time  20

Interface        Role Sts Cost      Prio.Nbr Type
---------------- ---- --- --------- -------- --------------------------------
F0/23            Desg FWD 19        128.23   P2p
F0/24            Desg FWD 19        128.24   P2p

VLAN0010
  Spanning tree enabled protocol rstp
  Root ID    Priority    32778
             Address     0000.0C45.33B8
             This bridge is the root
             Hello Time  2 sec  Max Age 20 sec  Forward Delay 15 sec
```

图1-5-5

8. 更改交换机的优先级（可以改变根交换机的角色），并验证结果，如图 1－5－6 和图 1－5－7 所示。

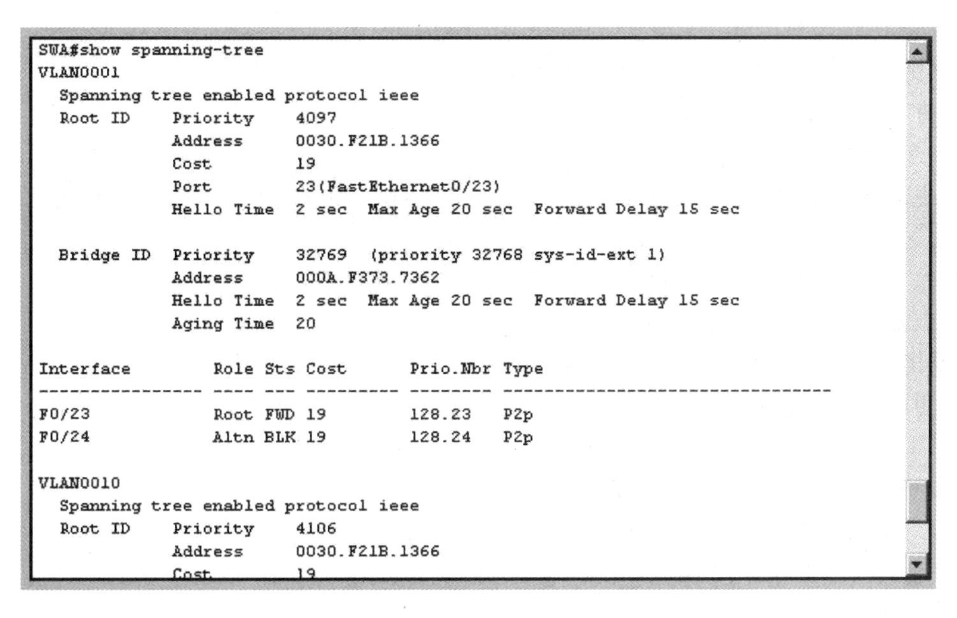

```
SWA#show spanning-tree
VLAN0001
  Spanning tree enabled protocol ieee
  Root ID     Priority     4097
              Address      0030.F21B.1366
              Cost         19
              Port         23(FastEthernet0/23)
              Hello Time   2 sec  Max Age 20 sec  Forward Delay 15 sec

  Bridge ID   Priority     32769  (priority 32768 sys-id-ext 1)
              Address      000A.F373.7362
              Hello Time   2 sec  Max Age 20 sec  Forward Delay 15 sec
              Aging Time   20

Interface        Role Sts Cost      Prio.Nbr Type
---------------- ---- --- --------- -------- --------------------------------
F0/23            Root FWD 19        128.23   P2p
F0/24            Altn BLK 19        128.24   P2p

VLAN0010
  Spanning tree enabled protocol ieee
  Root ID     Priority     4106
              Address      0030.F21B.1366
              Cost         19
```

图 1－5－6

```
SWB#show spanning-tree
VLAN0001
  Spanning tree enabled protocol ieee
  Root ID     Priority     4097
              Address      0030.F21B.1366
              This bridge is the root
              Hello Time   2 sec  Max Age 20 sec  Forward Delay 15 sec

  Bridge ID   Priority     4097  (priority 4096 sys-id-ext 1)
              Address      0030.F21B.1366
              Hello Time   2 sec  Max Age 20 sec  Forward Delay 15 sec
              Aging Time   20

Interface        Role Sts Cost      Prio.Nbr Type
---------------- ---- --- --------- -------- --------------------------------
F0/23            Desg FWD 19        128.23   P2p
F0/24            Desg LSN 19        128.24   P2p

VLAN0010
  Spanning tree enabled protocol ieee
  Root ID     Priority     4106
              Address      0030.F21B.1366
```

图 1－5－7

9. 更改端口的优先级（可以改变端口的角色，改变端口的状态），并验证结果。

10. 最后把配置以及 ping 的结果截图打包，以“学号姓名”为文件名，提交作业。

【实验命令】

1. 设置 SWA 的 F0/23 口和 F0/24 口的模式为 Trunk。

```
SWA(config)#interface range fastEthernet 0/23 -24
```

SWA(config-if-range)#switchport mode trunk

2. 开启SWA的生成树协议，指定类型为RSTP。

SWA(config)#spanning-tree mode rapid-pvst

（锐捷设备中命令是:SWA(config)#spanning-tree mode RSTP）

3. 查看SWA的生成树信息。

SWA#show spanning-tree

4. 更改SWB交换机的优先级（取值范围为0~61440的4096倍数，缺省优先级值为32768）。

SWB(config)#spanning-tree vlan 1 priority 4096

SWB(config)#spanning-tree vlan 10 priority 4096

（锐捷设备中命令是:SWB(config)#spanning-tree priority 4096）

5. 更改SWA的F0/24口的优先级（取值范围为0~240的16倍数，缺省优先级值为128）。

SWA(config)#interface fastEthernet 0/24

SWA(config-if)#spanning-tree vlan 1 port-priority 32

（锐捷设备中命令是:SWA(config-if)#spanning-tree port-priority 32）

【注意事项】

1. 出现时通时不通的不稳定情况，可以先保证配置，再把交换机重启。

SWA#write memory

SWA#reload,　　再输入y

2. 二层交换机配置默认网关：SWA（config）#ip default-gateway 192.168.0.254；三层交换机配置默认网关：SWB（config）#ip default-network 192.168.0.254，注意两者配置命令的区别。

3. 更改端口的优先级（可以改变端口的角色，改变端口的状态）并验证结果时，显示信息可能不正确，可以把F0/23与F0/24都断开，再重新连接，就显示正确了。

【配置结果】

1. SWA#show running-config：

```
Building configuration...
Current configuration:1023 bytes
version 12.1
no service password-encryption
hostname SWA
interface FastEthernet0/1
interface FastEthernet0/2
interface FastEthernet0/3
  switchport access vlan 10
```

```
interface FastEthernet0/4
interface FastEthernet0/5
interface FastEthernet0/6
interface FastEthernet0/7
interface FastEthernet0/8
interface FastEthernet0/9
interface FastEthernet0/10
interface FastEthernet0/11
interface FastEthernet0/12
interface FastEthernet0/13
interface FastEthernet0/14
interface FastEthernet0/15
interface FastEthernet0/16
interface FastEthernet0/17
interface FastEthernet0/18
interface FastEthernet0/19
interface FastEthernet0/20
interface FastEthernet0/21
interface FastEthernet0/22
interface FastEthernet0/23
  switchport mode trunk
interface FastEthernet0/24
  switchport mode trunk
  spanning-tree vlan 1,10 port-priority 16
interface Vlan1
ip address 192.168.0.1 255.255.255.0
ip default-gateway 192.168.0.254
line con 0
line vty 0 4
  login
line vty 5 15
  login
end
```

2. SWB#show running-config:

```
Building configuration...
Current configuration:1197 bytes
version 12.2
no service password-encryption
```

```
hostname SWB
ip ssh version 1
port - channel load - balance src - mac
spanning - tree vlan 1,10 priority 4096
interface FastEthernet0 /1
interface FastEthernet0 /2
interface FastEthernet0 /3
  switchport access vlan 10
interface FastEthernet0 /4
interface FastEthernet0 /5
interface FastEthernet0 /6
interface FastEthernet0 /7
interface FastEthernet0 /8
interface FastEthernet0 /9
interface FastEthernet0 /10
interface FastEthernet0 /11
interface FastEthernet0 /12
interface FastEthernet0 /13
interface FastEthernet0 /14
interface FastEthernet0 /15
interface FastEthernet0 /16
interface FastEthernet0 /17
interface FastEthernet0 /18
interface FastEthernet0 /19
interface FastEthernet0 /20
interface FastEthernet0 /21
interface FastEthernet0 /22
interface FastEthernet0 /23
  switchport mode trunk
interface FastEthernet0 /24
  switchport mode trunk
spanning - tree vlan 1,10 port - priority 16
interface GigabitEthernet0 /1
interface GigabitEthernet0 /2
interface Vlan1
  ip address 192.168.0.2 255.255.255.0
ip classless
ip route 192.168.0.0 255.255.255.0 192.168.0.254
```

```
line con 0
line vty 0 4
  login
end
```

【技术原理】

1. 交换机网络中的冗余链路。

在许多交换机或交换机设备组成的网络环境中，通常都使用一些备份连接，以提高网络的健全性、稳定性。备份连接也叫备份链路、冗余链路等。

使用冗余备份能够为网络带来健全性、稳定性和可靠性等好处，但是备份链路使网络存在环路，这是备份链路所面临的最为严重的问题。它会带来如下问题：

（1）广播风暴。

（2）同一帧的多份复制。

（3）不稳定的 MAC 地址表。

因此，在交换网络中必须有一个机制来阻止回路，于是有了生成树协议（Spanning Tree Protocol，STP）。

2. 生成树协议。

生成树协议定义在 IEEE 802.1D 中，是一种桥到桥的链路管理协议，它在防止产生自循环的基础上提供路径冗余。为使以太网更好地工作，两个工作站之间只能有一条活动路径。网络环路的发生有多种原因，最常见的一种是故意生成的冗余，万一一个链路或交换机失败，会有另一个链路或交换机替代。

所以，STP 的主要思想就是当网络中存在备份链路时，只允许主链路激活，如果主链路因故障而被断开后，备用链路才会被打开。STP 的主要作用：避免回路，冗余备份。

3. 生成树协议的工作原理。

生成树协议的国际标准是 IEEE 802.1D，运行生成树算法的网桥/交换机在规定的间隔内通过网桥协议数据单元（BPDU）的组播帧与其他交换机交换配置信息，其工作的过程如下：

（1）通过比较网桥/交换机优先级选取根网桥/交换机（给定广播域内只有一个根网桥/交换机）。

（2）其余的非根网桥/交换机只有一个通向根网桥/交换机的端口，称为根端口。

（3）每个网段只有一个转发端口。

（4）根网桥/交换机所有的连接端口均为转发端口。

4. 生成树端口有四种状态：

（1）阻塞：所有端口以阻塞状态启动以防止回路，由生成树确定哪个端口切换为转发状态，处于阻塞状态的端口不转发数据帧但可接受 BPDU。

（2）侦听：能收 BPDU 报文，能发送 BPDU 报文，也不能学习 MAC 地址。

（3）学习：能接收发送 BPD 报文，也能学习 MAC 地址，但不能发送数据帧。

（4）转发：开始正常接收和发送数据帧。

一般从阻塞到侦听需要 20 秒，从侦听到学习需要 15 秒，从学习到转发需要 15 秒。生成树经过一段时间（默认值是 50 秒左右）稳定之后，所有端口要么进入转发状态，要么进入阻塞状态。STP BPDU 仍然会定时从各个网桥的指定端口发出，以维护链路的状态。如果网络拓扑发生变化，生成树就会重新计算，端口状态也会随之改变。

5. RSTP。

为了解决 STP 收敛时间长这个缺陷，在 21 世纪之初 IEEE 推出了 802. 1W 标准，作为对 802. 1D 标准的补充。在 IEEE 802. 1W 标准里定义了快速生成树协议 RSTP（Rapid Spanning Tree Protocol）。RSTP 在 STP 基础上做了三点重要改进，使得收敛速度快得多（最快 1 秒以内）。

第一点改进：为根端口和指定端口设置了快速切换用的替换端口（Alternate Port）和备份端口（Backup Port）两种角色，当根端口/指定端口失效的情况下，替换端口/备份端口就会无时延地进入转发状态。

第二点改进：在只连接了两个交换端口的点对点链路中，指定端口只需与下游网桥进行一次握手就可以无时延地进入转发状态。如果是连接了三个以上网桥的共享链路，下游网桥是不会响应上游指定端口发出的握手请求的，只能等待两倍 Forward Delay 时间进入转发状态。

第三点改进：直接与终端相连而不是把其他网桥相连的端口定义为边缘端口（Edge Port）。边缘端口可以直接进入转发状态，不需要任何延时。由于网桥无法知道端口是否是直接与终端相连，因此需要人工配置。

【课后习题】

一、单项选择题

1. STP 要构造一个逻辑无环的拓扑结构，需要执行 4 个步骤，其顺序为（　　）。

A. 第一步：选举一个根网桥；第二步：在每个非根网桥上选举一个根端口；第三步：在每个网段上选举一个指定端口；第四步：阻塞非根、非指定端口

B. 第一步：选举一个根网桥；第二步：在每个网段上选举一个指定端口；第三步：在每个非根网桥上选举一个根端口；第四步：阻塞非根、非指定端口

C. 第一步：选举一个根网桥；第二步：在每个非根网桥上选举一个指定端口；第三步：在每个网段上选举一个根端口；第四步：阻塞非根、非指定端口

D. 第一步：选举一个根网桥；第二步：在每个网段上选举一个根端口；第三步：在每个非根网桥上选举一个指定端口；第四步：阻塞非根、非指定端口

2. 当交换网络因冗余拓扑产生桥接环路时，数据帧将被循环转发，直至 TTL 值减为 0 方能停止。这种说法是（　　）。

A. 正确的　　B. 错误的　　C. 无法判断的

3. 使用 STP 时，拥有最低网桥 ID 的交换机将成为根网桥，网桥 ID 是由什么组成的？（　　）

A. 由 2 字节的端口 ID 和 6 字节网桥的 MAC 地址组成

B. 由 2 字节的优先级和 6 字节网桥的 MAC 地址组成

C. 由6字节的端口ID和2字节网桥的MAC地址组成

D. 由6字节的优先级和2字节网桥的MAC地址组成

4. BPDU报文是通过什么进行传送的？（　　）

A. IP报文　　B. TCP报文　　C. 以太网帧　　D. UDP报文

5. 当启用生成树协议后，交换机发出BPDU的目的MAC地址是（　　）。

A. 01 -80 -C2 -00 -00 -00　　B. 01 -08 -2C -00 -00 -00

C. 01 -80 -2C -00 -00 -00　　D. 01 -08 -C2 -00 -00 -00

6. 启用快速生成树，使用以下哪一条命令？（　　）

A. spanning - tree rstp　　B. spanning - tree type rstp

C. spanning - tree mode rstp　　D. spanning - tree protocol rstp

7. 在RSTP中，根据以下哪一个条件确定连接类型是否为P2P？（　　）

A. 是否边缘　　B. 是否全双工　　C. 是否根端口　　D. 是否被阻塞

8. 生成树协议（Spanning Tree Protocol，STP）由基于什么制定的？（　　）

A. IEEE 802. 1Q　　B. IEEE 802. 1S　　C. IEEE 802. 1D　　D. IEEE 802. 1W

9. 以下哪一条命令可以正确设置交换机的spanning - tree优先级？（　　）

A. ruijie（config）#spanning - tree priority 4094

B. ruijie（conifg）#spanning - tree priority 4096

C. ruijie（config - stp）#spanning - tree priority 4094

D. ruijie（config - stp）#spanning - tree priority 4096

10. 启用生成树协议的命令是（　　）。

A. ruijie（config）#spanning - tree enable　　B. ruijie（conifg）#spanning - tree

C. ruijie（config）#spanning - tree run　　D. ruijie（config）#service spanning - tree

11. 将交换机的端口生成树成本设置为30，使用以下哪个命令？（　　）

A. ruijie（config）#spanning - tree cost 30

B. ruijie（config - if - fastethernet0/1）#spanning - tree cost 30

C. ruijie（config）#spanning - tree priority 30

D. ruijie（config - if - fastethernet0/1）#spanning - tree path - cost 30

12. STP中，缺省的桥优先级是（　　）。

A. 1024　　B. 4096　　C. 32768　　D. 65536

13. 接入交换机与汇聚交换机之间连接了双链路，并且启用了生成树协议。那么在拓扑稳定后，构成双链路的接口中有几个接口处于转发状态？（　　）

A. 1个　　B. 2个　　C. 3个　　D. 4个

14. 当链路故障发生时，运行802. 1D生成树的交换网络中，Blocking状态的端口会因为生成树的重新计算进入转发状态。那么该端口由Blocking进入Forwarding状态的过程中，端口状态变化的顺序是（　　）。

A. blocking→discarding→learning→forwarding

B. blocking→discarding→listening→forwarding

C. blocking→listening→learning→forwarding

D. blocking→learning→listening→forwarding

二、多项选择题

基于交换机的冗余拓扑会使网络形成桥接环路，这种环路结构很容易引起哪三种问题？（　　）

A. 广播风暴　　　　B. 多帧复制

C. MAC 地址表抖动　　　　D. 路由环路

任务6　生成树配置二（VLAN 上开启 RSTP）

【学习情境】

公司的网络很多都是在 VLAN 的隔离之中，要实现冗余链路的备份，需要在 VLAN 上开启快速生成树。

【学习目的】

1. 掌握在 VLAN 上启用生成树的方法。
2. 掌握配置根网桥的方法。
3. 掌握生成树的多种测试技巧和方法。

【相关设备】

三层交换机 1 台、二层交换机 1 台、PC 2 台、直连线 2 根、交叉线 2 根。

【实验拓扑】

拓扑如图 1－6－1 所示。

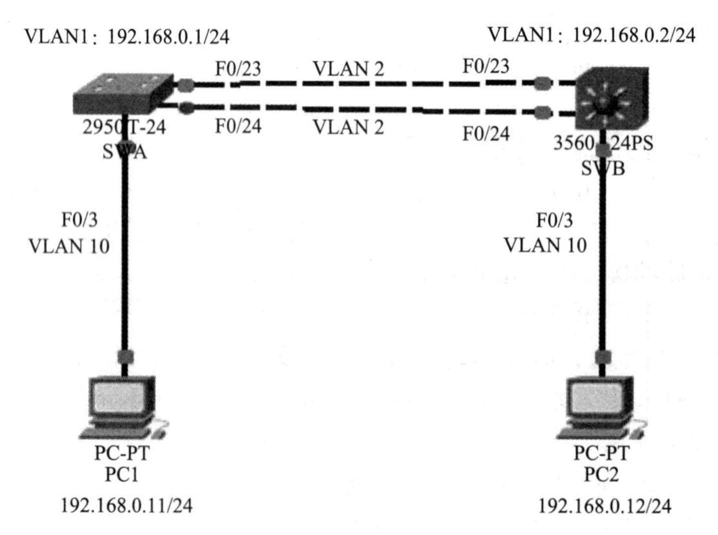

图 1－6－1

【实验任务】

1. 1 台三层交换机 3560（SWA）与 1 台二层交换机 2950（SWB），用两根交叉线连接 F0/23 和 F0/24 口。各分别再连接一台 PC（都是 F0/3 口）。

2. 基本 IP 地址配置如图 1－6－1 所示。SWA 的 VLAN1 地址：192.168.0.1/24；SWB 的 VLAN1 地址：192.168.0.2/24；PC1 的地址：192.168.0.11/24；PC2 的地址：192.168.0.12/24；4 台设备的默认网关都是 192.168.0.254。测试 4 台设备的互通性（应该是全通）。

3. 在 SWA 和 SWB 上分别建立 VLAN 2 和 VLAN 10，并把 F0/3 口都加入 VLAN 10，把 F0/23 口和 F0/24 口加入 VLAN 2。再测试 4 台设备的互通性（应该都不通，因为跨交换机之间的 Trunk 模式未设置）。

4. 分别设置 SWA 和 SWB 的 F0/23 口和 F0/24 口的模式为 Trunk。再测试 4 台设备的互通性（应该是 SWA 和 SWB 互通，PC1 和 PC2 互通，其他不通）。

5. 在 PC1 上对 PC2 一直进行 ping（命令 ping－t 192.168.0.12），观察实验中的丢包和连接情况。此时断开 F0/23 口（即数据转发口），观察丢掉多少个数据包，F0/24 才能从阻塞变为转发状态，PC2 可以重新 ping 通。重新连接 F0/23，再次观察结果。说明在默认的 STP 生成树中，冗余链路的延时比较长。

6. 找出 SWA 和 SWB 哪个是根交换机。找出 F0/23 口和 F0/24 口哪个是转发状态，哪个是根端口，哪个是备份端口，哪些是指定端口。

7. 在 SWA 和 SWB 的 VLAN 2 上启用生成树协议，指定类型为 RSTP。再次断开 F0/23 口（即数据转发口），观察丢掉多少个数据包，F0/24 才能从阻塞变为转发状态，PC2 可以重新 ping 通。重新连接 F0/23，再次观察结果。说明在 RSTP 生成树中收敛速度比较快。

8. 手动设置根交换机的角色，用两种方法：（1）直接定义，设置 SWB 为根交换机，SWA 为备份根交换机；（2）更改 SWB 交换机优先级为 8192。

9. 改变根端口的角色，用两种方法：（1）修改 SWA 中的 F0/24 端口优先级为 64；（2）修改 SWA 中的 F0/24 端口成本为 19，F0/23 端口成本为 100（模拟器上不能实现）。

10. 在根交换机上修改 HELLO 时间为 1 秒；修改转发延迟时间为 10 秒；修改最大老化时间为 15 秒（模拟器上不能实现）。

11. 在二层交换机上配置快速端口和上行端口两种功能，以加快转发状态的收敛速度（模拟器上不能实现）。

【实验命令】

1. 在 VLAN 上启用生成树：

```
spanning－tree VLAN 2
```

2. 设置根网桥：

（1）直接定义根交换机（如把 SWA 设置为根交换机）：

```
SWA(config)#spanning－tree VLAN 2 root primary
```

（2）通过修改优先级定义根交换机（如把 SWA 设置为根交换机）：

```
SWA(config)#spanning－tree VLAN 2 priority 24768(4096 的倍数,值越小,
```

优先级越高,默认为32768)

3. 设置根端口：

（1）可通过修改端口成本设置：

SWA(config)#spanning-tree VLAN 2 cost ＊＊＊(100m为19,10m为100,值越小,路径越优先)

（2）可修改端口优先级：

SWA(config-if)#spanning-tree VLAN 2 port-priority ＊＊＊(0~240,默认为128)

4. 修改计时器（可选）：

（1）修改HELLO时间：

spanning-tree VLAN 2 hello-time ＊＊(1~10秒,默认为2秒)

（2）修改转发延迟时间：

spanning-tree VLAN 2 forward-time ＊＊＊(4~30秒,默认为15秒)

（3）修改最大老化时间：

spanning-tree VLAN 2 max-age ＊＊＊(6~40,默认为20秒)

5. 配置快速端口：spanning-tree portfast。这个是PVST的加快收敛速度三大特性之一，它的作用是，当你插入一个设备到一个没有启用的端口，那么这个端口马上进入转发状态。

6. 配置上行端口：spanning-tree uplinkfast。这个是PVST的加快收敛速度三大特性之一，它的作用是本地端口快速切换为转发状态，一般给接入层交换机配置。注意：千万不要给核心或汇聚层配置。

7. 检查命令：

（1）检查生成树：

show spanning-tree summary

（2）检查HELLO时间、转发延迟、最大老化时间：

show spanning-tree VLAN 2

（3）检查根网桥：

show spannint-tree VLAN 2 detail

（4）检查端口：

show spanninn-tree interface f0/2 detail

【技术原理】

1. 生成树协议的发展过程划分成三代：

第一代生成树协议：STP/RSTP。

第二代生成树协议：PVST/PVST+。

第三代生成树协议：MISTP/MSTP。

STP/RSTP是基于端口的，PVST/PVST+是基于VLAN的，而MISTP/MSTP就是基于实例的。所谓实例就是多个VLAN的一个集合，通过多个VLAN捆绑到一个实例中去的方法可以节省通信开销和资源占用率。

2. 形成一个生成树所必须要决定的要素：

（1）首先依据网桥 ID（由优先级和 MAC 地址两部分组成）确定根网桥（根交换机）。

（2）确定根端口，指定端口和备份端口（由路径成本，网桥 ID，端口优先级，端口 ID 来确定）

3. 生成树协议端口的状态如图 1－6－2 所示。

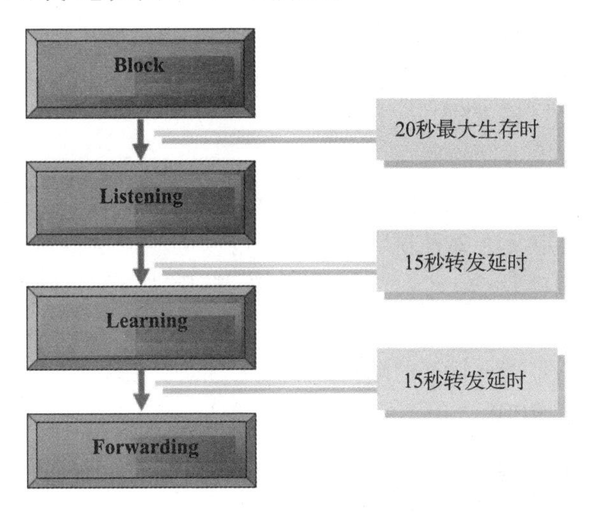

图 1－6－2

生成树经过一段时间（默认值是 50 秒左右）稳定之后，所有端口要么进入转发状态，要么进入阻塞状态。

4. 端口角色和端口状态：

（1）Root port：具有到根交换机的最短路径的端口。

（2）Designated port：每个 LAN 通过该口连接到根交换机。

（3）Alternate port：根端口的替换口，一旦根端口失效，该口就立刻变为根端口。

（4）Backup port：Designated port 的备份口，当一个交换机有两个端口都连接在一个 LAN 上，那么高优先级的端口为 Designated port，低优先级的端口为 Backup port。

（5）Undesignated port：当前不处于活动状态的口，即 OperState 为 down 的端口都被分配了这个角色。

【课后习题】

一、单项选择题

1. 在运行 802.1D 生成树的交换网络中，交换机会将收到的 BPDU 缓存在本地。如果经过多长时间没有收到该 BPDU 的副本，则意味着拓扑发生了变化？（　　）

A. 15 秒　　B. 20 秒　　C. 50 秒　　D. 2 秒

2. 802.1D 生成树协议规定的端口从阻塞状态到转发状态的中间过渡阶段与其所需时间的对应关系正确的是（　　）。

A. 阻断－－>侦听：2 秒　　B. 侦听－－>学习：20 秒

C. 学习－－>转发：15 秒　　D. 阻断－－>侦听：15 秒

3. 如果需要配置一个交换机作为网络的根，则应该配置下面哪个参数？（　　）

A. 桥的 Hello Time

B. 桥的优先级

C. 该桥所有端口配置为边缘端口

D. 将给该桥所有端口的路径花费配置为最小

4. 在生成树协议中，端口的优先级的缺省值为（　　）。

A. 128　　B. 4096　　C. 32768　　D. 65536

5. 以下不属于生成树协议的是（　　）。

A. IEEE 802. 1W　　B. IEEE 802. 1S　　C. IEEE 802. 1D　　D. IEEE 802. 1P

6. 快速生成树协议定义了 2 种新增加的端口角色是（　　）。

A. 指定端口、根端口　　B. 替代端口、备份端口

C. 转发端口、阻塞端口　　D. 阻塞端口、备份端口

7. 对于一个处于 STP 监听状态的端口，以下哪项是正确的？（　　）

A. 可以接收和发送 BPDU，但不能学习 MAC 地址

B. 既可以接收和发送 BPDU，也可以学习 MAC 地址

C. 可以学习 MAC 地址，但不能转发数据帧

D. 不能学习 MAC 地址，但可以转发数据帧

8. 生成树协议的 BPDU 的默认 Hello Time 是（　　）。

A. 15 秒　　B. 20 秒　　C. 2 秒　　D. 50 秒

9. 工程师将一台百兆交换机配置为生成树的根，并将 cost 计算方法设置为短整型。配置完成后，通过 Show Spanning Tree 查看生成树信息，会看到接口的根路径成本值为（　　）。

A. 0　　B. 200000　　C. 19　　D. 4

10. 当启用生成树协议后，交换机会将 BPDU 封装在以太网帧中发送出去。在通过 Wireshark 抓取 BPDU 对生成树进行排错的时候，以下哪一个信息不会出现在 BPDU 数据中？（　　）

A. Cost of Path　　B. Forward Delay

C. MAC Address Table　　D. Root ID

二、多项选择题

根据图 1－6－3 所示，以下选项中不正确的是哪三项？（　　）

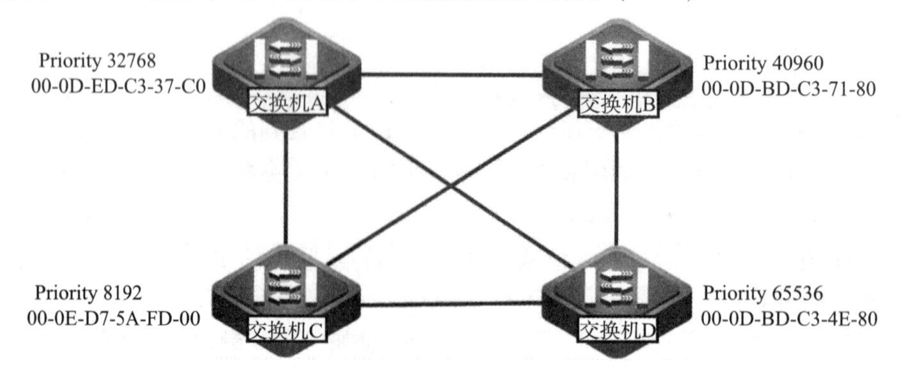

图 1－6－3

A. 交换机 A 是根交换，因为它有最小的 MAC 地址
B. 交换机 B 是根交换，因为它有最大的 MAC 地址
C. 交换机 C 是根交换，因为它有最小的优先级值
D. 交换机 D 是根交换，因为它有最大的优先级值

任务 7　端口聚合

【学习情境】

企业在某 2 台交换机之间可能数据量非常大，要加大两者之间的带宽，并实现链路的冗余备份，需要在相应的端口上进行 2 个或者多个端口的聚合。

【学习目的】

1. 理解端口聚合的工作原理。
2. 掌握如何在交换机上配置端口聚合。
3. 掌握端口聚合的多种方式、流量平衡和测试方法。

【相关设备】

三层交换机 2 台、PC 2 台、直连线 2 根、交叉线 4 根。

【实验拓扑】

拓扑如图 1－7－1 所示。

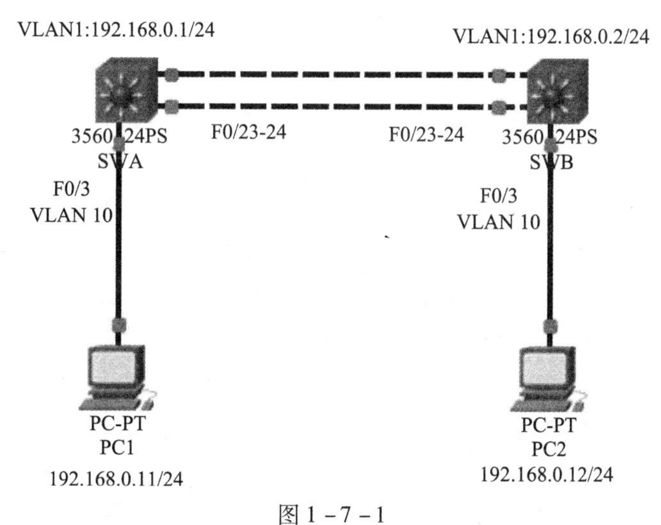

图 1－7－1

【实验任务】

1. 2 台三层交换机用 2 根交叉线连接 F0/23 和 F0/24 口。各分别再连接一台 PC（都是 F0/3 口）。

2. 基本IP地址配置如图1-7-1所示。SWA的VLAN1地址：192.168.0.1/24；SWB的VLAN1地址：192.168.0.2/24；PC1的地址：192.168.0.11/24；PC2的地址：192.168.0.12/24；4台设备的默认网关都是192.168.0.254。测试4台设备的互通性（应该是全通）。

3. 在SWA和SWB上分别建立VLAN 10，并把F0/3口都加入。再测试4台设备的互通性（应该是SWA和SWB互通，其他都不通，因为跨交换机之间的Trunk模式未设置）。

4. 在SWA和SWB上分别创建聚合端口1，设置模式为Trunk，并把F0/23口和F0/24口加入。再测试4台设备的互通性（应该是SWA和SWB互通，PC1和PC2互通，其他不通）。查看聚合端口的情况，如图1-7-2所示。

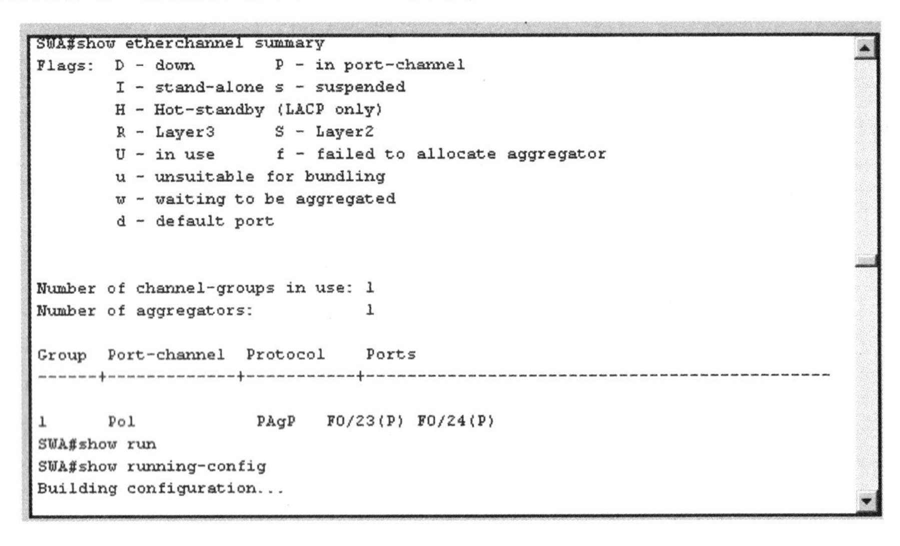
```
SWA#show etherchannel summary
Flags:  D - down        P - in port-channel
        I - stand-alone s - suspended
        H - Hot-standby (LACP only)
        R - Layer3      S - Layer2
        U - in use      f - failed to allocate aggregator
        u - unsuitable for bundling
        w - waiting to be aggregated
        d - default port


Number of channel-groups in use: 1
Number of aggregators:           1

Group  Port-channel  Protocol    Ports
------+-------------+-----------+----------------------------------------------

1      Po1           PAgP   F0/23(P) F0/24(P)
SWA#show run
SWA#show running-config
Building configuration...
```

图1-7-2

5. 设置聚合端口的负载平衡为dst-mac方式。

6. 在SWA和SWB上分别创建聚合端口2，并把F0/21口和F0/22口加入，设置模式为Trunk。分析聚合端口的情况，如图1-7-3所示。

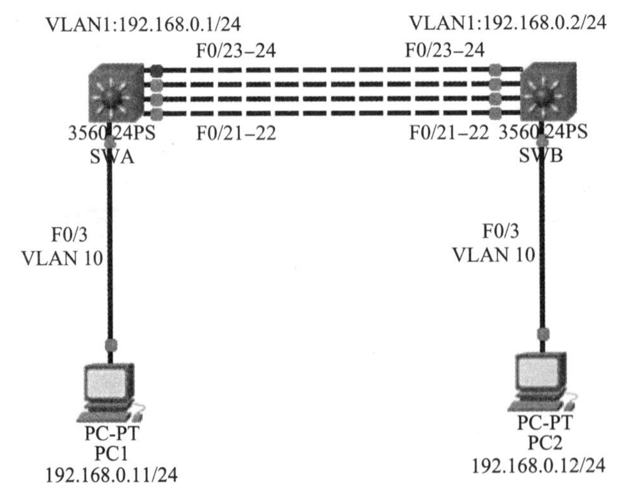

图1-7-3

7. 2 台三层交换机再用 2 根交叉线连接 F0/21 和 F0/22 口。再次查看聚合端口的情况和生成树情况，如图 1 -7 -4、图 1 -7 -5 所示。

```
SWA#show etherchannel summary
Flags:  D - down        P - in port-channel
        I - stand-alone s - suspended
        H - Hot-standby (LACP only)
        R - Layer3      S - Layer2
        U - in use      f - failed to allocate aggregator
        u - unsuitable for bundling
        w - waiting to be aggregated
        d - default port


Number of channel-groups in use: 2
Number of aggregators:           2

Group  Port-channel  Protocol    Ports
------+-------------+-----------+----------------------------------------------

1      Po1            PAgP   F0/23(P) F0/24(P)
2      Po2            PAgP   F0/21(P) F0/22(P)
SWA#
SWA#
SWA#
```

图 1 -7 -4

```
SWA#show spanning-tree
VLAN0001
  Spanning tree enabled protocol ieee
  Root ID    Priority    32769
             Address     0002.1684.A74E
             Cost        19
             Port        27(Port-channel 1)
             Hello Time  2 sec  Max Age 20 sec  Forward Delay 15 sec

  Bridge ID  Priority    32769  (priority 32768 sys-id-ext 1)
             Address     0030.A32D.8341
             Hello Time  2 sec  Max Age 20 sec  Forward Delay 15 sec
             Aging Time  20

Interface        Role Sts Cost      Prio.Nbr Type
---------------- ---- --- --------- -------- --------------------------------
Po1              Root LSN 19        128.27   Shr
F0/21            Desg FWD 19        128.21   P2p
F0/22            Desg FWD 19        128.22   P2p
F0/23            Desg FWD 19        128.23   P2p
F0/24            Desg FWD 19        128.24   P2p
Po2              Altn BLK 19        128.28   Shr
```

图 1 -7 -5

8. 最后把配置以及 ping 的结果截图打包，以“学号姓名”为文件名，提交作业。

【实验命令】

1. 思科端口聚合配置。(只是增加带宽，不会起到备份作用)

(1) 创建聚合端口，并设置为 Trunk 模式：

```
SWA(config)#interface port -channel 1
```

```
SWA(config-if)#switchport mode trunk
SWA(config-if)#exit
```

（2）以手动方式把端口加入聚合端口中：

```
SWA(config)# interface range FastEthernet 0/23-24
SWA(config-if)#channel-group 1 mode on
SWA(config-if)#exit
```

（3）设置聚合端口的负载平衡：

```
SWA(config)#port-channel load-balance dst-mac
```

（4）查看聚合端口：

```
SWA#show etherchannel summary
```

2. 锐捷端口聚合配置：（既增加带宽，又起到备用作用）最多支持8个物理端口聚合，最多支持6组。

（1）创建聚合端口，并设置为Trunk模式：

```
SWA(config)#interface aggregateport 1
SWA(config-if)#switchport mode trunk
SWA(config-if)#exit
```

（2）以手动方式把端口加入聚合端口中：

```
SWA(config)#interface range FastEthernet 0/23-24
SWA(config-if-range)#port-group 1
SWA(config-if-range)#exit
```

（3）设置聚合端口的负载平衡：

```
SWA(config)# aggregateport load-balance dst-mac
```

（4）查看聚合端口：

```
SWA#show aggregateport 1 summary
```

【注意事项】

1. 如果两个交换机之间的连线指灯不正确，或出现时通时不通的不稳定情况，可以先保证配置，把两个交换机的连线拔掉再重新连接。

2. 创建聚合时要观察两个交换机可创建的最大聚合数，用SWA（config)#interface port-channel? 命令进行查看，以保证所建的聚合名称一致。

【配置结果】

SWA#show running-config：

```
Building configuration...
Current configuration:1271 bytes
version 12.2
no service password-encryption
hostname SWA
ip ssh version 1
port-channel load-balance dst-mac
```

```
interface FastEthernet0/1
interface FastEthernet0/2
interface FastEthernet0/3
  switchport access vlan 10
interface FastEthernet0/4
interface FastEthernet0/5
interface FastEthernet0/6
interface FastEthernet0/7
interface FastEthernet0/8
interface FastEthernet0/9
interface FastEthernet0/10
interface FastEthernet0/11
interface FastEthernet0/12
interface FastEthernet0/13
interface FastEthernet0/14
interface FastEthernet0/15
interface FastEthernet0/16
interface FastEthernet0/17
interface FastEthernet0/18
interface FastEthernet0/19
interface FastEthernet0/20
interface FastEthernet0/21
  channel-group 2 mode on
interface FastEthernet0/22
  channel-group 2 mode on
interface FastEthernet0/23
channel-group 1 mode on
interface FastEthernet0/24
  channel-group 1 mode on
interface GigabitEthernet0/1
interface GigabitEthernet0/2
interface Port-channel 1
  switchport mode trunk
interface Port-channel 2
switchport mode trunk
interface Vlan1
ip address 192.168.0.1 255.255.255.0
line con 0
```

```
line vty 0 4
  login
end
```

【技术原理】

1. 端口聚合。

将交换机上的多个端口在物理上连接起来，在逻辑上捆绑在一起，形成一个拥有较大宽带的端口，形成一条干路，可以实现均衡负载，并提供冗余链路。

802.3AD 标准定义了如何将两个以上的以太网链路组合起来为高带宽网络连接实现负载共享、负载平衡以及提供更好的弹性。

802.3AD 的主要优点：链路聚合技术［也称端口聚合（AP）］帮助用户减少带宽瓶颈的压力。链路聚合标准在点到点链路上提供了固有的、自动的冗余性。

配置 Aggregate port 的注意事项：

（1）组端口的速度必须一致；

（2）组端口必须属于同一个 VLAN；

（3）组端口使用的传输介质相同；

（4）组端口必须属于同一层次，并与 AP 也要在同一层次。

2. 端口的聚合有两种方式：一种是手动的方式；一种是自动协商的方式。

（1）手动方式：

这种方式很简单，设置端口成员链路两端的模式为“on”。命令格式为：channel - group <number 组号>mode on。

（2）自动方式：

自动方式有两种协议：PAgP（Port Aggregation Protocol）和 LACP（Link Aggregation Control Protocol）。

PAgP：Cisco 设备的端口聚合协议，有 Auto 和 Desirable 两种模式。Auto 模式在协商中只收不发，Desirable 模式的端口收发协商的数据包。

LACP：标准的端口聚合协议 802.3AD，有 Active 和 Passive 两种模式。Active 相当于 PAgP 的 Auto，而 Passive 相当于 PAgP 的 Desirable。

3. 配置 port - channel 的流量平衡说明：

port - channel load - balance {dst - mac | src - mac | ip}

设置 AP 的流量平衡，选择使用的算法：

dst - mac：根据输入报文的目的 MAC 地址进行流量分配。在 AP 各链路中，目的 MAC 地址相同的报文被送到相同的接口，目的 MAC 不同的报文分配到不同的接口。

src - mac：根据输入报文的源 MAC 地址进行流量分配。在 AP 各链路中，来自不同地址的报文分配到不同的接口，来自相同地址的报文使用相同的接口。

ip：根据源 IP 与目的 IP 进行流量分配。不同的源 IP - 目的 IP 对的流量通过不同的端口转发，同一源 IP - 目的 IP 对通过相同的链路转发，其他的源 IP - 目的 IP 对通过其他的链路转发。

【课后习题】

一、单项选择题

1. 端口聚合技术依据的国际标准是（　　）。

A. 802. 2AD　　B. 802. 3AD　　C. 802. 1AD　　D. 802. 3AB

2. 以下哪个命令可以查看聚合端口中的现有成员？（　　）

A. ruijie#show Aggregate port summary　　B. ruijie#show Aggregate port 1 brief

C. ruijie#show Aggregate port 1 group　　D. ruijie#show Aggregate port 1 neighbor

3. 在一个包含两个成员端口的聚合端口中，如果一个成员端口出现故障，会怎样？（　　）

A. 当前使用该成员端口转发的流量将被丢弃

B. 当前所有流量的 50% 会被丢弃

C. 当前使用该成员端口转发的流量将切换到其他成员端口继续转发

D. 聚合端口将会消失，剩余的一个成员端口将会从聚合端口中释放并恢复为加入聚合端口之前的状态

4. 在锐捷交换机中，下面的哪条命令可以把一个端口加入聚合组 20 中？（　　）

A. ruijie（config)#channel－group 20　　B. ruijie（config－if)#channel－group 20

C. ruijie（config)#port－group 20　　D. ruijie（config－if)#port－group 20

5. 端口聚合技术可以解决以下哪个问题？（　　）

A. 端接主机过多　　B. 冗余备份需求　　C. 广播风暴　　D. ARP 病毒

6. 校园网络中心的核心交换机和汇聚层之间通过两条物理链路连接，其中一条链路被生成树阻断。为了提高核心和汇聚之间的带宽，在核心交换与汇聚交换互联接口上执行了 port－group 1 命令。该命令执行的结果是（　　）。

A. 接口成了组播组 1 的成员　　B. 接口成了聚合组 1 的成员

C. 接口成了 MSTP instance1 中的成员　　D. 接口调用了 ACL 1，并不会增加带宽

7. 在锐捷交换机上配置聚合端口时，往往会根据网络实际情况配置聚合组的负载平衡模式。在以下模式中，不属于聚合端口负载平衡模式的是（　　）。

A. 基于源 MAC　　B. 基于源端口号

C. 基于源 MAC＋目的 MAC　　D. 基于源 IP

E. 基于目的 IP　　F. 基于源 IP＋目的 IP

G. 基于目的 MAC

8. 2 台相邻的交换机既开启生成树又使用端口聚合，彼此通过 4 条物理链路相连，其中每两条链路为一个聚合组。对于哪条链路转发数据的说法，下列选项中正确的是（　　）。

A. 只有一条物理链路转发数据，其他链路被生成树协议阻断

B. 4 条物理链路同时转发数据，因为端口聚合优先于生成树协议

C. 只有 1 个聚合组在转发数据，另一个聚合组被生成树协议阻断

D. 每一个聚合组中都有一条物理链路在转发数据，另一条链路被生成树阻断

9. 安装在某楼层的一台锐捷交换机，当前上行链路使用了一个光口，并且交换空余了一个电口。网络管理员希望获得更高的上行带宽，希望把电口和光口聚合在一起。这样的操

作是否可行？（　　）

A. 可以　　　　　　B. 不可以

10. 将一个交换机接口从聚合组中删除后，该接口的属性为（　　）。

A. Access 端口，且属于 VLAN1

B. Trunk 端口，且 VLAN 许可列表中包含了所有当前 VLAN

C. 继承聚合组的属性

D. 恢复为加入聚合组之前的属性

11. 为了提高链路带宽，工程师在配置交换机时采用的聚合技术。配置如下：

```
interface f0/23
switchport mode access
switchport access vlan 10
exit
interface f0/24
switchport mode trunk
exit
interface Aggretegate port 1
exit
interface range f0/23 -24
port - group 1
end
write
```

配置完成后，Aggretegate port 1 的属性是（　　）。

A. Access 端口，且属于 VLAN10

B. Trunk 端口

C. Trunk 端口，且许可列表中只有 VLAN10

D. Access 端口，且属于 VLAN1

二、多项选择题

配置 Aggretegate port 应注意以下哪些事项？（　　）

A. 组端口的速度必须一致

B. 组端口必须属于同一个 VLAN

C. 组端口使用的传输介质相同

D. 组端口必须属于同一层次，并与 AP 也要在同一层次

任务8　交换机端口安全

【学习情境】

假设你是某公司的网络管理员，公司要求对网络进行严格控制，为了防止公司内部用户

的 IP 地址冲突、网络攻击和破坏行为。要对每位员工进行固定 IP 地址，并进行 MAC 和 IP 地址的绑定，防止其他主机的随意连接。

【学习目的】

1. 掌握交换安全功能的开启与配置方法。
2. 掌握控制用户进行安全接入的技巧。

【相关设备】

二层交换机 1 台、PC 3 台、直连线 3 根、交叉线 1 根。

【实验拓扑】

拓扑如图 1－8－1 所示。

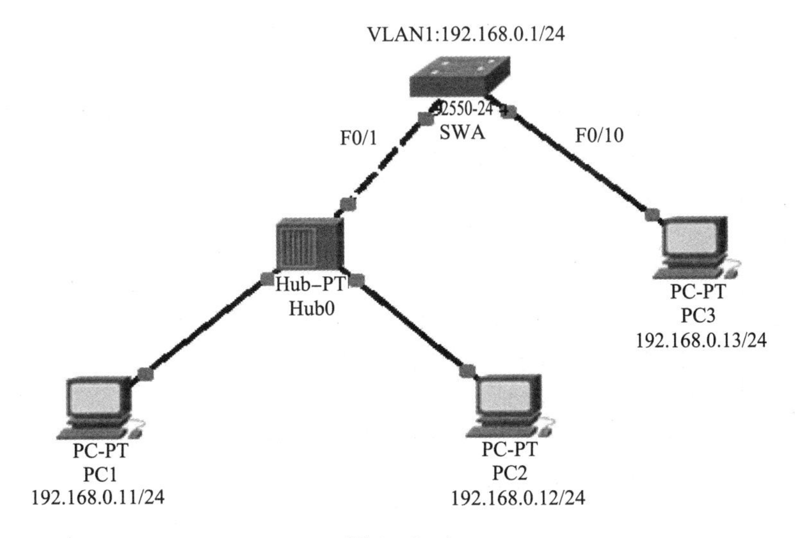

图 1－8－1

【实验任务】

1. 1 台二层交换机 SWA 用 1 根交叉线（F0/1 口）连接 1 台 Hub，Hub 再连接 PC1、PC2；SWA 用 1 根直连线连接 PC3（F0/10 口）。

2. 基本 IP 地址配置如图 1－8－1 所示。SWA 的 VLAN1 地址：192. 168. 0. 1/24；PC1 的地址：192. 168. 0. 11/24；PC2 的地址：192. 168. 0. 12/24；PC3 的地址：192. 168. 0. 13/24；4 台设备的默认网关都是 192. 168. 0. 254。测试 4 台设备的互通性（应该是全通）。

3. 对 F0/1－F0/10 口开启交换机端口的安全功能。配置最大连接数为 2，配置安全违例的处理方式为 shutdown。查看交换机端口的安全配置。

4. 查看 PC1 的 MAC 地址信息，把这个 MAC 绑定到 F0/1 口上，查看端口的地址绑定情况。

5. 测试绑定的效果，PC1 可以 ping 通交换机，PC2 不可以 ping 通交换机。说明：本试验在模拟器中没效果，在真实设备中才能测试出效果。

【实验命令】

1. 对F0/1-F0/10口开启交换机端口的安全功能：

SWA(config-if-range)#switchport port-security

2. 配置最大连接数为1：

SWA(config-if-range)#switchport port-security maximum 2

3. 配置安全违例的处理方式为shutdown：

SWA(config-if-range)#switchport port-security violation shutdown

4. 查看交换机F0/1口的安全配置：

SWA#show port-security interface fastEthernet 0/1

5. 对F0/1口进行端口的MAC绑定：

SWA(config-if)#switchport port-security mac-address 00D0.BA83.2D93

6. 查看端口安全与地址绑定：

SWA#show port-security

SWA#show port-security address

【注意事项】

1. 交换机端口安全功能只能在Access接口中进行配置。

2. 交换机最大连接数范围是1~128，默认是128。

3. 在锐捷设备中，可以针对IP地址、MAC地址、IP+MAC地址进行3种绑定方式。命令如下：

（1）对F0/1口进行端口的MAC绑定：

SWA(config-if)#switchport port-security mac-address 00D0.BA83.2D93

（2）对F0/1口进行端口的IP绑定：

SWA(config-if)#switchport port-security ip-address 192.168.0.11

（3）对F0/1口进行端口的IP+MAC绑定：

SWA(config-if)#switchport port-security mac-address 00D0.BA83.2D93 ip-address 192.168.0.11

4. 在锐捷设备中，默认的违例处理方式是protect。当端口因为违例而被关闭后，可以使用命令errdisable recovery来将接口从错误状态中恢复过来，注意此命令是在全局模式下运行。

5. 在锐捷设备中，最好在三层交换机上做此实验，因为二层设备有bug，对地址绑定部分的实验经常会出错。

【配置结果】

SWA#show running-config：

```
Building configuration...
Current configuration:1321 bytes
version 12.1
no service password - encryption
hostname SWA
interface FastEthernet0/1
  switchport port - security maximum 2
  switchport port - security mac - address 00D0.BA83.2D93
interface FastEthernet0/2
  switchport port - security maximum 2
interface FastEthernet0/3
  switchport port - security maximum 2
interface FastEthernet0/4
  switchport port - security maximum 2
interface FastEthernet0/5
  switchport port - security maximum 2
interface FastEthernet0/6
  switchport port - security maximum 2
interface FastEthernet0/7
  switchport port - security maximum 2
interface FastEthernet0/8
  switchport port - security maximum 2
interface FastEthernet0/9
  switchport port - security maximum 2
interface FastEthernet0/10
  switchport port - security maximum 2
interface FastEthernet0/11
interface FastEthernet0/12
interface FastEthernet0/13
interface FastEthernet0/14
interface FastEthernet0/15
interface FastEthernet0/16
interface FastEthernet0/17
interface FastEthernet0/18
interface FastEthernet0/19
interface FastEthernet0/20
interface FastEthernet0/21
interface FastEthernet0/22
```

```
interface FastEthernet0/23
interface FastEthernet0/24
interface Vlan1
  ip address 192.168.0.1 255.255.255.0
ip default-gateway 192.168.0.254
line con 0
line vty 0 4
  login
line vty 5 15
  login
end
```

【技术原理】

1. MAC 地址与端口绑定和根据 MAC 地址允许流量的配置。

（1）MAC 地址与端口绑定。

当发现主机的 MAC 地址与交换机上指定的 MAC 地址不同时，交换机相应的端口将 Down 掉。当给端口指定 MAC 地址时，端口模式必须为 Access 或者 Trunk 状态。

3550(config-if)#switchport mode access//指定端口模式。

3550(config-if)#switchport port-security mac-address 00-90-F5-10-79-C1 //配置 MAC 地址。

3550(config-if)#switchport port-security maximum 1 //限制此端口允许通过的 MAC 地址数为 1。

3550(config-if)#switchport port-security violation shutdown/当发现与上述配置不符时，端口 down 掉。

（2）通过 MAC 地址来限制端口流量。

此配置允许一 Trunk 口最多通过 100 个 MAC 地址，超过 100 时，来自新的主机的数据帧将丢失。

3550(config-if)#switchport trunk encapsulation dot1q

3550(config-if)#switchport mode trunk//配置端口模式为 Trunk。

3550(config-if)#switchport port-security maximum 100//允许此端口通过的最大 MAC 地址数目为 100。

3550(config-if)#switchport port-security violation protect//当主机 MAC 地址数目超过 100 时，交换机继续工作，但来自新的主机的数据帧将丢失。

2. 根据 MAC 地址来拒绝流量。

上面的配置根据 MAC 地址来允许流量，下面的配置则是根据 MAC 地址来拒绝流量。此配置在 Catalyst 交换机中只能对单播流量进行过滤，对于多播流量则无效。

3550(config)#mac-address-table static 00-90-F5-10-79-C1 vlan

```
2 drop
    //在相应的 Vlan 丢弃流量。
    3550(config)#mac-address-table static 00-90-F5-10-79-C1 vlan
2 int f0/1
    //在相应的接口丢弃流量。
```

3. 理解端口安全。

当你给一个端口配置了最大安全 MAC 地址数量，安全地址是以以下方式包括在一个地址表中的：

（1）你可以配置所有的 MAC 地址使用 switchport port-security mac-address <mac 地址>这个接口命令。

（2）你也可以允许动态配置安全 MAC 地址，使用已连接的设备的 MAC 地址。

（3）你可以配置一个地址的数目且允许保持动态配置。

注意：如果这个端口 shutdown 了，所有的动态学的 MAC 地址都会被移除。一旦达到配置的最大的 MAC 地址的数量，地址们就会被存在一个地址表中。设置最大 MAC 地址数量为1，并且配置连接到设备的地址确保这个设备独占这个端口的带宽。

4. 端口安全规则。

当以下情况发生时就是一个安全违规：

（1）最大安全数目 MAC 地址表外的一个 MAC 地址试图访问这个端口。

（2）一个 MAC 地址被配置为其他的接口的安全 MAC 地址的站点试图访问这个端口。

5. 配置接口的三种违规模式。

你可以配置接口的三种违规模式，这三种模式基于违规发生后的动作：

（1）protect：当 MAC 地址的数量达到了这个端口所最大允许的数量，带有未知的源地址的包就会被丢弃，直到删除了足够数量的 MAC 地址，降到端口允许的最大数值以内才不会被丢弃。

（2）restrict：一个限制数据和并引起“安全违规”计数器的增加的端口安全违规动作。

（3）shutdown：一个导致接口马上 shutdown，并且发送 SNMP 陷阱的端口安全违规动作。

当一个安全端口处在 error-disable 状态，你要恢复正常必须得敲入全局下的 errdisable recovery cause psecure-violation 命令，或者你可以手动 shut 再 no shut 端口。这个是端口安全违规的默认动作。

6. 默认的端口安全配置。

（1）port-security 默认设置：关闭的。

（2）最大安全 MAC 地址数目默认设置：1。

（3）违规模式默认配置：shutdown，这端口在达到最大安全 MAC 地址数量时会 shutdown，并发 SNMP 陷阱。

7. 配置端口安全的向导。

（1）安全端口不能在动态的 Access 口或者 Trunk 口上做，换言之，敲 port-secure 之前先配置该端口的模式为 access。

（2）安全端口不能是一个被保护的口。

（3）安全端口不能是 SPAN 的目的地址。

（4）安全端口不能属于GEC或FEC的组。

（5）安全端口不能属于802.1X端口。如果你在安全端口试图开启802.1X，就会有报错信息，而且802.1X也关了。如果你试图改变开启了802.1X的端口为安全端口，错误信息就会出现，安全性设置不会改变。

8. 802.1X的相关概念和配置。

802.1X身份验证协议最初使用于无线网络，后来才在普通交换机和路由器等网络设备上使用。它可基于端口来对用户身份进行认证，即当用户的数据流量企图通过配置过802.1X协议的端口时，必须进行身份的验证，合法则允许其访问网络。这样做的好处就是可以对内网的用户进行认证，并且简化配置，在一定的程度上可以取代Windows的AD。

配置802.1X身份验证协议，首先得全局启用AAA认证，这个和在网络边界上使用AAA认证没有太多的区别，只不过认证的协议是802.1X；其次则需要在相应的接口上启用802.1X身份验证。（建议在所有的端口上启用802.1X身份验证，并且使用radius服务器来管理用户名和密码）

9. 配置AAA认证所使用的为本地的用户名和密码。

```
3550(config)#aaa new-model        //启用AAA认证。
3550(config)#aaa authentication dot1x default local
                    //全局启用802.1X协议认证,并使用本地用户名与密码。
3550(config)#int range f0/1-24
3550(config-if-range)#dot1x port-control auto
                    //在所有的接口上启用802.1X身份验证。
```

10. 交换机端口安全总结。

通过MAC地址来控制网络的流量既可以通过上面的配置来实现，也可以通过访问控制列表来实现。

通过MAC地址绑定虽然在一定程度上可保证内网安全，但效果并不是很好，建议使用802.1X身份验证协议。在可控性、可管理性上802.1X都是不错的选择。

【课后习题】

一、单项选择题

1. 当端口因违反端口安全规定而进入“err-disabled”状态后，使用什么命令将其恢复？（　　）

A. errdisable recovery　　B. no shut　　C. recovery errdisable　　D. recovery

2. 交换机端口安全可以解决以下哪个问题？（　　）

A. 用户私自用路由器实现多主机共享上网

B. MAC地址泛洪攻击造成MAC地址表溢出

C. 传统生成树收敛速度慢

D. 由于冗余链路造成的桥接环路

3. 在为连接了大量客户端，交换机配置聚合端口后，应选择以下哪种流量平衡方式？（　　）

A. dst－mac　　B. src－mac　　C. ip　　D. dst－ip
E. src－ip　　F. src－dst－mac

二、多项选择题

1. 默认情况下，哪些类型的帧会被交换机泛洪？（　　）
A. 已知目的地址单播　　B. 未知目的地址单播
C. 广播　　D. 组播
2. 端口安全存在哪些限制？（　　）
A. 必须配置在 Access 口上，而不能配置在 Truck 口上
B. 不能配置在聚合端口上
C. 不能配置在 SPAN 端口上
D. 只能配置在快速以太网端口上

项目二

交换机进阶功能

任务1　三层交换机的路由功能一（端口路由）

【学习情境】

假如你是公司的网络设计和规划人员，在有限的资金和不同的功能需求下，要做到合理配置二层交换机、三层交换机。既要保证网络的速度又要节约成本，实现利益的最大化。

【学习目的】

1. 对比二层交换机与三层交换机之间的区别，了解三层交换机的路由功能。
2. 掌握开启“三层路由”功能和开启“端口路由”功能的区别和作用。

【相关设备】

二层交换机1台、三层交换机1台、PC 4台、直连线4根。

【实验拓扑】

拓扑如图2－1－1所示。

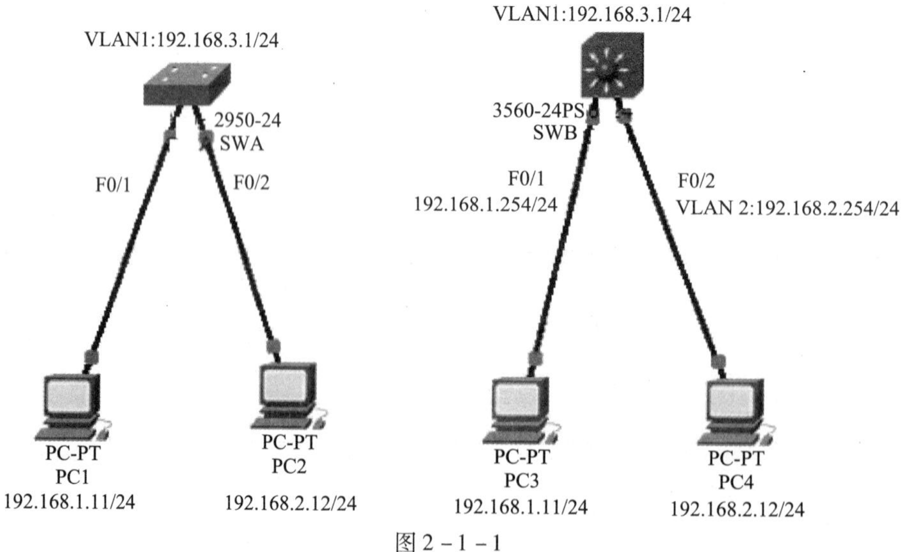

图2－1－1

【实验任务】

1. 如图 2-1-1 所示，搭建一个二层交换机与一个三层交换机的拓扑进行对比实验，来验证二层与三层的区别以及三层交换机的路由功能。

2. 先配置设备的基本 IP 和管理 IP，并测试 PC1 与 PC2 的互通情况；测试 PC3 与 PC4 的互通情况。应该是都不通，因为都是两个不同网段，没有路由。

3. 在三层交换机 SWB 上开启“三层路由”功能。

4. 在三层交换机 SWB 的 F0/1 口上开启“端口路由”，并配置地址：192.168.1.254/24。查看路由表情况。

5. 在三层交换机 SWB 上建立 VLAN2，把 F0/2 口加入。对 VLAN2 配置地址：192.168.2.254/24。查看路由表情况。

6. 比较上面两种在三层交换机上建立 IP 的方法。测试 PC3 与 PC4 的互通情况。此时应该已经可以互通（如果不通，查看两台 PC 的网关是否设置），因为在三层交换机上已经形成了三个网段的直连路由。

7. 在二层交换机上做同样的操作。发现什么情况？应该是不能开启“端口路由”，也不能配置地址（没有命令），当然也不能形成路由。所以 PC1 与 PC2 始终不能 ping 通。

【实验命令】

1. 开启“三层路由”功能：

```
SWA(config)#ip routing
```

2. 开启 F0/23 的“端口路由”并配置地址：

```
SWA(config)#interface FastEthernet 0/23
SWA(config-if)#no switchport
SWA(config-if)#ip address  192.168.1.254 255.255.255.0
SWA(config-if)#no shutdown
```

3. 查看三层交换机的路由情况：

```
SWA#show ip route
```

【配置结果】

1. SWB#show ip route：

```
Codes:C-connected,S-static,I-IGRP,R-RIP,M-mobile,B-BGP
      D-EIGRP,EX-EIGRP external,O-OSPF,IA-OSPF inter area
      N1-OSPF NSSA external type 1,N2-OSPF NSSA external type 2
      E1-OSPF external type 1,E2-OSPF external type 2,E-EGP
      i-IS-IS,L1-IS-IS level-1,L2-IS-IS level-2,ia-IS-IS in-
ter area
       *-candidate default,U-per-user static route,o-ODR
      P-periodic downloaded static route
```

```
Gateway of last resort is not set

C  192.168.1.0/24 is directly connected,FastEthernet0/1
C  192.168.2.0/24 is directly connected,Vlan2
C  192.168.3.0/24 is directly connected,Vlan1
```

2. SWB#show running - config:

```
Building configuration...
Current configuration:1171 bytes
version 12.2
no service password - encryption
hostname SWB
ip routing
ip ssh version 1
port - channel load - balance src - mac
interface FastEthernet0/1
  no switchport
  ip address 192.168.1.254 255.255.255.0
  duplex auto
  speed auto
interface FastEthernet0/2
  switchport access vlan 2
interface FastEthernet0/3
interface FastEthernet0/4
interface FastEthernet0/5
interface FastEthernet0/6
interface FastEthernet0/7
interface FastEthernet0/8
interface FastEthernet0/9
interface FastEthernet0/10
interface FastEthernet0/11
interface FastEthernet0/12
interface FastEthernet0/13
interface FastEthernet0/14
interface FastEthernet0/15
interface FastEthernet0/16
interface FastEthernet0/17
interface FastEthernet0/18
interface FastEthernet0/19
```

```
interface FastEthernet0/20
interface FastEthernet0/21
interface FastEthernet0/22
interface FastEthernet0/23
interface FastEthernet0/24
interface GigabitEthernet0/1
interface GigabitEthernet0/2
interface Vlan1
 ip address 192.168.3.1 255.255.255.0
interface Vlan2
 ip address 192.168.2.254 255.255.255.0
ip classless
line con 0
line vty 0 4
 login
end
```

【技术原理】

三层交换机与路由器的主要区别：之所以有人搞不清三层交换机和路由器之间的区别，最根本的原因就是三层交换机也具有“路由”功能，且与传统路由器的路由功能总体上是一致的。虽然如此，三层交换机与路由器还是存在着相当大的本质区别的。

1. 主要功能不同。

虽然三层交换机与路由器都具有路由功能，但我们不能因此而把它们等同起来，正如现在许多网络设备同时具备多种传统网络设备功能一样，如现在有许多宽带路由器不仅具有路由功能，还提供了交换机端口、硬件防火墙功能，但不能把它与交换机或者防火墙等同起来一样。因为这些路由器的主要功能还是路由功能，其他功能只不过是其附加功能，其目的是使设备适用面更广、使其更加实用。这里的三层交换机也一样，它仍是交换机产品，只不过它是具备了一些基本的路由功能的交换机，它的主要功能仍是数据交换。也就是说它同时具备了数据交换和路由转发两种功能，但其主要功能还是数据交换；而路由器仅具有路由转发这一种主要功能。

2. 主要适用的环境不同。

三层交换机的路由功能通常所面对的主要是简单的局域网连接。正因如此，三层交换机的路由功能通常比较简单，路由路径远没有路由器那么复杂。它用在局域网中的主要用途还是提供快速数据交换功能，满足局域网数据交换频繁的应用特点。

而路由器则不同，它的设计初衷就是为了满足不同类型的网络连接，虽然也适用于局域网之间的连接，但它的路由功能更多的体现在不同类型网络之间的互联上，如局域网与广域网之间的连接、不同协议的网络之间的连接等，所以路由器主要是用于不同类型的网络之间。它最主要的功能就是路由转发，解决好各种复杂路由路径网络的连接就是它的最终目的，所以路由器的路由功能通常非常强大，不仅适用于同种协议的局域网间，更适用于不同协议的局域网与广域网间。它的优势在于选择最佳路由、分担负荷、备份链路及和其他网络进行路由信息的交换等路由器所具有的功能。为了与各种类型的网络连接，路由器的接口类型非常丰富，而三层交换机则一般仅有同类型的局域网接口，非常简单。

3. 性能体现不同。

从技术上讲，路由器和三层交换机在数据包交换操作上存在着明显区别。路由器一般由基于微处理器的软件路由引擎执行数据包交换，而三层交换机通过硬件执行数据包交换。三层交换机在对第一个数据流进行路由后，它将会产生一个 MAC 地址与 IP 地址的映射表，当同样的数据流再次通过时，将根据此表直接从二层通过而不是再次路由，从而消除了路由器进行路由选择而造成网络的延迟，提高了数据包转发的效率。同时，三层交换机的路由查找是针对数据流的，它利用缓存技术，很容易利用 ASIC 技术来实现，因此，可以大大节约成本，并实现快速转发。而路由器的转发采用最长匹配的方式，实现复杂，通常使用软件来实现，转发效率较低。

正因如此，从整体性能上比较，三层交换机的性能要远优于路由器，非常适合用于数据交换频繁的局域网中；而路由器虽然路由功能非常强大，但它的数据包转发效率远低于三层交换机，更适合于数据交换不是很频繁的不同类型网络的互联，如局域网与互联网的互联。如果把路由器，特别是高档路由器用于局域网中，则在相当大程度上是一种浪费（就其强大的路由功能而言），而且还不能很好地满足局域网通信性能需求，影响子网间的正常通信。

综上所述，三层交换机与路由器之间还是存在着非常大的本质区别的。无论从哪方面来说，在局域网中进行多子网连接，最好还选用三层交换机，特别是在不同子网数据交换频繁的环境中。一方面可以确保子网间的通信性能需求，另一方面省去了另外购买交换机的投资。当然，如果子网间的通信不是很频繁，采用路由器也无可厚非，也可达到子网安全隔离、相互通信的目的。具体要根据实际需求来定。

【课后习题】

一、单项选择题

在配置交换网络时，如果部署了多个 VLAN，那么交换机之间的接口通常是____模式，连接用户主机的接口通常是____模式。(　　)

A. Trunk、Trunk　　B. Trunk、Access　　C. Access、Trunk　　D. Access、Access

二、多项选择题

1. 以下陈述中，哪两项是交换机的 Access 口和 Trunk 口的区别？(　　)

A. Access 口只能属于一个 VLAN，而 Trunk 口可以属于多个 VLAN

B. Access 口只能发送不带 tag 的帧，而 Trunk 口只能发送带 tag 的帧

C. Access 口只能连接主机，而 Trunk 口只能连接交换机

D. Access 口的 Native VLAN 就是它的所属 VLAN，而 Trunk 口可以指定 Native VLAN

2. 图 2-1-2 所示的网络中，使用锐捷交换机，并且交换机为出厂状态，未做任何

配置。

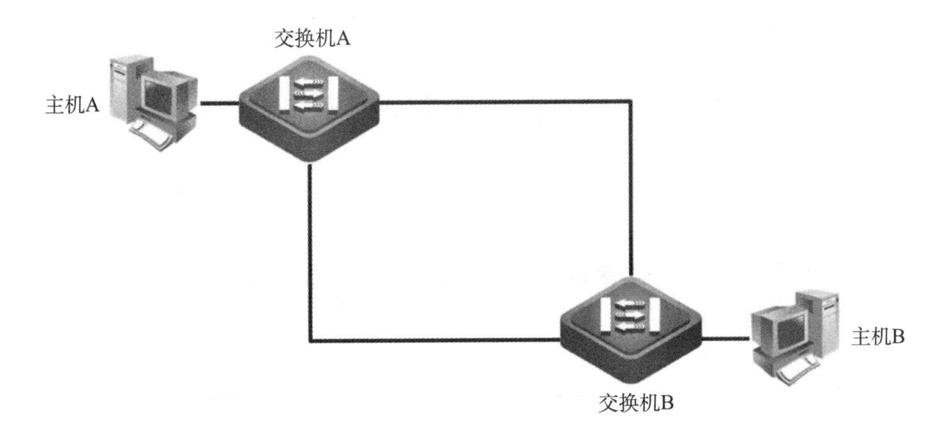

图 2－1－2

当主机 A 发出 ARP 广播询问主机 B 的 IP 地址时，以下描述的现象，正确的是（　　）。

A. 主机 A 将会收到自己发出的 ARP 广播

B. 主机 B 将针对这个 ARP 广播，发出应答

C. 主机 B 会反复收到主机 A 发出的 ARP 广播

D. 主机 A 不可能收到自己发出的 ARP 广播

3. 根据图 2－1－3 所示，以下陈述中正确的是（　　）。

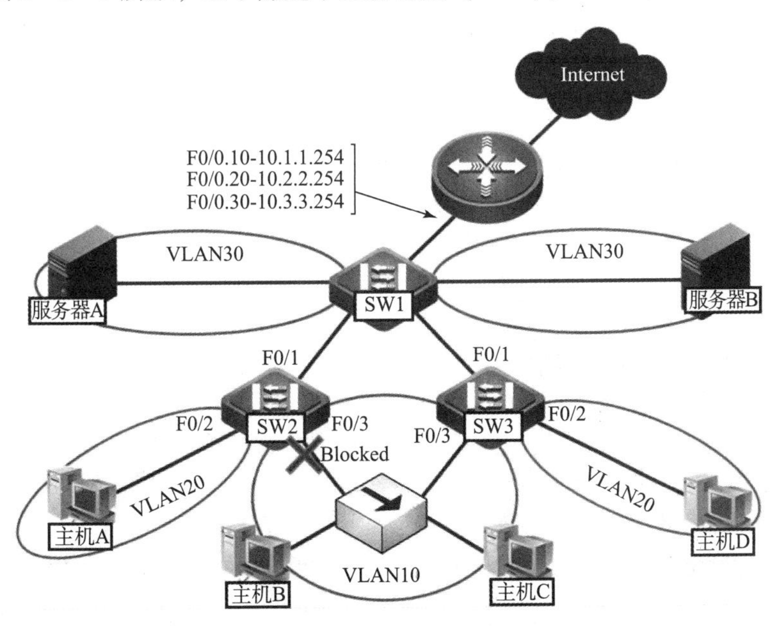

图 2－1－3

A. SW2 是根交换

B. 主机 D 和服务器 A 在同一网络中

C. 主机 B 和主机 C 之间的流量不会发生冲突

D. 如果路由器的 F0/0 Down 掉，那么主机 A 将不能访问服务器 A

E. 如果 SW3 的 F0/1 Down 掉，那么主机 C 将不能访问服务器 B

F. 如果 SW3 的 F0/3 Down 掉，那么 SW2 的 F0/3 将会进入转发状态

任务2 三层交换机的路由功能二（SVI 路由）

【学习情境】

某公司内部有多种 VLAN，有多种不同的网段划分，都需要通过核心交换机来进行分类和互联，有哪些方法可实现？

【学习目的】

1. 比较三层交换机开启端口路由配置地址与对 VLAN 配置地址形成直连路由的方法。
2. 掌握相同 VLAN 互通与不同 VLAN 互通的进行配置的技巧。

【相关设备】

二层交换机 2 台、三层交换机 1 台、PC 4 台、直连线 4 根、交叉线 2 根。

【实验拓扑】

拓扑如图 2-2-1 所示。

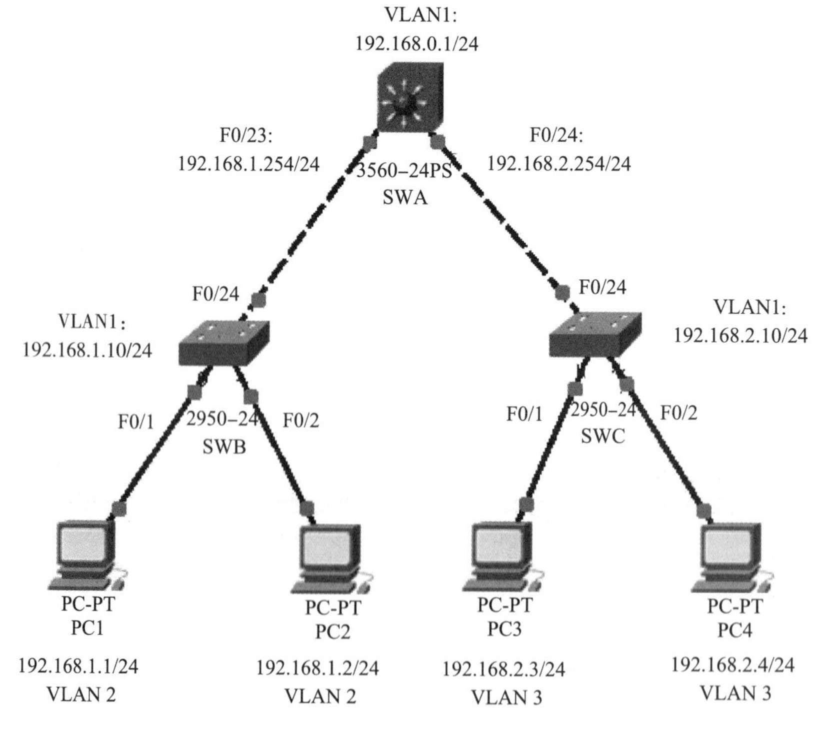

图 2-2-1

【实验任务】

1. 如图 2-2-1 所示，进行 PC 和二层交换机的 IP 配置。注意 PC1、PC2、SWB 的网关为 192.168.1.254（即与三层交换机 SWA 连接的 F0/23 口地址）；PC3、PC4、SWC 的网关为 192.168.2.254（即与三层交换机 SWA 连接的 F0/24 口地址）。

2. 测试互通情况并分析。应该是 PC1、PC2、SWB 互通（因为它们是同一个网段）；PC3、PC4、SWC 互通（因为它们是同一个网段）；其他不通（因为网段不同，路由不通）。

3. 对 SWA 配置 VLAN1 管理地址。对 SWA 开启“三层路由”功能。再开启 F0/23、F0/24 口的“端口路由”并配置地址。查看三层交换机的路由情况（直连路由）。

4. 测试互通情况并分析。应该全通（因为三层交换机开启了路由功能，形成了直连路由）。

5. 对应建立 VLAN，再次测试互通情况并分析，发现不能互通，需要把三个交换机之间的连线设置为 Trunk 模式。不能设置，因为 SWA 的 F0/23、F0/24 口开启了“端口路由”并配置了地址，不能再设置 Trunk 模式（因为它已经变成了路由器模式的端口）。解决方法如图 2-2-2 所示。

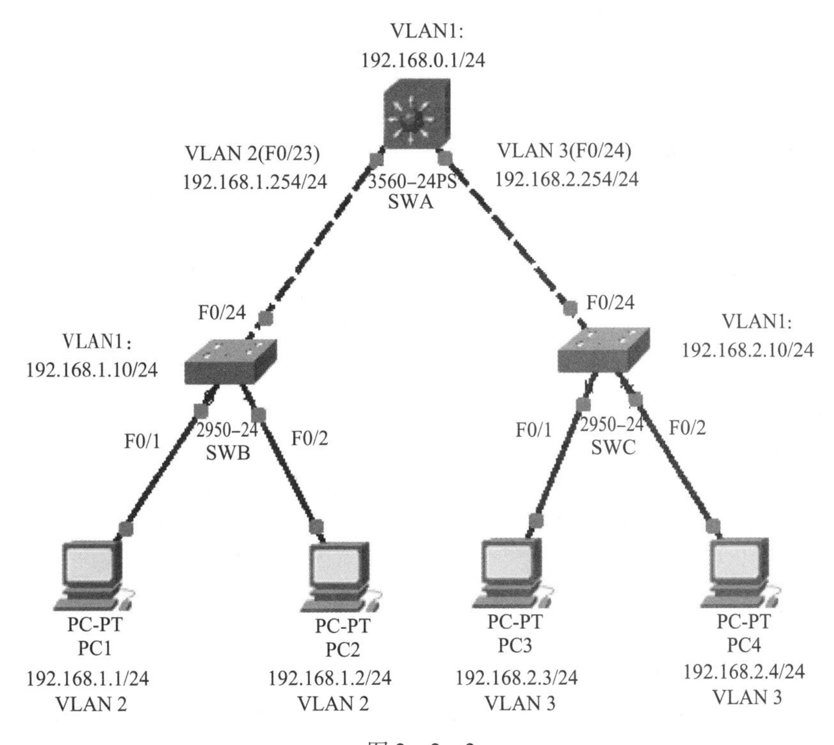

图 2-2-2

6. 如图 2-2-2 所示，对 SWA 取消 F0/23、F0/24 口的 IP 地址，并且关闭“端口路由”模式，恢复到交换机端口模式。再对 SWA 建立 VLAN2（加入 F0/23）和 VLAN3（加入 F0/24）。对 VLAN2 设置 IP：192.168.1.254/24；对 VLAN3 设置 IP：192.168.2.254/24。

7. 如图 2-2-2 所示，把三个交换机之间的连接端口设置为 Trunk 模式，测试互通情况并分析（应该是全通）。

【实验命令】

1. 取消端口的IP地址：

```
SWA(config-if)#no ip address
```

2. 关闭“端口路由”模式：

```
SWA(config-if)#switchport
```

【注意事项】

1. 注意三层交换机端口的模式，在路由模式下才可以设置地址，在交换模式下才可能设置Trunk。

2. 注意观察路由在实验中的作用。

【配置结果】

1. SWA#show vlan：

```
VLAN   Name                 Status    Ports
---- -------------------- --------- ------------------------------
1      default              active    F0/1,F0/2,F0/3,F0/4
                                      F0/5,F0/6,F0/7,F0/8
                                      F0/9,F0/10,F0/11,F0/12
                                      F0/13,F0/14,F0/15,F0/16
                                      F0/17,F0/18,F0/19,F0/20
                                      F0/21,F0/22,Gig0/1,Gig0/2
2      VLAN002                        active
3      VLAN003                        active
```

2. SWA#show ip route：

```
Codes:C - connected,S - static,I - IGRP,R - RIP,M - mobile,B - BGP
      D - EIGRP,EX - EIGRP external,O - OSPF,IA - OSPF inter area
      N1 - OSPF NSSA external type 1,N2 - OSPF NSSA external type 2
      E1 - OSPF external type 1,E2 - OSPF external type 2,E - EGP
      i - IS - IS,L1 - IS - IS level -1,L2 - IS - IS level -2,ia - IS - IS in-
ter area
      * - candidate default,U - per - user static route,o - ODR
      P - periodic downloaded static route

Gateway of last resort is not set

C  192.168.0.0/24 is directly connected,Vlan1
C  192.168.1.0/24 is directly connected,Vlan2
C  192.168.2.0/24 is directly connected,Vlan3
```

3. SWA#show running - config:

```
Building configuration...

Current configuration:1283 bytes
version 12.2
no service timestamps log datetime msec
no service timestamps debug datetime msec
no service password - encryption
hostname SWA
interface FastEthernet0/1
interface FastEthernet0/2
interface FastEthernet0/3
interface FastEthernet0/4
interface FastEthernet0/5
interface FastEthernet0/6
interface FastEthernet0/7
interface FastEthernet0/8
interface FastEthernet0/9
interface FastEthernet0/10
interface FastEthernet0/11
interface FastEthernet0/12
interface FastEthernet0/13
interface FastEthernet0/14
interface FastEthernet0/15
interface FastEthernet0/16
interface FastEthernet0/17
interface FastEthernet0/18
interface FastEthernet0/19
interface FastEthernet0/20
interface FastEthernet0/21
interface FastEthernet0/22
interface FastEthernet0/23
  switchport access vlan 2
  switchport mode trunk
interface FastEthernet0/24
switchport access vlan 3
  switchport mode trunk
interface GigabitEthernet0/1
```

```
interface GigabitEthernet0/2
interface Vlan1
  ip address 192.168.0.1 255.255.255.0
interface Vlan2
  ip address 192.168.1.254 255.255.255.0
interface Vlan3
ip address 192.168.2.254 255.255.255.0
ip classless
line con 0
line vty 0 4
  login
end
```

【技术原理】

在一般的二层交换机组成的网络中，VLAN 实现了网络流量分割，不同的 VLAN 间是不能互相通信的。如果要实现 VLAN 间的通信必须借助路由实现：一种是利用路由器，另一种是借助具有三层功能的交换机。三层交换机在对第一个数据流进行路由后，会产生一个 MAC 地址与 IP 地址的映射表，当同样的数据流再次通过时，将根据此表直接从二层通过而不是再次路由，从而消除了路由器进行路由选择而造成网络的延迟，提高了数据包转发的效率，消除了路由器可能产生的网络瓶颈问题。

【课后习题】

一、单项选择题

1. 在日常技术文档上，经常有衡量交换包转发速率的技术指标，请问衡量包转发速率的单位是（　　）。

A. pps　　B. bps　　C. Bps　　D. Mbps

2. 一个管理员想让自己的笔记本电脑无论连接到交换机 S2328G 的哪一个 VLAN 中，都能直接管理这台交换机。于是他在 S2328G 上分别为当前存在的 VLAN1、VLAN2 和 VLAN3 的 SVI 接口配置了 IP 地址。具体操作脚本如下：

```
enable
config t
interface vlan 1
ip add 172.16.1.254 255.255.255.0
no shutdown
exit
interface vlan 2
ip add 172.16.2.254 255.255.255.0
```

```
no shutdown
exit
interface vlan 3
ip add 172.16.3.254 255.255.255.0
no shutdown
end
write
```

之后，管理员将笔记本电脑连接到该交换机的 VLAN 2 中，却发现无法通过 172.16.2.254 对交换机进行管理。此现象的原因是（　　）。

A. 对于二层交换机，只有 VLAN1 的 IP 地址可用于管理

B. 对于二层交换机，只有 VLAN1 的 SVI 口可以被启用

C. 对于二层交换机，只能启用一个 SVI 口，即最后被启用的 SVI 口

D. 对于二层交换机，只能有一个 SVI 口用于管理，当为多个 SVI 口配置 IP 地址后，所有 SVI 均拒绝了管理访问

二、多项选择题

1. 关于三层交换机 SVI 接口的描述，正确的有哪两项？（　　）

A. SVI 接口是虚拟的逻辑接口

B. SVI 接口是真实的物理接口

C. SVI 接口可以配置 IP 地址作为 VLAN 内主机的默认网关

D. SVI 接口不可以使用 ACL

2. IEEE 802.1Q 标签中的 TCI 字段包含了以下哪三个部分？（　　）

A. VLAN ID　　　　B. Priority

C. Type　　　　D. Canonical Format Indicato

任务 3　交换机综合实验网络规划与配置

【学习情境】

某新建学校需要根据实际情况进行网络规划和设计，并进行相关设备的选型和相关地址的规划和重要命令的配置，以实现局域网内部的高速互通，并具有比较高的安全性和一定的冗余备份。

【学习目的】

1. 学习对一个真实的局域网进行分层和分段设计。
2. 锻炼对一个复杂的网络内部进行合理的规划和配置。
3. 学会一个网络工程的整体思维、合作意思。
4. 学会一个网络工程中单个设备与全面设计之间的关系和重要关系。
5. 对交换机相关技术进行全面的复习和巩固。

【相关设备】

二层交换机4台、三层交换机4台、PC 8台、直连线8根、交叉线9根。

【实验拓扑】

【实验任务】

1. 如图2-3-1所示，设置所有设备的管理地址与端口地址，另外对核心交换机设置远程登录密码（统一设为wjxvtc）、特权密码（统一设为rggs）。注意：核心交换机中各个VLAN地址对应的就是其他设备的默认网关。

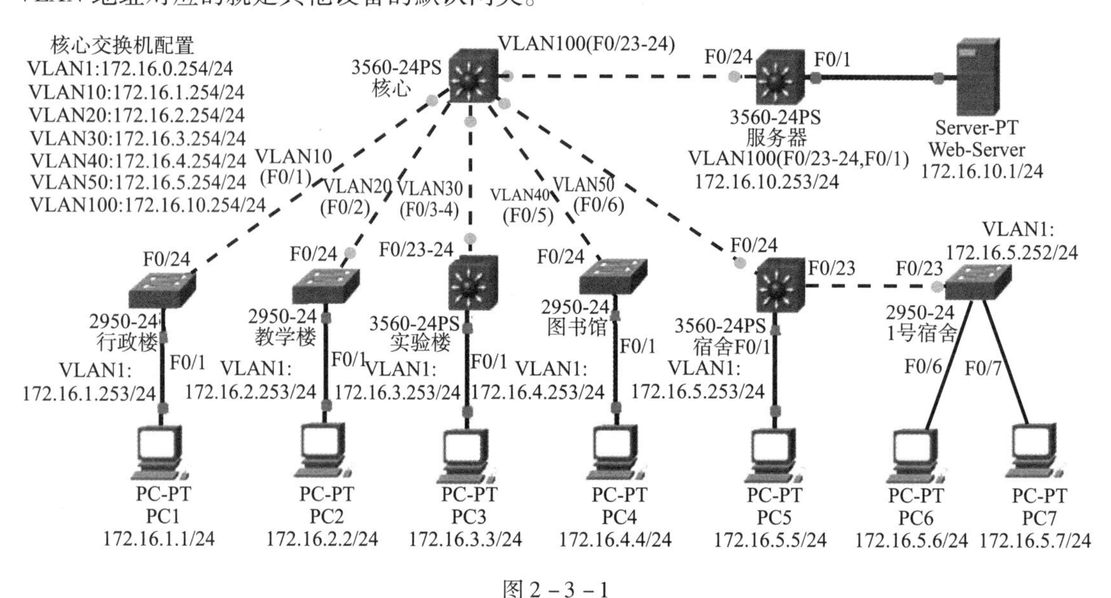

图2-3-1

2. 对核心交换机开启三层路由功能，查看路由表（应该有6条直连路由），测试全网的连通性（必须全通）。

3. 对所有交换机都开启生成树协议并设置为RSTP，加快网络的响应速度和收敛速度，把核心交换机直接定义为根交换机，以确保网络的稳定，并把它的优先级设置为4096。

4. 对核心交换机（F0/23-24）与服务器交换机（F0/23-24）之间建立聚合链路，拓展带宽，以保证全校对服务器访问的速度。如图2-3-2所示，对核心交换机增加F0/4与实验楼F0/23的连接线，增加F0/23与服务器F0/23的连接线。（模拟上有BUG，聚合能做，但不通，变通的方法是：做完配置后删除一根连线）

5. 对宿舍交换机与1号宿舍交换机分别建立VLAN60和VLAN70，并把PC5、PC6加入VLAN60，把PC7加入VLAN70。两交换机之间建立Trunk链路，实现PC5与PC6互通，与PC7不通。

6. 对1号宿舍交换机的F0/6口和F0/7口进行安全设置，只允许PC6和PC7进行连接（进行MAC地址绑定），并且最大连接数为1，违例的处理方式为shutdown。

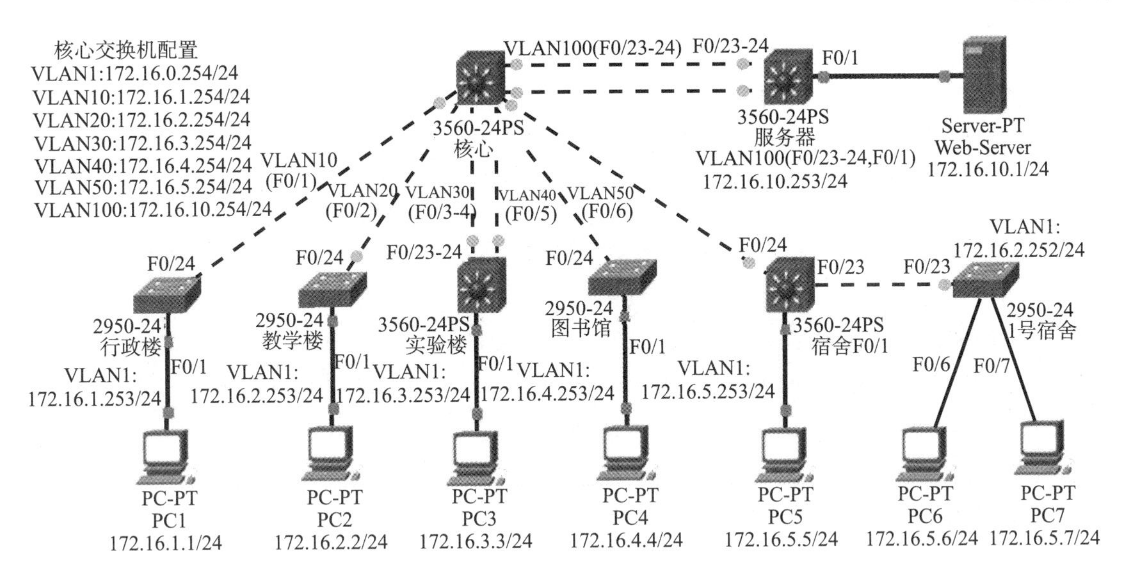

图 2-3-2

【配置结果】

sw-hx#show running-config:

```
Building configuration...
Current configuration:1850 bytes
version 12.2
no service password-encryption
hostname SW-hx
ip ssh version 1
port-channel load-balance src-mac
spanning-tree mode rapid-pvst
spanning-tree vlan 1 priority 4096
interface FastEthernet0/1
  switchport access vlan 10
interface FastEthernet0/2
  switchport access vlan 20
interface FastEthernet0/3
  switchport access vlan 30
interface FastEthernet0/4
  switchport access vlan 30
interface FastEthernet0/5
  switchport access vlan 40
interface FastEthernet0/6
```

```
  switchport access vlan 50
interface FastEthernet0/7
interface FastEthernet0/8
interface FastEthernet0/9
interface FastEthernet0/10
interface FastEthernet0/11
interface FastEthernet0/12
interface FastEthernet0/13
interface FastEthernet0/14
interface FastEthernet0/15
interface FastEthernet0/16
interface FastEthernet0/17
interface FastEthernet0/18
interface FastEthernet0/19
interface FastEthernet0/20
interface FastEthernet0/21
interface FastEthernet0/22
interface FastEthernet0/23
  channel-group 1 mode on
  switchport access vlan 100
  switchport mode trunk
interface FastEthernet0/24
  channel-group 1 mode on
  switchport access vlan 100
  switchport mode trunk
interface GigabitEthernet0/1
interface GigabitEthernet0/2
interface Port-channel 1
  switchport mode trunk
interface Vlan1
  ip address 172.16.0.254 255.255.255.0
interface Vlan10
  ip address 172.16.1.254 255.255.255.0
interface Vlan20
  ip address 172.16.2.254 255.255.255.0
interface Vlan30
  ip address 172.16.3.254 255.255.255.0
interface Vlan40
```

```
  ip address 172.16.4.254 255.255.255.0
interface Vlan50
  ip address 172.16.5.254 255.255.255.0
interface Vlan100
  ip address 172.16.10.254 255.255.255.0
ip classless
line con 0
  password rggs
  login
line vty 0 4
  password wjxvtc
  login
line vty 5 15
  password wjxvtc
  login
end
```

【课后习题】

一、单项选择题

1. 当一台主机向局域网中的另一台主机发送报文时，需要发送 ARP Request 报文并通过，对方返回的 ARP Request 报文在网络中是通过____发送的。(　　)

A. 组播　　B. 广播　　C. 单播　　D. 多播

2. 为了验证网络连通性，工程师在一台锐捷交换机上执行命令：ping 192. 168. 100. 11 source 10. 1. 1. 1 ntime 100，其中 ntime 100 代表（　　）。

A. 超时时间

B. ping 包的数量

C. 包的长度

D. 从 192. 168. 100. 11 开始，依次 ping 到 192. 168. 100. 111

3. 管理员为了对一台锐捷交换机进行 telnet 远程管理，在 console 方式下启用了交换机的 telnet 服务器功能，并配置了 vty 验证口令，但唯独没有配置 enable 口令。当管理员试图使用 telnet 访问这台交换机时，以下说法正确的是（　　）。

A. 可以成功登录，但只能在用户模式进行基本的查看，不能对配置进行改动

B. 可以成功登录，也可以对配置进行改动

C. 不可以成功登录，因为没有配置 enable 口令

D. 不可以成功登录，因为只配置了验证口令，没有配置用户名

二、多项选择题

1. 网络中的一台主机的 IP 地址是 10. 1. 1. 10/24，网关是 10. 1. 1. 1，当需要和下列哪三

个 IP 地址通信时，主机会发出 ARP 请求来获取网关的 MAC 地址？（　　）

A. 202.103.96.112　　B. 127.0.0.1　　C. 10.1.1.1

D. 10.1.2.20　　E. 10.1.1.20

2. 网络设备机箱高度，已 U 作为度量单位。在以下对锐捷不同产品的高度描述中，正确的是（　　）。

A. RG－RSR20－04 路由器机箱高度为 1U　B. RG－S2628G－E 交换机机箱高度为 1U

C. RG－S2952G－E 交换机机箱高度为 2U　D. RG－S5750－24GT 交换机机箱高度为 2U

项目三

路由器配置

任务1　路由器基本配置与静态路由

【学习情境】

你是某公司的管理员，对新买来的路由器要进行初始化的口令与地址的配置才能放到网络中实现远程管理和控制。对于像服务器等比较固定而且要求反应速度比较快的地方，要用静态路由来进行配置，以获得最大的稳定性和速度。

【学习目的】

1. 掌握通过计算机 Com 口和路由器的 Console 口相连，通过超级终端对路由器登录的方法。
2. 学会对路由器进行初始化配置，如：控制台口令、远程登录口令、特权口令等。
3. 掌握静态路由的配置原理和配置方法。
4. 掌握路由器相关模块的增加和 V. 35 高速同步串口线缆的使用与配置。

【相关设备】

路由器 2 台、PC 2 台、V. 35 线缆 1 对、交叉线 2 根。

【实验拓扑】

拓扑如图 3 -1 -1 所示。

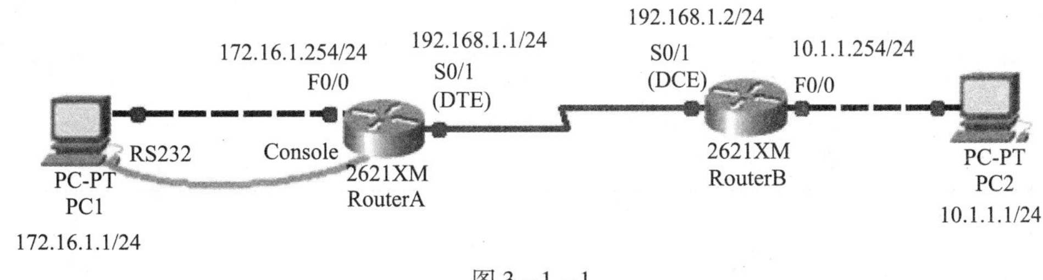

图 3 -1 -1

【实验任务】

1. 如图 3 -1 -1 所示搭建网络环境，并对两个路由器关闭电源，分别扩展一个异步高速串口模块（WIC -2T）。两个路由器之间使用 V. 35 的同步线缆连接，RouterB 的 S0/1 口连接的是

DCE端，RouterA的S0/1口连接的是DTE端。在模拟器中，路由器和PC之间使用交叉线连接，使用直连线不通，真实设备中可以使用直连线连接，设置2台PC的地址和网关。

2. 在PC1上通过超级终端对RouterA进行初始化配置，设置路由器的控制台口令为123456，设置路由器的远程登录口令为abcdef，设置路由器的特权口令（非加密）为rtpassword，特权密码（加密）为rtsecret。

3. 配置RouterA和RouterB的F0/0口地址与S0/1口地址。在RouterB的S0/1口上配置同步时钟为64000。

4. 在PC1上测试路由器RouterA的控制台口令、远程登录口、特权密码。

5. 查看RouterA和RouterB的路由表，测试4台设备的连通性，总结并说明是为什么。

6. 在RouterA上设置通往10.1.1.0网段的静态路由，在RouterB上设置通往172.16.1.0网段的静态路由。

7. 再次查看RouterA和RouterB的路由表，测试4台设备的连通性，总结并说明是为什么。

8. 保存配置结果。

9. 最后把配置以及ping的结果截图打包，以“学号姓名”为文件名，提交作业。

【实验命令】

1. 设置console port口令过程：

```
RouterA>enable
RouterA#configure terminal
RouterA(config)#line console 0
RouterA(config-line)#password 123456
RouterA(config-line)#login
```

2. 设置vty口令过程：

```
RouterA>enable
RouterA#configure terminal
RouterA(config)#line vty 0 4
RouterA(config-line)#password abcedf
RouterA(config-line)#login
```

3. 设置特权用户口令过程：

```
RouterA>enable
RouterA#configure terminal
RouterA(config)#enable password rtpassword      (非加密)
RouterA(config)#enable secret rtsecret          (加密)
```

4. 配置同步时钟：

```
RouterB(config)#interface serial 0/1
RouterB(config-if)#clock rate 64000
```

5. 在RouterA上设置通往10.1.1.0网段的静态路由：

```
RouterA(config)#ip route 10.1.1.0 255.255.255.0 192.168.1.2
```

6. 在 RouterB 上设置通往 172.16.1.0 网段的静态路由：

```
RouterB(config)#ip route 172.16.1.0 255.255.255.0 192.168.1.1
```

【注意事项】

1. 路由器无 VLAN，路由器的端口可以直接设置地址。

2. 搭建网络拓扑时，注意路由器 DTE 和 DCE 的角色，做到正确连接，并对 DCE 端进行同步时钟的配置，前后可以测试连通性，比较同步的重要性。

3. 设置静态路由的时候注意目标网段是不认识的网段。设置下一跳路由的地址或是设置出口接口，注意正确选择和两种方法的区别。

【配置结果】

1. RouterA#show ip route：

```
Codes:C - connected,S - static,I - IGRP,R - RIP,M - mobile,B - BGP
       D - EIGRP,EX - EIGRP external,O - OSPF,IA - OSPF inter area
       N1 - OSPF NSSA external type 1,N2 - OSPF NSSA external type 2
       E1 - OSPF external type 1,E2 - OSPF external type 2,E - EGP
       i - IS - IS,L1 - IS - IS level - 1,L2 - IS - IS level - 2,ia - IS - IS inter area
       * - candidate default,U - per - user static route,o - ODR
       P - periodic downloaded static route

Gateway of last resort is not set

      10.0.0.0/24 is subnetted,1 subnets
S        10.1.1.0 is directly connected,Serial0/1
      172.16.0.0/24 is subnetted,1 subnets
C        172.16.1.0 is directly connected,FastEthernet0/0
C     192.168.1.0/24 is directly connected,Serial0/1
```

2. RouterA#show running - config：

```
Building configuration...
Current configuration:586 bytes
version 12.2
no service password - encryption
hostname RouterA
enable secret 5  $1 $mERr $c6cLBfsPLWw/WndtEScGq.
enable password rtpassword
ip ssh version 1
interface FastEthernet0/0
  ip address 172.16.1.254 255.255.255.0
```

```
  duplex auto
speed auto
interface FastEthernet0/1
no ip address
duplex auto
  speed auto
interface Serial0/0
  no ip address
  shutdown
interface Serial0/1
  ip address 192.168.1.2 255.255.255.0
ip classless
ip route 10.1.1.0 255.255.255.0 Serial0/1
line con 0
  password 123456
  login
line vty 0 4
  password abcdef
  login
end
```

【技术原理】

1. 路由器物理构造如图3-1-2所示。路由器区别与交换机的硬件结构：NVRAM（非易失性随机存储器）、Line（广域网线缆）。

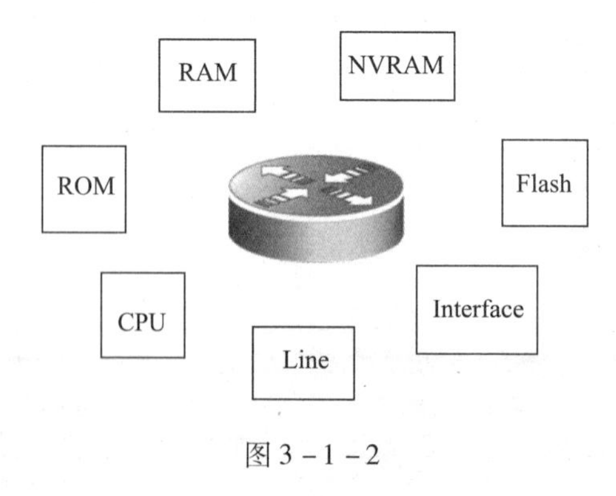

图3-1-2

2. 路由器启动过程如图3-1-3所示。

3. 路由器的硬件连接如图3-1-4所示。在DCE端必须配置时钟频率。

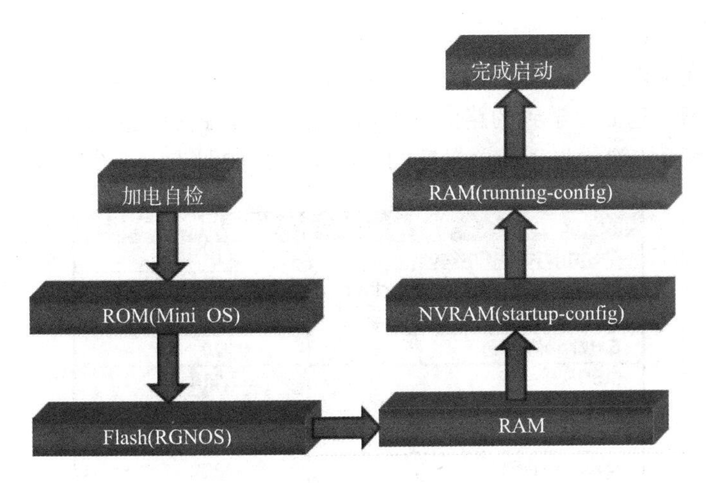

图 3－1－3

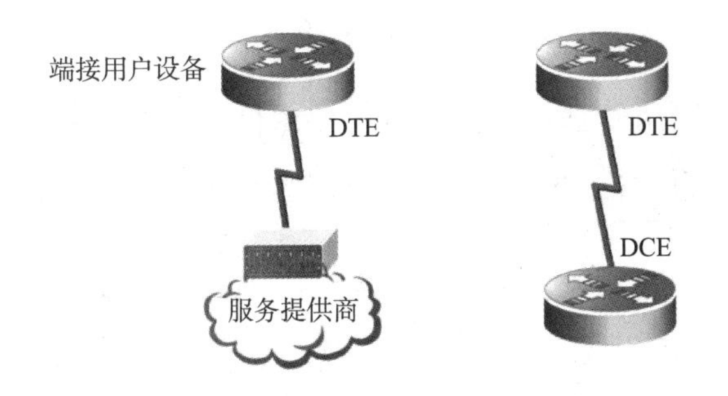

图 3－1－4

4. 路由协议（Routing Protocol）。

路由协议用于路由器动态寻找网络最佳路径，保证所有路由器拥有相同的路由表，一般路由协议决定数据包在网络上的行走路径。这类协议的例子有 OSPF、RIP 等路由协议。通过提供共享路由选择信息的机制来支持被动路由协议。路由选择协议消息在路由器之间传送。路由选择协议允许路由器与其他路由器通信来修改和维护路由选择表。

5. 路由的信息如图 3－1－5 所示。

0　172.16.8.0　[110/20]　via 172.16.7.9,　00:00:23,　Serial0

0 —— 路由信息的来源（OSPF）
172. 16. 8. 0 —— 目标网络（或子网）
[110 —— 管理距离（路由的可信度）
/20] —— 量度值（路由的可到达性）
via 172. 16. 7. 9 —— 下一跳地址（下个路由器）
00：00：23 —— 路由的存活时间（时分秒）
Seria10 —— 出站接口

图 3－1－5

6. 管理距离（可信度）。

（1）管理距离可以用来选择采用哪个IP路由协议；

（2）管理距离值越低，学到的路由越可信。静态配置路由优先于动态协议学到的路由，采用复杂量度的路由协议优先于简单量度的路由协议，如图3－1－6所示。

路由源	缺省管理距离
Connected interface	0
Static route out an interface	0
Static route to a next hop	1
External BGP	20
OSPF	110
IS-IS	115
RIP v1, v2	120
Internal BGP	200
Unknown	255

图3－1－6

7. 静态路由是指由网络管理员手工配置的路由信息。静态路由除了具有简单、高效、可靠的优点外，它的另一个好处是网络安全保密性高。

【课后习题】

一、单项选择题

1. 在锐捷路由器CLI中，查看当前运行的配置使用的命令是（　　）。

A. show current－config　　B. show run－config

C. show currenting－config　　D. show running－conifg

2. 关于IP头中的TTL字段，以下说法正确的是（　　）。

A. TTL的最大可能值是256

B. 在正常情况下，路由器不应该从接口收到TTL＝255的IP报文

C. TTL主要是为了防止IP报文在网络中的循环转发，浪费网络带宽

D. IP报文每经过一个网络设备，例如集线器、交换机和路由器，TTL值都会被减去一定的数值

3. 锐捷路由器上的Console口，缺省的波特率为（　　）。

A. 1200　　B. 4800　　C. 6400　　D. 9600

4. 以下不会在路由表里出现的是（　　）。

A. 下一跳地址　　B. 目标网络　　C. 度量值　　D. MAC地址

5. 如果在配置一条静态路由时使用了本地出口方式，那么这条路由的管理距离是（　　）。

A. 0　　B. 1　　C. 255　　D. 90

6. 在锐捷路由器中，用以下哪条命令查看路由表？（　　）

A. arp－a　　B. ipconfig　　C. route print　　D. show ip route

7. 为了确定数据包所经过的路由器数目，可以在 Windows 中使用什么命令？（　　）

A. ping　　B. arp – a　　C. netstat – no　　D. tracert　　E. telnet

8. 到达四个网段：192. 168. 0. 0/24、192. 168. 1. 0/24、192. 168. 2. 0/24、192. 168. 3. 0/24，下一跳均为 172. 16. 5. 1。那么静态路由配置可以是（　　）。

A. ip route 192. 168. 1. 0 255. 255. 252. 0 172. 16. 5. 1

B. ip route 192. 168. 2. 0 255. 255. 252. 0 172. 16. 5. 1

C. ip rotue 192. 168. 3. 0 255. 255. 252. 0 172. 16. 5. 1

D. ip route 192. 168. 0. 0 255. 255. 252. 0 172. 16. 5. 1

9. 多台路由器连接到同一个 LAN 中，如果在一台路由器上配置到达另一台路由器身后子网的静态路由时，只指定了本地出口方式而没有指定下一跳 IP，那么数据包正确路由的前提是（　　）。

A. ARP　　B. Proxy – ARP　　C. ICMP　　D. RARP

10. 在对锐捷路由器进行升级配置时，应选择超级终端的参数是（　　）。

A. 数据位为 8 位，奇偶校验无，停止位为 1. 5 位

B. 数据位为 8 位，奇偶校验有，停止位为 1. 5 位

C. 数据位为 8 位，奇偶校验无，停止位为 1 位

D. 数据位为 8 位，奇偶校验有，停止位为 2 位

11. 路由器设置了以下三条路由命令：

```
router(config)#ip route 0.0.0.0 0.0.0.0 192.168.10.1
router(config)#ip route 10.10.10.0 255.255.255.192 192.168.11.1
router(config)#ip route 10.10.0.0 255.255.0.0 192.168.12.1
```

当这台路由器收到目的地址为 10. 10. 10. 2 的数据包时，它应被转发给下列哪个地址？（　　）

A. 192. 168. 10. 1　　B. 192. 168. 11. 1

C. 192. 168. 12. 1　　D. 路由设置错误，丢弃

12. 下列对静态路由描述正确的是（　　）。

A. 手工输入到路由表中且不会被路由协议更新

B. 一旦网络发生变化就被重新计算更新

C. 路由器出厂时就已经配置好的

D. 通过其他路由协议学习到的

13. 当路由器接收到的数据包的目的 IP 地址在路由表中找不到对应路由时，会做什么操作？（　　）

A. 丢弃数据　　B. 分片数据　　C. 转发数据　　D. 泛洪数据

14. 一个 IP 报文在路由器中经过一番处理之后，TTL 字段值变为 0，这时（　　）。

A. 路由器向 IP 报文的源地址发送一个 ICMP 超时信息，并继续转发该报文

B. 路由器向 IP 报文的源地址发送一个 ICMP 超时信息，并停止转发该报文

C. 路由器继续转发报文，不发送错误信息

D. 路由器直接丢弃该 IP 报文，既不转发，也不发送错误信息

15. 在 RGOS 环境下，下列哪条命令可以配置一条默认路由？（　　）

A. router (config)# ip route 0. 0. 0. 0 10. 1. 1. 0 10. 1. 1. 1

B. router (config)# ip default - route 10. 1. 1. 0

C. router (config - router)# ip route 0. 0. 0. 0 0. 0. 0. 0 10. 1. 1. 1

D. router (config)# ip route 0. 0. 0. 0 0. 0. 0. 0 10. 1. 1. 1

16. 配置一条到达主机 180. 18. 30. 1/24 所在 LAN 的静态路由，下一跳地址为 182. 18. 20. 2，并且该路由的管理距离为 90。正确的命令是（　　）。

A. ip route 90 180. 18. 30. 1 255. 255. 255. 0 182. 18. 20. 2

B. ip route 180. 28. 30. 1 255. 255. 255. 0 182. 18. 30. 0 90

C. ip route 90 180. 18. 30. 0 255. 255. 255. 0 182. 18. 20. 2

D. ip route 180. 18. 30. 0 255. 255. 255. 0 182. 18. 20. 2 90

17. 在锐捷路由器 CLI 中发出 ping 命令后，显示“U”代表什么？（　　）

A. 数据包已经丢失　　B. 遇到网络拥塞现象

C. 目的地不能到达　　D. 成功地接收到一个回送应答

18. 配置锐捷路由器后，通过____命令将当前运行的配置保存。（　　）

A. copy startup - config current - config　　B. copy current - config startup - config

C. copy startup - config running - config　　D. copy running - config startup - config

19. 下列模式的提示符中，____是二层交换机不具备的。（　　）

A. ruijie (config - if)#　　B. ruijie (config - vlan)#

C. ruijie (config - router)#　　D. ruijie#

20. 在使用下一跳 IP 地址配置静态路由时，对下一跳地址的要求，以下正确的是（　　）。

A. 下一跳 IP 地址必须是与路由器直接相连设备的 IP 地址

B. 下一跳 IP 地址必须是路由器根据当前路由表可达的 IP 地址

C. 下一跳 IP 地址可以是任意 IP 地址

D. 下一跳 IP 地址必须是一台路由器的 IP 地址

21. 在锐捷路由器上配置静态路由后，如果该路由关联的本地出口因链路故障进入“down”状态，那么该路由（　　）。

A. 将从路由表中消失，但配置信息不会消失

B. 将从路由表中消失，同时删除配置信息

C. 不会从路由表中消失，但暂时不可用

D. 不会从路由表中消失，但管理距离变为 255

22. 在锐捷路由器上配置静态路由后，如果该路由关联的下一跳 IP 地址不可达，那么该路由（　　）。

A. 将从路由表中消失，但配置信息不会消失

B. 将从路由表中消失，同时删除配置信息

C. 不会从路由表中消失，但暂时不可用

D. 不会从路由表中消失，但管理距离变为 255

23. 一家公司的分支机构人员数量较少，为了节约成本，没有采购独立的交换机，而选择了在锐捷 RSR20 - 24 路由器上插入了两块 24ESW 模块。在这种情况下，分别连接到这两

个模块的主机是否处在同一个广播域内？(　　)

A. 处于同一个广播域内　　　　B. 不在同一个广播域内

24. 工程师在用户现场对一台处于出厂状态的锐捷 RSR20 系列路由器进行上架前的初始化配置，在以下几种方式中，哪一种方式可以被用于对该路由器进行初始化配置？(　　)

A. 使用 Telnet 方式登录 CLI　　　　B. 使用 SSH 方式登录 CLI

C. 使用 Console 方式登录 CLI　　　　D. 使用浏览器登录 Web 配置界面

25. 工程项目验收前，工程师使用 tftp 备份一台设备的配置文件和系统镜像时，发现在传输过程中出现丢包现象。由于 tftp 基于不可靠的 UDP 协议，工程师是否需要对该设备的配置文件和系统进行重新备份，直至没有丢包现象为止？(　　)

A. 需要重新备份配置文件和系统镜像

B. 不需要重新备份配置文件和系统镜像

C. 不需要重新备份配置文件，但需要重新备份系统镜像

D. 不需要重新备份系统镜像，但需要重新备份配置文件

二、多项选择题

1. 如图 3－1－7 所示的网络中，如果主机成功访问了 Web 服务器，以下陈述中正确的是哪两项？(　　)

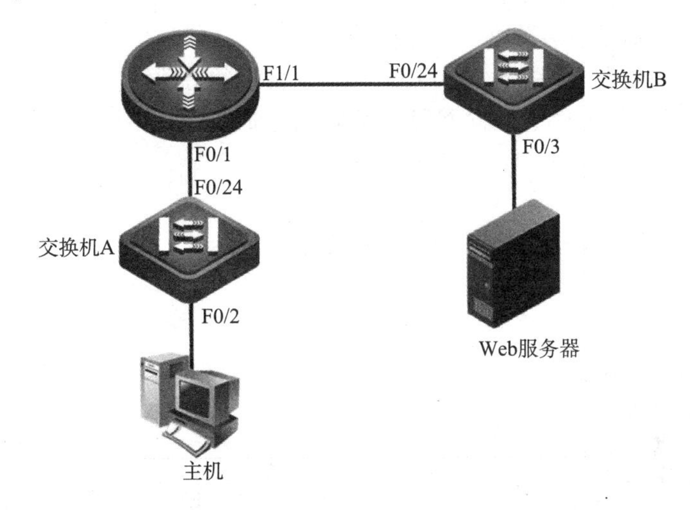

图 3－1－7

A. 路由器 F0/1 收到的 http 请求，源端口号是主机的随机端口号，目的端口号是 80

B. 路由器的 F1/1 转出的 http 请求，源 IP 地址是主机的 IP，目的 IP 地址是服务器的 IP

C. 路由器 F1/1 收到的 http 回应，源 IP 地址是主机的 IP，目的 IP 是服务器的 IP

D. 路由器 F0/1 转出的回应，源端口号是 80，目的端口号是 80

2. 管理员在使用 Telnet 方式对锐捷路由器进行远程管理时，错误地在接受管理流量的接口下输入了“shutdown”，导致 Telnet 连接被断开。为了恢复对该路由器的管理，以下说法正确的是（　　）。

A. 首先尝试对该路由器的其他 IP 地址发起 Telnet 连接。如果没有其他 IP 地址或者其他 IP 地址不可达，则必须使用 Console 方式登录

B. 配置已经被保存，即使重启路由器也无法恢复 shutdown 的接口。只能使用 Console 方式登录

C. 可以拔掉接受管理流量的接口网线，重新插入后接口将会自动进入 UP 状态。重新执行 Telnet 即可

D. 首先尝试对该路由器的其他 IP 地址发起 Telnet 连接。如果没有其他 IP 地址或者其他 IP 地址不可达，并且没有可供管理员使用的 Console 线缆，则需对路由器重新加电。由于配置未被保存，重启后接口为 UP 状态，重新执行 Telnet 即可

任务2　单臂路由配置

【学习情境】

假如你是网络管理员，公司不同的部门所在的 VLAN 和网段都不一样，公司目前只有路由器和二层交换机，没有三层交换机，请你实现内网中不同部门的互通。

【学习目的】

1. 理解和掌握单臂路由的工作原理。
2. 熟练掌握路由器子接口的划分。
3. 熟练掌握在路由器接口上封装 IEEE 802.1Q 协议的方法。
4. 分析和比较不同 VLAN、不同网段之间实现互通的多种方法。

【相关设备】

路由器1台、交换机1台、PC 2台、直连线3根。

【实验拓扑】

拓扑如图3-2-1所示。

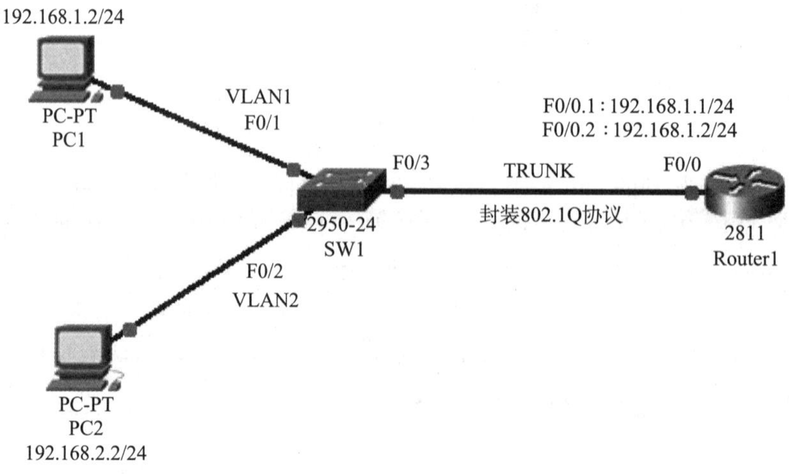

图3-2-1

【实验任务】

1. PC 的配置：

PC1 的 IP：192. 168. 1. 2 netmask：255. 255. 255. 0 gateway：192. 168. 1. 1。

PC2 的 IP：192. 168. 2. 2 netmask：255. 255. 255. 0 gateway：192. 168. 2. 1。

两个 PC 不能互通，因为是两个不同的网段。

2. 交换机 SW1 的配置：在 SW1 上创建 VLAN2，将 SW1 的 F0/1 和 F0/2 模式设置为 Access，并分别加入 VLAN1 和 VLAN2，将 F0/3 的模式设置为 Trunk。

3. 在路由器 Router1 上划分子接口 F0/0. 1 和 F0/0. 2，封装 IEEE 802. 1Q 协议，配置 IP 地址。

4. 验证路由器的子接口划分、直连路由的形成。测试 PC1 与 PC2 的互通性。

5. 最后把配置以及 ping 的结果截图打包，以“学号姓名”为文件名，提交作业。

【实验命令】

1. 将 F0/3 的模式设置为 Trunk。

```
SW1(config)#int f0/3
SW1(config-if)#switchport mode trunk
```

2. 在路由器 Router1 上划分子接口 F0/0. 1 和 F0/0. 2，封装 IEEE 802. 1Q 协议，配置 IP 地址。

```
Router1(config)#int f0/0
Router1(config)#no ip address
Router1(config-if)#no shutdown
Router1(config-if)#exit
Router1(config)#int f0/0.1
Router1(config-subif)#encapsulation dot1q 1
Router1(config-subif)#ip add 192.168.1.1 255.255.255.0
Router1(config)#int f0/0.2
Router1(config-subif)#encapsulation dot1q 2
Router1(config-subif)#ip add 192.168.2.1 255.255.255.0
```

【注意事项】

1. PC1 与 PC2 是两个不同网段，注意它们的子网掩码和网关的设置。

2. 对路由器划分子接口的时候，必须要先把此接口的原来 IP 删除。

3. 在路由器封装 IEEE 802. 1Q 协议时，必须正确的指定对应的 VlAN 编号。

4. 单臂路由的缺点：在数据量增大时，路由器与交换机之间的路径会成为整个网络的瓶颈，所以内网的高速数据转发还是通过三层交换机实现比较好，它可以做到 1 次路由多次交换。

【配置结果】

1. SW1#show running - config：

```
Building configuration...
Current configuration:909 bytes
version 12.1
no service password - encryption
hostname SW1
interface FastEthernet0/1
interface FastEthernet0/2
  switchport access vlan 2
interface FastEthernet0/3
  switchport mode trunk
interface FastEthernet0/4
interface FastEthernet0/5
interface FastEthernet0/6
interface FastEthernet0/7
interface FastEthernet0/8
interface FastEthernet0/9
interface FastEthernet0/10
interface FastEthernet0/11
interface FastEthernet0/12
interface FastEthernet0/13
interface FastEthernet0/14
interface FastEthernet0/15
interface FastEthernet0/16
interface FastEthernet0/17
interface FastEthernet0/18
interface FastEthernet0/19
interface FastEthernet0/20
interface FastEthernet0/21
interface FastEthernet0/22
interface FastEthernet0/23
interface FastEthernet0/24
interface Vlan1
  no ip address
  shutdown
line con 0
```

```
line vty 0 4
  login
line vty 5 15
  login
end
```

2. Router1#show running - config:

```
Building configuration...
Current configuration:532 bytes
version 12.4
no service password - encryption
hostname Router1
ip ssh version 1
interface FastEthernet0/0
  no ip address
  duplex auto
  speed auto
interface FastEthernet0/0.1
  encapsulation dot1Q 1 native
  ip address 192.168.1.1 255.255.255.0
interface FastEthernet0/0.2
  encapsulation dot1Q 2
  ip address 192.168.2.1 255.255.255.0
interface FastEthernet0/1
  no ip address
  duplex auto
  speed auto
  shutdown
interface Vlan1
  no ip address
  shutdown
ip classless
line con 0
line vty 0 4
  login
end
```

3. Router1#show ip route:

```
Codes:C - connected,S - static,I - IGRP,R - RIP,M - mobile,B - BGP
```

```
    D - EIGRP,EX - EIGRP external,O - OSPF,IA - OSPF inter area
    N1 - OSPF NSSA external type 1,N2 - OSPF NSSA external type 2
    E1 - OSPF external type 1,E2 - OSPF external type 2,E - EGP
    i - IS - IS,L1 - IS - IS level - 1,L2 - IS - IS level - 2,ia - IS - IS inter area
    * - candidate default,U - per - user static route,o - ODR
    P - periodic downloaded static route
Gateway of last resort is not set

C  192.168.1.0/24 is directly connected,FastEthernet0/0.1
C  192.168.2.0/24 is directly connected,FastEthernet0/0.2
```

【技术原理】

1. 单臂路由（router - on - a - stick）是指在路由器的一个接口上通过配置子接口（或“逻辑接口”，并不存在真正物理接口）的方式，实现原来相互隔离的不同 VLAN（虚拟局域网）之间的互联互通。

2. 通过单臂路由的学习，能够深入地了解 VLAN 的划分、封装和通信原理，理解路由器子接口、ISL 协议和 802.1Q 协议。

【课后习题】

一、单项选择题

1. 使用单臂路由技术主要解决的是路由器的什么问题？（　　）

A. 路由器上一个逻辑接口之间的转发速度比物理接口要快

B. 没有三层交换机

C. 简化管理员在路由器上的配置

D. 路由器接口有限，不够链接每一个 VLAN

2. 下面哪一条命令可以正确地为 VLAN5 定义一个子接口？（　　）

A. Router（config - if）#enc dot1q 5　　B. Router（config - if）#enc dot1q vlan 5

C. Router（config - subif）#enc dot1q 5　　D. Router（config - subif）#enc dot1q vlan 5

3. 在 PC 上和锐捷路由器上，都支持使用路由跟踪工具测试远程路由，确定 IP 数据报访问目标所采取的路径。使用 Windows 中的 Tracert 命令和 RGOS 中的 Traceroute 命令时，分别发出的是____报文。（　　）

A. UDP、ICMP　　B. UDP、UDP　　C. ICMP、ICMP　　D. ICMP、UDP

4. 在 RG - RSR20 系列路由器发出的 ping 命令后，输出显示的多个“!”代表什么？（　　）

A. ICMP Echo Request 已传送到目的地，但没有收到目的地返回的 ICMP Echo Reply

B. ICMP Echo Request 已传送到目的地，并且也收到了目的地返回的 ICMP Echo Reply

C. ICMP Echo Request 被中间的转发设备丢弃，但是收到了中间转发设备返回的 ICMP

Echo Reply

D. ICMP Echo Request 被中间的转发设备丢弃，但是收到了中间转发设备返回的 ICMP Unreachable

5. 路由器在转发数据包到非直连网段的过程中，依靠数据包中的哪一个选项来寻找下一跳地址？（　　）

A. 帧头　　B. IP 头　　C. TCP 头　　D. UDP 头

6. 路由器所接的网段不稳定，为了确保链路动荡时数据包能够通过另一条路径转发到目的地，应该配置哪种路由？（　　）

A. 负载均衡　　B. 默认路由　　C. 浮动路由　　D. 单臂路由

7. 管理员要在分支机构的路由器上配置到达总部服务器群子网的静态路由，但忘记了服务器群子网的网络号，只记得其中一台服务器的 IP 地址是 192. 168. 13. 170，子网掩码是 255. 255. 255. 240。为了正确配置静态路由，以下命令应该被管理员采用的是（　　）。

A. ip route 192. 168. 13. 114 255. 255. 255. 240 serial 1/ 2

B. ip route 192. 168. 13. 160 255. 255. 255. 240 serial 1/ 2

C. ip route 192. 168. 13. 176 255. 255. 255. 240 serial 1/ 2

D. ip route 192. 168. 13. 174 255. 255. 255. 240 serial 1/ 2

二、多项选择题

配置单臂路由时需要做到的是哪两条？（　　）

A. 主接口需要先封装 802. 1Q

B. 子接口需要先封装 802. 1Q

C. 配置子接口的物理接口另一端必须连接交换机的 Trunk 口

D. 配置几个子接口就需要准备几根连线

任务 3　RIP 动态路由配置

【学习情境】

假设某高校有两个校区，需要把两个校区的两台路由器进行相关的 RIP 动态路由配置，实现两个校区中多个子网的互通，即使每个校园内有扩充或拆除子网的情况也不会有任何影响。

【学习目的】

1. 掌握 RIP 路由的技术原理和类型。
2. 掌握 RIP 路由的配置方法和路由表的形成。
3. 掌握本地环回接口 Loopback 的作用和配置方法。
4. 掌握如何在 RIPv2 上关闭路由自动汇总功能。

【相关设备】

路由器2台、PC 2台、V. 35线缆1对、交叉线2根。

【实验拓扑】

拓扑如图3－3－1所示。

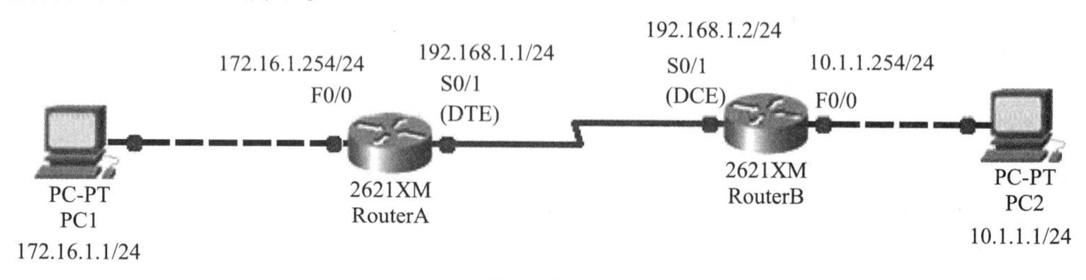

图3－3－1

【实验任务】

1. 如图3－3－1所示搭建网络环境，并对两个路由器关闭电源，分别扩展一个异步高速串口模块（WIC－2T）。两个路由器之间使用V. 35的同步线缆连接，RouterB的S0/1口连接的是DCE端，RouterA的S0/1口连接的是DTE端。在模拟器中，路由器和PC之间使用交叉线连接，使用直连线不通，真实设备中可以使用直连线连接，设置两台PC的地址和网关。

2. 配置RouterA和RouterB的F0/0口地址与S0/1口地址。在RouterB的S0/1口上配置同步时钟为64000。

3. 查看RouterA和RouterB的路由表。测试4台设备的连通性。总结并说明是为什么。

4. 在RouterA上配置RIP路由协议并启用RIPv2版本，关闭路由自动汇总功能；在RouterB上配置RIP路由协议并启用RIPv2版本，关闭路由自动汇总功能。

5. 再次查看RouterA和RouterB的路由表，测试4台设备的连通性（应该全通），总结并说明是为什么。

6. 在RouterA上创建本地环回接口Loopback 0（虚拟接口），地址设为172. 16. 2. 1/24；在RouterB上创建本地环回接口Loopback 0，地址设为10. 2. 2. 1/24。改建后的拓扑如图3－3－2所示。

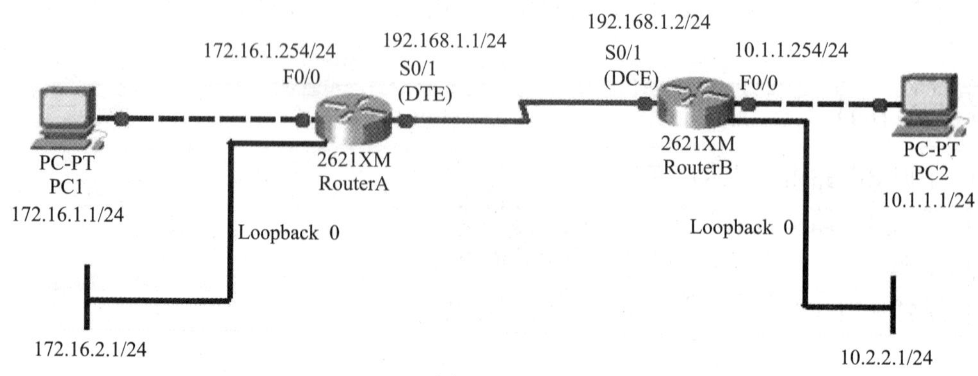

图3－3－2

7. 再次查看 RouterA 和 RouterB 的路由表，测试设备连通性。说明虚拟接口 Loopback 的作用。

8. 最后把配置以及 ping 的结果截图打包，以“学号姓名”为文件名，提交作业。

【实验命令】

1. RouterA 上配置 RIP 路由协议并启用 RIPv2 版本。

```
RouterA(config)#router rip
RouterA(config-router)#network 172.16.1.0
RouterA(config-router)#network 192.168.1.0
RouterA(config-router)#version 2
RouterA(config-router)#no auto-summary
```

2. RouterB 上配置 RIP 路由协议并启用 RIPv2 版本。

```
RouterB(config)#router rip
RouterB(config-router)#network 10.1.1.0
RouterB(config-router)#network 192.168.1.0
RouterB(config-router)#version 2
RouterB(config-router)#no auto-summary
```

3. 在 RouterA 上创建本地环回接口 Loopback 0，地址设为 172.16.2.1/24。

```
RouterA(config)#interface loopback 0
RouterA(config-if)#ip address 172.16.2.1 255.255.255.0
```

4. 在 RouterB 上创建本地环回接口 Loopback 0，地址设为 10.2.2.1/24。

```
RouterB(config)#interface loopback 0
RouterB(config-if)#ip address 10.2.2.1 255.255.255.0
```

【注意事项】

1. 如果直连路由只有一条，其他直连路由没有形成，可能 DCE 端的同步时钟没有配置，两个路由器间的同步没有实现。

2. 如果 PC 的地址配置不上，说明网络中此地址已经存在，可能是路由器上配置的 PC 网关地址错了，被误设置成了 PC 地址。

3. no auto-summary 命令可以关闭路由器对网段的自动汇总，避免把同类的几个小网段路由信息汇总成一个大网段路由信息。

4. 创建本地环回接口 Loopback，主要是因为这种地址是虚拟地址，比较稳定，不会因为端口 down 掉而地址失效，可以作为远程登录的管理地址使用。

【配置结果】

1. RouterA#show ip route：

```
Codes:C-connected,S-static,I-IGRP,R-RIP,M-mobile,B-BGP
      D-EIGRP,EX-EIGRP external,O-OSPF,IA-OSPF inter area
```

```
      N1 - OSPF NSSA external type 1,N2 - OSPF NSSA external type 2
      E1 - OSPF external type 1,E2 - OSPF external type 2,E - EGP
      i - IS - IS,L1 - IS - IS level - 1,L2 - IS - IS level - 2,ia - IS - IS in-
ter area
      * - candidate default,U - per - user static route,o - ODR
      P - periodic downloaded static route
Gateway of last resort is not set

     10.0.0.0/24 is subnetted,2 subnets
R    10.1.1.0 [120/1] via 192.168.1.2,00:00:26,Serial0/1
R    10.2.2.0 [120/1] via 192.168.1.2,00:00:26,Serial0/1
     172.16.0.0/24 is subnetted,2 subnets
C    172.16.1.0 is directly connected,FastEthernet0/0
C    172.16.2.0 is directly connected,Loopback0
C    192.168.1.0/24 is directly connected,Serial0/1
```

2. RouterB#show ip route：

```
Codes:C - connected,S - static,I - IGRP,R - RIP,M - mobile,B - BGP
      D - EIGRP,EX - EIGRP external,O - OSPF,IA - OSPF inter area
      N1 - OSPF NSSA external type 1,N2 - OSPF NSSA external type 2
      E1 - OSPF external type 1,E2 - OSPF external type 2,E - EGP
      i - IS - IS,L1 - IS - IS level - 1,L2 - IS - IS level - 2,ia - IS - IS
inter area
      * - candidate default,U - per - user static route,o - ODR
      P - periodic downloaded static route
Gateway of last resort is not set

     10.0.0.0/24 is subnetted,2 subnets
C    10.1.1.0 is directly connected,FastEthernet0/0
C    10.2.2.0 is directly connected,Loopback0
     172.16.0.0/24 is subnetted,2 subnets
R    172.16.1.0 [120/1] via 192.168.1.1,00:00:19,Serial0/1
R    172.16.2.0 [120/1] via 192.168.1.1,00:00:19,Serial0/1
C    192.168.1.0/24 is directly connected,Serial0/1
```

3. RouterA#show running - config：

```
Building configuration...
Current configuration:595 bytes
version 12.2
```

```
no service password - encryption
hostname RouterA
ip ssh version 1
interface Loopback0
  ip address 172.16.2.1 255.255.255.0
interface FastEthernet0/0
  ip address 172.16.1.254 255.255.255.0
  duplex auto
  speed auto
interface FastEthernet0/1
  no ip address
  duplex auto
  speed auto
  shutdown
interface Serial0/0
  no ip address
  shutdown
interface Serial0/1
  ip address 192.168.1.1 255.255.255.0
  clock rate 64000
router rip
  version 2
  network 172.16.0.0
  network 192.168.1.0
  no auto - summary
ip classless
line con 0
line vty 0 4
  login
end
```

4. RouterB#show running - config：

```
Building configuration...
Current configuration:571 bytes
version 12.2
no service password - encryption
hostname RouterB
ip ssh version 1
```

```
interface Loopback0
  ip address 10.2.2.1 255.255.255.0
interface FastEthernet0/0
  ip address 10.1.1.254 255.255.255.0
  duplex auto
  speed auto
interface FastEthernet0/1
  no ip address
  duplex auto
  speed auto
  shutdown
interface Serial0/0
  no ip address
  shutdown
interface Serial0/1
  ip address 192.168.1.2 255.255.255.0
router rip
  version 2
  network 10.0.0.0
  network 192.168.1.0
  no auto-summary
ip classless
line con 0
line vty 0 4
  login
end
```

【技术原理】

1. 动态路由协议的分类。

（1）自治系统：一个自治系统就是处于一个管理机构控制之下的路由器和网络群组。

（2）外部网关协议（EGP）：在自治系统之间交换路由选择信息的互联网络协议，如 BGP。

（3）内部网关协议（IGP）：在自治系统内交换路由选择信息的路由协议，常用的内部网关协议有 OSPF、RIP、IGRP，EIGRP、IS-IS 。

2. 常见动态路由协议。

（1）RIP：路由信息协议。

（2）OSPF：开放式最短路径优先。

（3）IGRP：内部网关路由协议。

（4）EIGRP：增强型内部网关路由协议。

（5）IS－IS：中间系统－中间系统。

（6）BGP：边界网关协议。

3. 路由协议分类。

（1）是否支持无类路由。

有类路由协议：RIPv1、IGRP。

无类路由协议：RIPv2、OSPF、IS－IS、BGPv4。

（2）距离矢量路由协议。

距离矢量路由协议向邻居发送路由信息。

距离矢量路由协议定时更新路由信息。

距离矢量路由协议将本机全部路由信息作为更新信息。

（3）链路状态路由协议。

链路状态路由协议向全网扩散链路状态信息。

链路状态路由协议当网络结构发生变化立即发送更新信息。

链路状态路由协议只发送需要更新的信息。

4. 路由信息协议。

路由信息协议（Routing Information Protocols，RIP），是应用较早、使用较普遍的内部网关协议（Interior Gateway Protocol，IGP），适用于小型同类网络，是典型的距离矢量（distance－vector）协议 。

（1）RIP 的路由算法：RIP 是以跳数来衡量到达目的网络的度量值（metric），RIP 假定如果从网络的一个终端到另一个终端的路由跳数超过 15 个，那么 RIP 认为产生了循环，因此当一个路径达到 16 跳，将被认为是不可到达的。

（2）RIP 路由信息的更新：RIP 每隔 30 秒定期向外发送一次更新报文；如果路由器经过 180 秒没有收到来自某一路由器的路由更新报文，则将所有来自此路由器的路由信息标志为不可达；若在其后 240 秒内仍未收到更新报文，就将这些路由从路由表中删除。

（3）RIP 路由协议的版本：

RIPv1：有类路由协议，不支持 VLSM；以广播的形式发送更新报文；不支持认证。

RIPv2：无类路由协议，支持 VLSM；以组播的形式发送更新报文；支持明文和 MD5 的认证。

【课后习题】

一、单项选择题

1. 路由器中时刻维持着一张路由表，这张路由表可以是静态配置的，也可以是____产生的。（　　）

A. 生成树协议　　　　B. 链路控制协议

C. 动态路由协议　　　　D. 被承载网络层协议

2. 以下属于动态路由协议的是（　　）。

A. IPX　　B. RIP　　C. PPP　　D. STP

3. 图3-3-3中的网络使用RIPv2作为路由协议。管理员根据图中所示为网络做了编址，这种编址方案会对该网络造成什么效果？（　　）

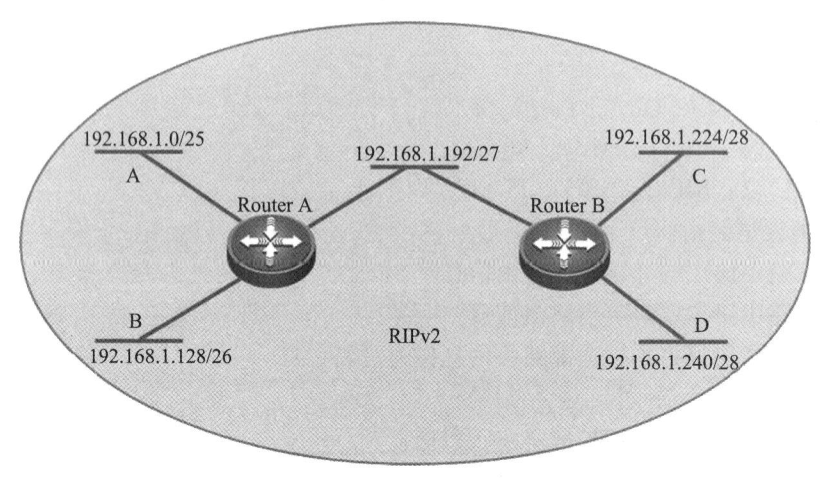

图3-3-3

A. 子网A和子网B之间的IP流量会被RouterA丢弃

B. 路由信息将无法进行交换

C. 子网间的所有IP流量会被路由器正常转发

D. 子网间的所有IP流量会被路由器丢弃

4. 在RIP路由协议中metric等于____代表不可达。（　　）

A. 8　　B. 10　　C. 15　　D. 16

5. RIP不会把从某接口获取的路由信息通过该接口发送出去，这种行为叫作（　　）。

A. 水平分割　　B. 触发更新　　C. 毒性逆转　　D. 抑制定时器

6. RIP使用什么作为度量标准，管理距离是多少？（　　）

A. 带宽，110　　B. 跳数，120　　C. 跳数，1　　D. 延迟，110

7. RIP路由信息通过哪种传输层协议以及端口进行传输？（　　）

A. UDP520　　B. UDP502　　C. TCP520　　D. TCP502

8. 禁止RIPv2路由协议的路由汇总功能的命令是（　　）。

A. no router rip　　B. auto - summary

C. no auto - summary　　D. no network summary

9. 对RIP进行调试，使用哪个命令？（　　）

A. debup rip protocol　　B. debug ip rip

C. debug ip route rip　　D. debug ip packet rip

10. 以下关于RIPv1和RIPv2的描述正确的是（　　）。

A. RIPv1是无类路由，RIPv2使用VLSM

B. RIPv2是默认配置，无须使用Version命令指定。而启用RIPv1必须使用Version命令

C. RIPv2是无类路由，RIPv1是有类路由

D. RIPv1使用跳数作为metric，而RIPv2使用带宽作为metric

11. 当RIP向相邻的路由器发送更新时，它使用多少秒为更新计时的时间值？（　　）

A. 30　　B. 20　　C. 15　　D. 25

二、多项选择题

1. 下列哪三项是 RIP 用来防止路由环路的技术？（　　）

A. 水平分割　　B. 触发更新　　C. 毒性逆转

D. 更新定时器　　E. 负载均衡

2. 以下关于 RIPv1 和 RIPv2 的描述哪三项是正确的？（　　）

A. RIPv2 支持 VLSM　　B. RIPv1 支持组播更新

C. RIPv2 支持认证　　D. RIPv1 使用跳数作为 metric

E. RIPv2 使用带宽作为 metric

3. 下列哪两项是距离矢量路由协议？（　　）

A. RIPv1　　B. OSPF　　C. RIPv2

D. IGP　　E. BGP

任务 4　OSPF 动态路由单区域配置

【学习情境】

假设某高校有两个校区，需要把两个校区的两台路由器进行相关的 OSPF 动态路由配置，实现两个校区多个子网的互通，即使每个校园内有扩充或拆除子网的情况也不会有任何影响。

【学习目的】

1. 掌握 OSPF 路由的技术原理和类型。
2. 掌握 OSPF 路由的配置方法和路由表的形成。
3. 巩固本地环回接口 Loopback 的配置方法。
4. 巩固三层交换机中 SVI 和端口路由的配置方法。
5. 掌握三层交换机的动态路由配置技巧。

【相关设备】

路由器 2 台、PC 2 台、V. 35 线缆 1 对、交叉线 2 根。

【实验拓扑】

拓扑如图 3－4－1 所示。

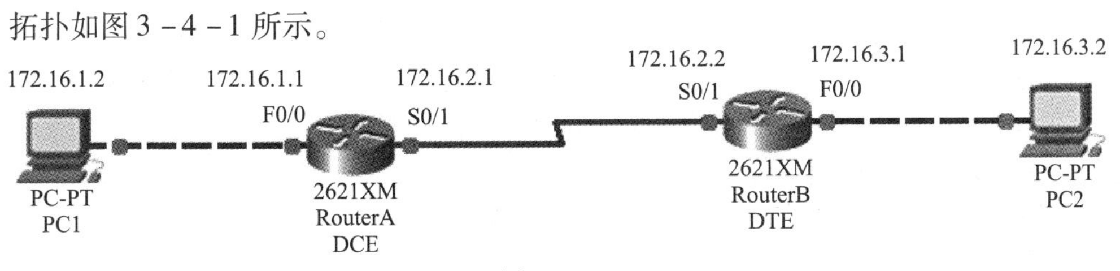

图 3－4－1

【实验任务】

1. 如图3－4－1所示搭建网络环境，并对两个路由器关闭电源，分别扩展一个异步高速串口模块（WIC－2T）。两个路由器之间使用V.35的同步线缆连接，RouterA的S0/1口连接的是DCE端，RouterB的S0/1口连接的是DTE端。在模拟器中，路由器和PC之间使用交叉线连接，使用直连线不通，真实设备中可以使用直连线连接，设置两台PC的地址和网关。

2. 配置RouterA和RouterB的F0/0口地址与S0/1口地址。在RouterA的S0/1口上配置同步时钟为64000。查看RouterA和RouterB的路由表。测试4台设备的连通性。总结并说明是为什么。

3. 在RouterA上配置OSPF路由协议，在RouterB上配置OSPF路由协议。再次查看RouterA和RouterB的路由表。测试4台设备的连通性（应该全通）。总结并说明是为什么。

4. 增加一台三层交换机SWA，按照拓扑图3－4－2连接三层交换机和PC1，更改PC1的IP和网关，在三层交换机上设置VLAN10和VLAN50，并把F0/23－24端口划分到VLAN10中，把F0/1－10端口划分到VLAN50中，并对VLAN10和VLAN50设置如下地址（SVI接口地址）。

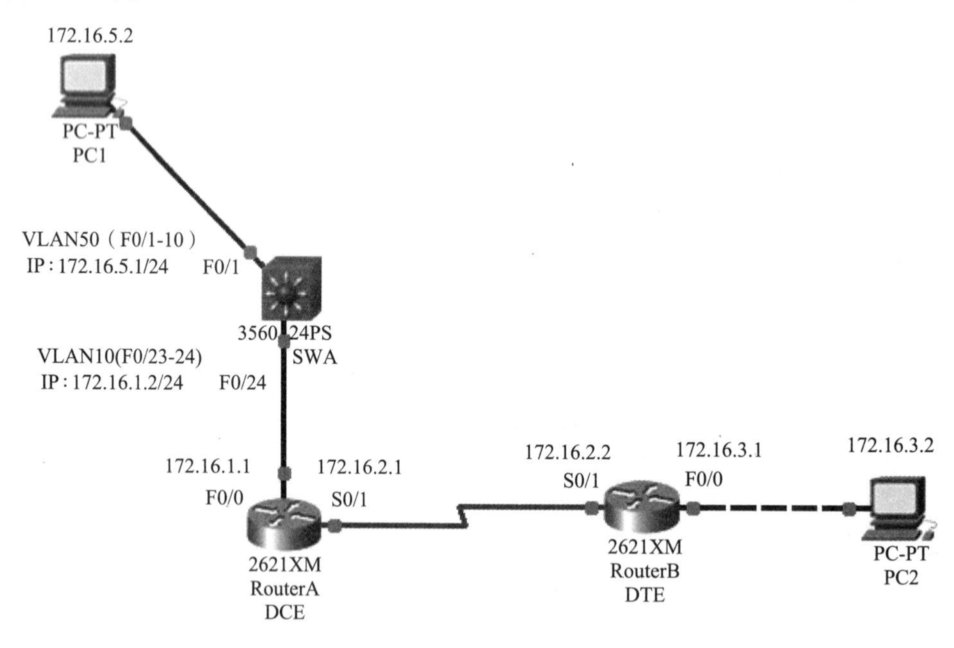

图3－4－2

5. 在SWA上开启三层交换机路由功能，并配置OSPF路由协议，查看SWA、RouterA和RouterB的路由表。测试所有设备的连通性（应该全通），感受三层交换机的路由功能。

6. 在RouterB上创建本地环回接口Loopback 0，地址设为172.16.4.1/24。在三层交换机SW上设置F0/16端口的地址为172.16.6.1/24（需开启端口的三层路由功能），并连接PC3，地址设为172.16.6.2/24。改建后的拓扑如图3－4－3所示。

7. 在三层交换机和路由器B上增加直连网段的申明。然后再次查看SWA、RouterA和

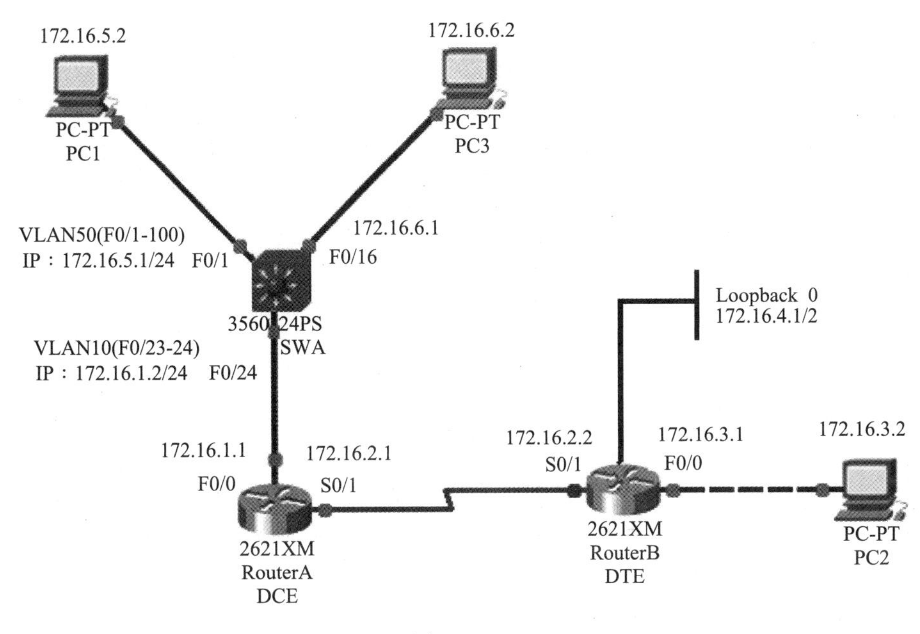

图 3-4-3

RouterB 的路由表。测试所有设备的连通性（应该全通），感受三层交换机的端口地址和 SVI 地址形成的路由功能，感受虚拟接口 Loopback 形成的路由功能。

8. 最后把配置以及 ping 的结果截图打包，以“学号姓名”为文件名，提交作业。

【实验命令】

1. RouterA 上配置 OSPF 路由协议。

```
RouterA(config)#router ospf 10
RouterA(config-router)#network 172.16.1.0 0.0.0.255 area 0
RouterA(config-router)#network 172.16.2.0 0.0.0.255 area 0
```

2. RouterB 上配置 OSPF 路由协议。

```
RouterB(config)#router ospf 20
RouterB(config-router)#network 172.16.2.0 0.0.0.255 area 0
RouterB(config-router)#network 172.16.3.0 0.0.0.255 area 0
```

3. OSPF 相关诊断命令。

```
(1)show ip protocol
(2)show ip route
(3)show ip ospf neighbor
(4)show ip ospf neighbor detail
(5)show ip ospf database
(6)show ip ospf interface
```

4. 在 SWA 上开启三层交换机路由功能，并配置 OSPF 路由协议。

```
SWA(config)#ip routing
```

```
SWA(config)# router ospf 30
SWA(config-router)#network 172.16.1.0 0.0.0.255 area 0
SWA(config-router)#network 172.16.5.0 0.0.0.255 area 0
```

5. 在RouterB上创建本地环回接口Loopback 0，地址设为172.16.4.1/24。

```
RouterB(config)#interface loopback 0
RouterB(config-if)#ip address 172.16.4.1 255.255.255.0
```

6. 在三层交换机SWA上设置F0/16端口的地址为172.16.6.1/24。

```
SWA(config)# interface range fastethernet 0/16
SWA(config-if)#no switchport  (开启端口的三层路由功能)
SWA(config-if)#ip address 172.16.6.1 255.255.255.0
SWA(config-if)#no shutdown
```

7. 在三层交换机和RouterB上增加直连网段的申明。

```
SWA(config)#router ospf 30
SWA(config-router)#network 172.16.6.0  0.0.0.255  area 0

RouterB(config)#router ospf 20
RouterB(config-router)#network 172.16.4.0  0.0.0.255  area 0
```

8. 锐捷设备：开启OSPF路由协议时不需要加进程号，如：

```
RouterA(config)#router ospf
```

【注意事项】

1. 配置三层交换机的OSPF路由协议时，要先开启三层交换机的路由功能。
2. 在三层交换机上对端口直接设地址时，要先进入此端口，并开启端口路由功能。
3. 网络拓扑有变化，有新的网段出现时，新申明的直接网段要放在同一个进程内，否则其他路由器会学习不到此条新的路由信息。

【配置结果】

1. SwitchA#show vlan：

```
VLAN  Name              Status    Ports
---- ----------------- --------- ----------------------------------
1     default           active    F0/11,F0/12,F0/13,F0/14
                                  F0/15,F0/16,F0/17,F0/18
                                  F0/19,F0/20,F0/21,F0/22
                                  Gig0/1,Gig0/2
10    VLAN0010          active    F0/23,F0/24
50    VLAN0050          active    F0/1,F0/2,F0/3,F0/4
                                  F0/5,F0/6,F0/7,F0/8
                                  F0/9,F0/10
```

2. SwitchA#show ip route:

```
Codes:C - connected,S - static,I - IGRP,R - RIP,M - mobile,B - BGP
      D - EIGRP,EX - EIGRP external,O - OSPF,IA - OSPF inter area
      N1 - OSPF NSSA external type 1,N2 - OSPF NSSA external type 2
      E1 - OSPF external type 1,E2 - OSPF external type 2,E - EGP
      i - IS - IS,L1 - IS - IS level - 1,L2 - IS - IS level - 2,ia - IS - IS in-
ter area
      * - candidate default,U - per - user static route,o - ODR
      P - periodic downloaded static route
Gateway of last resort is not set

     172 .16.0.0/16 is variably subnetted,6 subnets,2 masks
C       172.16.1.0/24 is directly connected,Vlan10
O       172.16.2.0/24 [110/65] via 172.16.1.1,00:26:08,Vlan10
O       172.16.3.0/24 [110/66] via 172.16.1.1,00:26:08,Vlan10
O       172.16.4.1/32 [110/66] via 172.16.1.1,00:26:08,Vlan10
C       172.16.5.0/24 is directly connected,Vlan50
C       172.16.6.0/24 is directly connected,FastEthernet0/16
```

3. SwitchA#show ip ospf neighbor:

```
Neighbor ID  Pri  State     Dead Time  Address       Interface
172.16.2.1   1   FULL/BDR  00:00:30   172.16.1.1    Vlan10
```

4. SwitchA#show running - config:

```
Building configuration...
Current configuration:1662 bytes
version 12.2
no service password - encryption
hostname SwitchA
ip routing
ip ssh version 1
port - channel load - balance src - mac
interface FastEthernet0/1
  switchport access vlan 50
interface FastEthernet0/2
  switchport access vlan 50
interface FastEthernet0/3
  switchport access vlan 50
interface FastEthernet0/4
```

```
  switchport access vlan 50
interface FastEthernet0/5
  switchport access vlan 50
interface FastEthernet0/6
  switchport access vlan 50
interface FastEthernet0/7
  switchport access vlan 50
interface FastEthernet0/8
  switchport access vlan 50
interface FastEthernet0/9
  switchport access vlan 50
interface FastEthernet0/10
  switchport access vlan 50
interface FastEthernet0/11
interface FastEthernet0/12
interface FastEthernet0/13
interface FastEthernet0/14
interface FastEthernet0/15
interface FastEthernet0/16
  no switchport
  ip address 172.16.6.1 255.255.255.0
  duplex auto
  speed auto
interface FastEthernet0/17
interface FastEthernet0/18
interface FastEthernet0/19
!
interface FastEthernet0/20
interface FastEthernet0/21
interface FastEthernet0/22
interface FastEthernet0/23
  switchport access vlan 10
interface FastEthernet0/24
  switchport access vlan 10
interface GigabitEthernet0/1
interface GigabitEthernet0/2
interface Vlan1
  no ip address
```

```
  shutdown
interface Vlan10
  ip address 172.16.1.2 255.255.255.0
interface Vlan50
  ip address 172.16.5.1 255.255.255.0
router ospf 30
  log - adjacency - changes
  network 172.16.1.0 0.0.0.255 area 0
  network 172.16.5.0 0.0.0.255 area 0
  network 172.16.6.0 0.0.0.255 area 0
ip classless
line con 0
line vty 0 4
  login
end
```

5. RouterA#show ip route：

```
Codes:C - connected,S - static,I - IGRP,R - RIP,M - mobile,B - BGP
      D - EIGRP,EX - EIGRP external,O - OSPF,IA - OSPF inter area
      N1 - OSPF NSSA external type 1,N2 - OSPF NSSA external type 2
      E1 - OSPF external type 1,E2 - OSPF external type 2,E - EGP
      i - IS - IS,L1 - IS - IS level - 1,L2 - IS - IS level - 2,ia - IS - IS inter
area
      * - candidate default,U - per - user static route,o - ODR
      P - periodic downloaded static route
Gateway of last resort is not set

    172 .16.0.0 /16 is variably subnetted,6 subnets,2 masks
C      172.16.1.0 /24 is directly connected,FastEthernet0 /0
C      172.16.2.0 /24 is directly connected,Serial0 /1
O      172.16.3.0 /24 [110 /65] via 172.16.2.2,00:32:15,Serial0 /1
O      172.16.4.1 /32 [110 /65] via 172.16.2.2,00:32:15,Serial0 /1
O      172.16.5.0 /24 [110 /2] via 172.16.1.2,00:31:40,FastEthernet0 /0
O      172.16.6.0 /24 [110 /2] via 172.16.1.2,00:27:27,FastEthernet0 /0
```

6. RouterA#show running - config：

```
Building configuration...
Current configuration:565 bytes
version 12.2
```

```
no service password-encryption
hostname RouterA
ip ssh version 1
interface FastEthernet0/0
  ip address 172.16.1.1 255.255.255.0
  duplex auto
  speed auto
interface FastEthernet0/1
  no ip address
  duplex auto
  speed auto
  shutdown
interface Serial0/0
  no ip address
  shutdown
interface Serial0/1
  ip address 172.16.2.1 255.255.255.0
  clock rate 64000
router ospf 10
  log-adjacency-changes
  network 172.16.1.0 0.0.0.255 area 0
  network 172.16.2.0 0.0.0.255 area 0
ip classless
line con 0
line vty 0 4
  login
end
```

7. RouterB#show ip route：

```
Codes:C - connected,S - static,I - IGRP,R - RIP,M - mobile,B - BGP
       D - EIGRP,EX - EIGRP external,O - OSPF,IA - OSPF inter area
       N1 - OSPF NSSA external type 1,N2 - OSPF NSSA external type 2
       E1 - OSPF external type 1,E2 - OSPF external type 2,E - EGP
       i - IS-IS,L1 - IS-IS level-1,L2 - IS-IS level-2,ia - IS-IS inter area
       * - candidate default,U - per-user static route,o - ODR
       P - periodic downloaded static route
Gateway of last resort is not set
```

```
     172.16.0.0/24 is subnetted,6 subnets
O    172.16.1.0 [110/65] via 172.16.2.1,00:34:01,Serial0/1
C    172.16.2.0 is directly connected,Serial0/1
C    172.16.3.0 is directly connected,FastEthernet0/0
C    172.16.4.0 is directly connected,Loopback0
O    172.16.5.0 [110/66] via 172.16.2.1,00:33:16,Serial0/1
O    172.16.6.0 [110/66] via 172.16.2.1,00:29:13,Serial0/1
```

8. RouterB#show running - config:

```
Building configuration...
Current configuration:643 bytes
version 12.2
no service password - encryption
hostname RouterB
ip ssh version 1
interface Loopback0
  ip address 172.16.4.1 255.255.255.0
interface FastEthernet0/0
  ip address 172.16.3.1 255.255.255.0
  duplex auto
  speed auto
interface FastEthernet0/1
  no ip address
  duplex auto
  speed auto
  shutdown
interface Serial0/0
  no ip address
  shutdown
interface Serial0/1
  ip address 172.16.2.2 255.255.255.0
router ospf 20
  log - adjacency - changes
  network 172.16.2.0 0.0.0.255 area 0
  network 172.16.3.0 0.0.0.255 area 0
  network 172.16.4.0 0.0.0.255 area 0
ip classless
line con 0
line vty 0 4
```

```
  login
end
```

【技术原理】

1. OSPF路由协议是一种典型的链路状态（Link - state）的路由协议，一般用于同一个路由域内。在这里，路由域是指一个自治系统（Autonomous System，AS），它是指一组通过统一的路由政策或路由协议互相交换路由信息的网络。在这个AS中，所有的OSPF路由器都维护一个相同的描述这个AS结构的数据库，该数据库中存放的是路由域中相应链路的状态信息，OSPF路由器正是通过这个数据库计算出其OSPF路由表的。

作为一种链路状态的路由协议，OSPF将链路状态广播数据包LSA（Link State Advertisement）传送给在某一区域内的所有路由器，这一点与距离矢量路由协议不同。运行距离矢量路由协议的路由器是将部分或全部的路由表传递给与其相邻的路由器。

2. 数据包格式。

在OSPF路由协议的数据包中，其数据包长为24个字节，包含如下8个字段，如Version number——定义所采用的OSPF路由协议的版本。

3. OSPF基本算法。

（1）SPF算法及最短路径树。

SPF算法是OSPF路由协议的基础。SPF算法有时也被称为Dijkstra算法，这是因为最短路径优先算法SPF是Dijkstra发明的。SPF算法将每一个路由器作为根（ROOT）来计算其到每一个目的地路由器的距离，每一个路由器根据一个统一的数据库会计算出路由域的拓扑结构图，该结构图类似于一棵树，在SPF算法中，被称为最短路径树。在OSPF路由协议中，最短路径树的树干长度，即OSPF路由器至每一个目的地路由器的距离，称为OSPF的Cost，其算法为：$Cost = 100 \times 10^6$/链路带宽。

在这里，链路带宽以bps来表示。也就是说，OSPF的Cost与链路的带宽成反比，带宽越高，Cost越小，表示OSPF到目的地的距离越近。举例来说，FDDI或快速以太网的Cost为1，2M串行链路的Cost为48，10M以太网的Cost为10等。

（2）链路状态算法。

作为一种典型的链路状态的路由协议，OSPF还得遵循链路状态路由协议的统一算法。链路状态的算法非常简单，在这里将链路状态算法概括为以下四个步骤：

当路由器初始化或当网络结构发生变化（例如增减路由器，链路状态发生变化等）时，路由器会产生链路状态广播数据包LSA（Link State Advertisement），该数据包里包含路由器上所有相连链路，也即为所有端口的状态信息。

所有路由器会通过一种被称为刷新（Flooding）的方法来交换链路状态数据。Flooding是指路由器将其LSA数据包传送给所有与其相邻的OSPF路由器，相邻路由器根据其接收到的链路状态信息更新自己的数据库，并将该链路状态信息转送给与其相邻的路由器，直至稳定的一个过程。

当网络重新稳定下来，也可以说当OSPF路由协议收敛下来时，所有的路由器会根据其各自的链路状态信息数据库计算出各自的路由表。该路由表中包含路由器到每一个可到达目

的地的 Cost 以及到达该目的地所要转发的下一个路由器（next - hop）。

当网络状态比较稳定时，网络中传递的链路状态信息是比较少的，或者可以说，当网络稳定时，网络中是比较安静的。这也正是链路状态路由协议区别与距离矢量路由协议的一大特点。

4. OSPF 中的 DR、BDR 和选举。

（1）在一个 OSPF 网络中，选举一个路由器作为指定路由器 DR，所有其他路由器只和它交换整个网络的一些路由更新信息，再由它对邻居路由器发送更新报文。这样节省网络流量。再指定一个备份指定路由器 BDR，当 DR 出现故障时，BDR 起着备份的作用，它再发挥作用，确保网络的可靠性。

（2）当一个 OSPF 路由器启动并开始搜索邻居时，它先搜寻活动的 DR 和 BDR。如果 DR 和 BDR 存在，路由器就接受它们。如果没有 BDR，就进行一次选举将拥有最高优先级的路由器选举为 BDR。如果多于一台路由器拥有相同的优先级，那么拥有最高路由器 ID 的路由器将胜出。如果没有活动的 DR，BDR 将被提升为 DR 然后再进行一次 BDR 的选举。

【课后习题】

一、单项选择题

1. 在锐捷路由器 CLI 中执行 show ip route 后看到以下输出内容：

```
O 10.1.2.0/24 [110/2] via 10.1.1.2,00:03:02,FastEthernet 0/0
```

这条输出内容代表的是（　　）。

A. O 代表 OSPF 路由协议、目标网络为 10. 1. 2. 0/24、开销为 110、优先级为 1、下一跳地址为 10. 1. 1. 2

B. O 代表 OSPF 路由协议、目标网络为 10. 1. 2. 0/24、度量值为 110、管理距离为 1、下一跳地址为 10. 1. 1. 2

C. O 代表 OSPF 路由协议、目标网络为 10. 1. 2. 0/24、管理距离为 110、度量值为 1、下一跳地址为 10. 1. 1. 2，从 FastEthernet0/0 发出

D. O 代表 OSPF 路由协议、目标网络为 10. 1. 2. 0/24、度量值为 110、优先级为 1、下一跳地址为 10. 1. 1. 2，从 FastEthernet0/0 发出

2. 在路由器查看路由表信息时，看到如下信息：

```
O  172.16.8.0 [110/20]  via 172.16.7.9,  00:00:23,  Serial 1/2
```

其中 172. 16. 7. 9 和 Serial 1/2 各是什么含义？（　　）

A. 目的网段某主机地址，下一跳路由器接口

B. 下一跳路由器接口地址，下一跳路由器接口

C. 下一跳路由器接口地址，从本路由器发出的接口

D. 本路由器接口地址，从本路由器发出的接口

3. 以下属于链路状态路由协议的是（　　）。

A. RIP　　B. OSPF　　C. STP　　D. BGP

4. OSPF 发送协议报文使用的组播地址是（　　）。

A. 127.0.0.1　　B. 223.0.0.1　　C. 172.16.0.1　　D. 224.0.0.5

5. OSPF 中选举 DR 和 BDR 时，不使用下列哪种条件来决定选择哪台路由器？（　　）

A. 优先级最高的路由器为 DR

B. 优先级次高的路由器为 BDR

C. 如果所有路由器的优先级皆为默认值，则 RID 最小的路由器为 DR

D. 优先级为0的路由器不能成为 DR 或 BDR

6. 下列选项中不属于 OSPF 报文的是（　　）。

A. Hello　　B. DBD　　C. LSA　　D. LSAck

7. 当 OSPF 网络发生变化时，DROther 发往 DR 的 LSU 数据包的目的 IP 是（　　）。

A. 224.0.0.5　　B. 224.0.0.6　　C. 224.0.0.55　　D. 224.0.0.66

8. 下列选项中属于 OSPF 的优点的是（　　）。

A. 每30秒发送一次更新，可靠性高　　B. 不占用链路带宽

C. SPF 算法保证无环路　　D. 最大支持15跳路由的网络

9. OSPF 路由协议数据被封装在什么协议中？（　　）

A. IP 协议　　B. UDP 协议　　C. ICMP 协议　　D. ARP 协议

10. OSPF 缺省的成本度量值是基于下列哪一项？（　　）

A. 延时　　B. 带宽　　C. 效率　　D. 网络流量

11. 所有路由器都在 OSPF 同一区域（Area1）内，下列说法正确的是（　　）。

A. 每台路由器生成的 LSA 都是相同的

B. 每台路由器根据该最短路径树计算出的路由都是相同的

C. 每台路由器根据该 LSDB 计算出的最短路径树都是相同的

D. 每台路由器的区域1的 LSDB（链路状态数据库）都是相同的

12. 以下对形成 OSPF 邻接关系的两台路由器的 process - id 和 area - id 描述正确的是（　　）。

A. 两台路由器之间的 process - id 和 area - id 必须一致

B. 两台路由器之间的 process - id 必须一致

C. 两台路由器之间的 area - id 必须一致

D. 同一台路由器的 process - id 和 area - id 必须是同一个数值

13. 在锐捷路由器上配置 OSPF 时，必须进行的步骤是（　　）。

A. 宣告广播地址和进程 ID　　B. 宣告网络号和指定验证口令

C. 启用 OSPF，指定被动接口　　D. 启用 OSPF，宣告网络号

14. 以下哪个命令可以查看到 OSPF 的 Hello 间隔和死亡间隔？（　　）

A. show ip ospf　　B. show ip route ospf

C. show ip ospf database　　D. show ip ospf interface

15. 两台汇聚交换机通过以太网相连，启用 OSPF 后，需要选举 DR。下列关于 OSPF 的 DR/BDR 的描述，错误的是（　　）。

A. 在广播型的网络中，如果没有 DR，OSPF 协议无法正确运行，但如果没有 BDR，OSPF 协议仍然可以正确运行

B. 在一个广播型的网络中，即使只有一台路由器，仍旧需要选举 DR

C. DR 和 BDR 与本网段内的所有运行 OSPF 协议的路由器建立邻接关系，但 DR 和 BDR 之间不再建立邻接关系

D. 当 DR 故障时，BDR 将成为新的 DR。故障的 DR 恢复后，不会抢占 DR 身份

16. 出于管理的目的，管理员登录一台运行 OSPF 的汇聚交换机，将其中一个 SVI 口关闭。这时，这台交换机因为链路状态发生了变化，将更新 LSA 并将 LSA 发送给所有的 Full 状态的邻居路由器。在其发送的所有 OSPF 报文中，____报文携带了完整 LSA。(　　)

A. Hello　　B. DBD　　C. LSU

D. LSR　　E. LSA　　F. LSAck

17. 为了确保 OSPF 数据传输的可靠性，OSPF 协议使用 LSAck 对____报文进行确认。(　　)

A. Hello　　B. DBD　　C. LSU

D. LSR　　E. LSA　　F. LSAck

18. 一台位于总部的锐捷路由器使用一个 SIC－1HS 模块提供的接口与远程分支机构的路由器连接，启用 OSPF 后，对于 DR 与 BRD 的选举，以下描述正确的是（　　）。

A. 如果优先级相同，RouterID 最大的路由器成为 DR，另一台路由器为 BDR

B. 如果优先级相同，RouterID 最小的路由器成为 DR，另一台路由器为 BDR

C. 在此链路中，不会选举 DR 与 BDR

D. 在此链路中，只选举 DR，不会选举 BDR

19. 在 LAN 环境中的三层交换机上配置 OSPF 时，需要在每个 VLAN 中选举 DR 和 BDR。DR 和 BDR 的选举，是在邻接关系建立过程中的____状态进行的。(　　)

A. init　　B. 2－way　　C. exstart　　D. exchange

20. 在为三层设备配置 OSPF 后，为了验证是否与其他 OSPF 设备建立了邻接关系，可以使用____命令进行查看。(　　)

A. show ip ospf neighbor　　B. show ip ospf database

C. show ip ospf route　　D. show running－configbro

21. OSPF 协议对跳数的限制是（　　）。

A. 15　　B. 16　　C. 110　　D. 没有限制

22. 在配置 OSPF 路由协议，通过 Router（config)#router ospf 100，创建一个 OSPF 路由进程后，以下哪一条命令可以正确定义参与 OSPF 进程的网段（或接口)？(　　)

A. ruijie（config)#network 192. 168. 0. 0 0. 0. 255. 255 area 0

B. ruijie（config－router)#area 0 network 192. 168. 0. 0 0. 0. 255. 255

C. ruijie（config－router)#network 192. 168. 0. 0 0. 0. 255. 255 area 0

D. ruijie（config)#area 0 network 192. 168. 0. 0 0. 0. 255. 255

23. 工程师在配置完一台汇聚交换的 OSPF 功能并确认 OSPF 路由表无误后，发现忘记配置路由器 ID。于是在路由配置模式下使用 router－id 命令手工指定了路由器 ID。配置完成后，通过 show ip ospf 命令查看，发现路由器 ID 并没有发生变化。手工配置的路由器 ID 未生效的原因是（　　）。

A. 手工配置路由器 ID 时，已经和其他 OSPF 路由器建立了邻居关系，这种情况下必须重启 OSPF 进程，新的路由器 ID 才会生效

B. show ip ospf 只能查看旧的路由器 ID，不能查看修改后的路由器 ID

C. 设备不支持手工配置路由器 ID

D. 手工配置路由器 ID 时，已经和其他 OSPF 路由器建立了邻居关系，这种情况下只能重启路由器，新的路由器 ID 才会生效

24. 管理员维护以一个运行 RIP 的网络，为了加快路由收敛速度，管理员在当前网络中配置了 OSPD。配置完成后，通过 show ip router 查看路由表时，他发现只存在 OSPF 路由，之前一直使用的 RIP 路由条目已经消失。出现这种现象的原因是（　　）。

A. OSPF 的度量值为 120，高于 RIP 的 110

B. OSPF 的管理距离为 120，高于 RIP 的 110

C. OSPF 的管理距离为 110，低于 RIP 的 120

D. OSPF 的度量值为 110，低于 RIP 的 120

二、多项选择题

1. 管理员登录到网络核心交换中，打算查看 OSPF 路由表。由于核心设备直连的网络很多，为了只查看 OSPF 路由条目，管理员可以使用的命令是哪两项？（　　）

A. show ip route ospf　　B. show ip route | in ospf

C. show ip ospf routing　　D. show ip ospf route

2. 静态路由存在哪两个缺点？（　　）

A. 拓扑发生变化后需要重新配置

B. 度量值很复杂

C. 涉及会聚

D. 在大型网络中配置时，任务量过多

3. 路由表中的路由有以下哪三种来源？（　　）

A. 接口上的直连路由　　B. 手工配置的静态路由

C. 协议发现的动态路由　　D. ARP 通知获得的主机路由

4. 路由协议根据路由条目计算方式可分为哪两种？（　　）

A. 距离矢量路由协议　　B. 有类路由协议

C. 链路状态路由协议　　D. 外部网关协议

E. 无类路由协议

任务5　OSPF 动态路由多区域配置

【学习情境】

假设某高校有两个校区，两个校区都比较大，要分别建立独立的区域，通过域间路由来实现两个校区多个子网的互通。

【学习目的】

1. 掌握 OSPF 多区域配置的技术原理。

2. 掌握 OSPF 多区域路由的配置方法和区域间路由的学习。
3. 掌握 OSPF 多区域路由的验证与测试。

【相关设备】

路由器 3 台、PC 2 台、V. 35 线缆 2 对、交叉线 2 根。

【实验拓扑】

拓扑如图 3－5－1 所示。

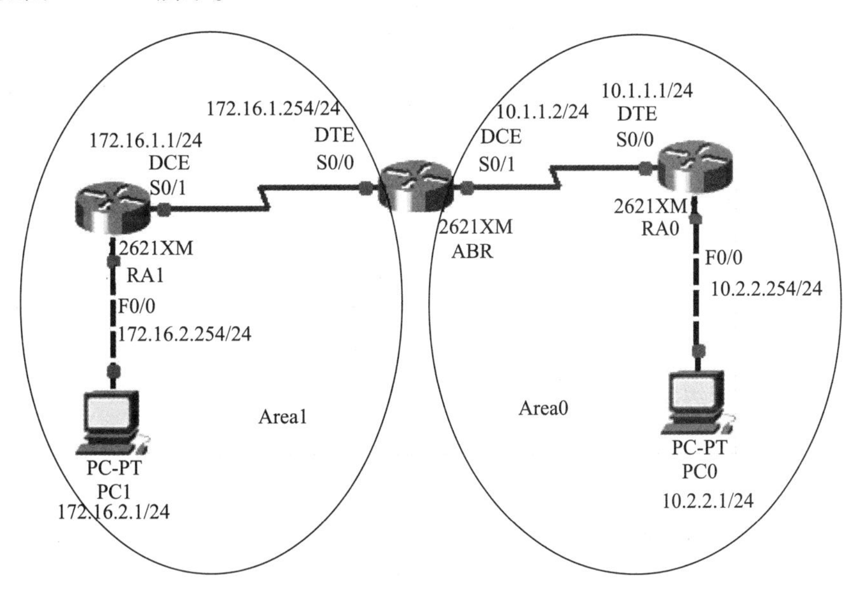

图 3－5－1

【实验任务】

1. 如图 3－5－1 所示搭建网络环境，并对三台路由器关闭电源，分别扩展异步高速串口模块（WIC－2T）。路由器之间使用 V. 35 的同步线缆连接。设置两台 PC 的地址和网关。

2. 配置 RA0、RA1 和 ABR 的各接口地址，并设置相关的同步时钟。查看三台路由器的路由表，观察直连路由是否都已经存在。

3. 配置骨干路由器 RA0 的多区域 OSPF 路由，设置区域为 Area 0。

4. 配置区域边界路由器 ABR 的多区域 OSPF 路由，设置 S0/1 口的区域为 Area 0，S0/0 口的区域为 Area 1。

5. 配置区域内部路由器 RA1 的多区域 OSPF 路由，设置区域为 Area 1。

6. 验证区域间路由的学习情况，测试所有设备是否互通。

7. 最后把配置以及 ping 的结果截图打包，以“学号姓名”为文件名，提交作业。

【实验命令】

1. 配置骨干路由器 RA0 的多区域 OSPF 路由。

```
ABR(config)#router ospf 100
ABR(config-router)#network  10.1.1.0 0.0.0.255 area 0
ABR(config-router)#network  10.2.2.0 0.0.0.255 area 0
```

2. 配置区域边界路由器 ABR 的多区域 OSPF 路由。

```
ABR(config)#router ospf 200
ABR(config-router)#network  10.1.1.0 0.0.0.255 area 0
ABR(config-router)#network  172.16.1.0 0.0.0.255 area 1
```

3. 配置区域内部路由器 RA1 的多区域 OSPF 路由。

```
ABR(config)#router ospf 300
ABR(config-router)#network  172.16.1.0 0.0.0.255 area 1
ABR(config-router)#network  172.16.2.0 0.0.0.255 area 1
```

4. 查看与调试命令。

```
show ip route
show ip ospf neighbor
show ip ospf database
```

【注意事项】

1. 注意区域边界路由器的设置与作用，观察域间路由的学习。
2. 注意 show ip ospf neighbor 与 show ip ospf database 显示结果的分析。

【配置结果】

1. RA0#show ip route：

```
Codes:C - connected,S - static,I - IGRP,R - RIP,M - mobile,B - BGP
       D - EIGRP,EX - EIGRP external,O - OSPF,IA - OSPF inter area
       N1 - OSPF NSSA external type 1,N2 - OSPF NSSA external type 2
       E1 - OSPF external type 1,E2 - OSPF external type 2,E - EGP
       i - IS - IS,L1 - IS - IS level -1,L2 - IS - IS level -2,ia - IS - IS in-
ter area
       * - candidate default,U - per - user static route,o - ODR
       P - periodic downloaded static route
Gateway of last resort is not set

     10.0.0.0/24 is subnetted,2 subnets
C        10.1.1.0 is directly connected,Serial0/0
C        10.2.2.0 is directly connected,FastEthernet0/0
```

```
        172.16.0.0/24 is subnetted,2 subnets
O IA     172.16.1.0 [110/128] via 10.1.1.2,00:11:37,Serial0/0
O IA     172.16.2.0 [110/129] via 10.1.1.2,00:11:27,Serial0/0
```

2. ABR#show ip route:

```
Codes:C - connected,S - static,I - IGRP,R - RIP,M - mobile,B - BGP
       D - EIGRP,EX - EIGRP external,O - OSPF,IA - OSPF inter area
       N1 - OSPF NSSA external type 1,N2 - OSPF NSSA external type 2
       E1 - OSPF external type 1,E2 - OSPF external type 2,E - EGP
       i - IS - IS,L1 - IS - IS level -1,L2 - IS - IS level -2,ia - IS - IS in-
ter area
       * - candidate default,U - per - user static route,o - ODR
       P - periodic downloaded static route
Gateway of last resort is not set

      10. 0.0.0/24 is subnetted,2 subnets
C         10.1.1.0 is directly connected,Serial0/1
O         10.2.2.0 [110/65] via 10.1.1.1,00:14:36,Serial0/1
        172.16.0.0/24 is subnetted,2 subnets
C         172.16.1.0 is directly connected,Serial0/0
O         172.16.2.0 [110/65] via 172.16.1.1,00:14:31,Serial0/0
```

3. RA1#show ip route:

```
Codes:C - connected,S - static,I - IGRP,R - RIP,M - mobile,B - BGP
       D - EIGRP,EX - EIGRP external,O - OSPF,IA - OSPF inter area
       N1 - OSPF NSSA external type 1,N2 - OSPF NSSA external type 2
       E1 - OSPF external type 1,E2 - OSPF external type 2,E - EGP
       i - IS - IS,L1 - IS - IS level -1,L2 - IS - IS level -2,ia - IS - IS in-
ter area
       * - candidate default,U - per - user static route,o - ODR
       P - periodic downloaded static route
Gateway of last resort is not set

      10. 0.0.0/24 is subnetted,2 subnets
O IA      10.1.1.0 [110/128] via 172.16.1.254,00:14:58,Serial0/1
O IA      10.2.2.0 [110/129] via 172.16.1.254,00:14:58,Serial0/1
        172.16.0.0/24 is subnetted,2 subnets
C         172.16.1.0 is directly connected,Serial0/1
C         172.16.2.0 is directly connected,FastEthernet0/0
```

4. ABR#show ip ospf database（查看数据库中列出的所有路由器 LSA 通告）：

```
              OSPF Router with ID  (172.16.1.254)  (Process ID 200)

                 Router Link States(Area 0)
Link ID          ADV Router      Age        Seq#          Checksum Link count
172.16.1.254     172.16.1.254    81         0x80000003    0x00feff 2
10.2.2.254       10.2.2.254      81         0x80000004    0x00feff 3

                 Summary Net Link States(Area 0)
Link ID          ADV Router      Age        Seq#          Checksum
172.16.1.0       172.16.1.254    77         0x80000003    0x00fc01
172.16.2.0       172.16.1.254    72         0x80000004    0x00fc01

                 Router Link States(Area 1)
Link ID          ADV Router      Age        Seq#          Checksum Link count
172.16.1.254     172.16.1.254    80         0x80000003    0x00feff 2
172.16.2.254     172.16.2.254    82         0x80000004    0x00feff 3

                 Summary Net Link States(Area 1)
Link ID          ADV Router      Age        Seq#          Checksum
10.1.1.0         172.16.1.254    76         0x80000003    0x00fc01
10.2.2.0         172.16.1.254    76         0x80000004    0x00fc01
```

5. ABR#show running - config：

```
Building configuration...
Current configuration:560 bytes
version 12.2
no service password - encryption
hostname ABR
ip ssh version 1
interface FastEthernet0/0
  no ip address
  duplex auto
  speed auto
  shutdown
interface FastEthernet0/1
  no ip address
  duplex auto
  speed auto
```

```
  shutdown
interface Serial0/0
  ip address 172.16.1.254 255.255.255.0
interface Serial0/1
  ip address 10.1.1.2 255.255.255.0
  clock rate 64000
router ospf 200
  log-adjacency-changes
  network 10.1.1.0 0.0.0.255 area 0
  network 172.16.1.0 0.0.0.255 area 1
ip classless
line con 0
line vty 0 4
  login
end
```

【技术原理】

1. LSA：Link-State Advertisement（链路状态广播）是链接状态协议使用的一个分组，它包括有关邻居和通道成本的信息。被接收路由器用于维护它们的路由选择表。

2. LSDB：Link State DataBase（链路状态数据库）通过路由器间的路由信息交换，自治系统内部可以达到信息同步。

3. SPF 算法：是 OSPF 路由协议的基础。有时也被称为 Dijkstra 算法，这是因为最短路径优先算法 SPF 是 Dijkstra 发明的。SPF 算法将每一个路由器作为根（ROOT）来计算其到每一个目的地路由器的距离，每一个路由器根据一个统一的数据库会计算出路由域的拓扑结构图，该结构图类似于一棵树，在 SPF 算法中，被称为最短路径树。

【课后习题】

一、单项选择题

1. 在大型网络规划中，往往使用 OSPF 区域划分的方式将 OSPF 路由域划分为多个区域。关于 OSPF 同一区域内的 LSA 或 LSDB 的说法，以下正确的是（　　）。

A. 每台路由器区域的 LSDB 都是相同的

B. 每台路由器根据该 LSDB 计算出的最短路径树都是相同的

C. 每台路由器生成的 LSA 都是相同的

D. 每台路由器根据该最短路径树计算出的路由都是相同的

2. 配置 OSPF 时，必须要具有的网络区域是（　　）。

A. Area 0　　B. Area 1　　C. Area 2　　D. Area 3

3. 在运行 OSPF 的企业网边界设备上，可以强迫其产生一条默认路由注入 OSPF 路由域中。产生默认路由的命令是（　　）。

A. default－information originate　　B. default－network originate

C. default information－originate　　D. default network－originate

4. 哪种类型的OSPF报文用于建立和维持OSPF邻接关系？

A. hello　　B. DBD　　C. LSR　　D. LSAck

5. 为了实现路由表的快速收敛，建议在网络中使用哪个动态路由协议？（　　）

A. RIPv1　　B. OSPF　　C. RIPv2　　D. RSTP　　E. PPP

6. 本地网络中的主机在访问远程网络的过程中，主机的网关依据报文中的哪一个信息来进行路由查找？（　　）

A. UDP头的目的端口号　　B. IP头中的目的IP地址

C. 帧头中的目的MAC地址　　D. TCP头的目的端口号

7. 管理员在OSPF路由域边界的两台路由器上分别做了以下配置：

路由器1：default－information originate metric－type 1

路由器2：default－information originate metric－type 2

配置完成后，内部主机发往外部的数据包将如何转发？（　　）

A. 由路由器1转发

B. 由路由器2转发

C. 路由器1和路由器2等比例负载均衡

D. 路由器1和路由器2不等比例负载均衡

8. 如果管理员在OSPF排错中使用sniffer抓包，通过抓取哪种协议的流量可以对OSPF进行分析？（　　）

A. 协议89的IP流量　　B. 端口89的TCP流量

C. 端口89的UDP流量　　D. 类型89的以太网组播流量

9. 在锐捷路由器或者三层交换机上成功启动OSPF进程的前提是（　　）。

A. 至少有一个Loopback接口

B. 至少有一个接口处于UP状态

C. 至少有一个处于启用状态且配有IP地址的接口

D. 至少有一个物理接口处于UP状态

10. 在运行Windows7的计算机中配置默认网关，类似于在路由器中配置（　　）。

A. 直接路由　　B. 默认路由　　C. 动态路由　　D. 间接路由

11. 在网络实施中，并不是所有设备都有一张完整的全网路由表。为了使每台设备能够处理所有包的路由转发，通常的做法是功能强大的网络核心设备具有完整的路由表，其余设备将____指向核心设备。（　　）

A. 默认路由　　B. 明细路由　　C. 浮动路由　　D. 黑洞路由

12. 在路由表中0.0.0.0代表什么意思？（　　）

A. 静态路由　　B. 动态路由　　C. 默认路由　　D. RIP路由

13. 下列选项中哪一项是有类路由协议的特点？（　　）

A. 在向其邻居宣告网络时不带有子网掩码

B. 支持不连续的网络

C. OSPF 是有类路由协议

D. 在有类路由协议的网络中，各接口的子网掩码必须不相同

二、多项选择题

1. 如图 3－5－2 所示，关于从 192.168.1.0 网络到 172.16.1.0 网络之间的路径，下列陈述正确的两项是（　　）。

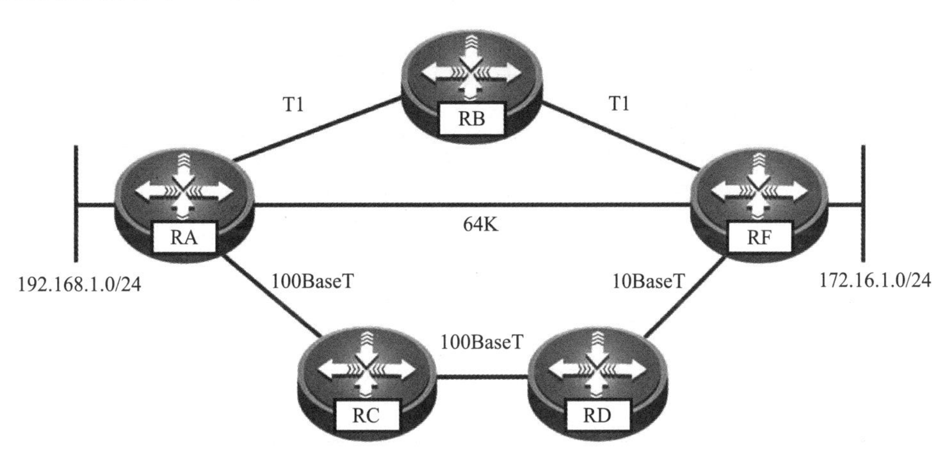

图 3－5－2

A. 如果使用 RIP，RA—RB—RF 为最优路径

B. 如果使用 RIP，RA—RF 为最优路径

C. 如果使用 RIP，RA—RC—RD—RF 为最优路径

D. 如果使用 OSPF，RA—RB—RF 为最优路径

E. 如果使用 OSPF，RA—RF 为最优路径

F. 如果使用 OSPF，RA—RC—RD—RF 为最优路径

2. 下列关于 OSPF 协议的说法正确的是哪三项？（　　）

A. OSPF 使用组播发送 Hello 包

B. OSPF 支持到同一目的地址的多条等价路径

C. OSPF 是一个基于链路状态算法的外部网关路由协议

D. OSPF 在 LAN 环境中需要选举 DR 和 BDR

3. 下列选项中属于 OSPF 的优点的是哪两项？（　　）

A. 收敛快　　　　B. 不占用链路带宽

C. SPF 算法保证无环路　　　　D. 最多支持 15 个路由器的网络

4. 下列选项中属于 OSPF 报文的是哪三个？（　　）

A. Hello　　B. DBD　　C. LSA　　D. LSAck　　E. LSDB

5. 图 3－5－3 中的网络运行 OSPF，RID 已经标识。那么 DR 分别是哪两台路由器？（　　）

A. Router A　　B. Router B　　C. Router C　　D. Router D

E. Router E　　F. Router F

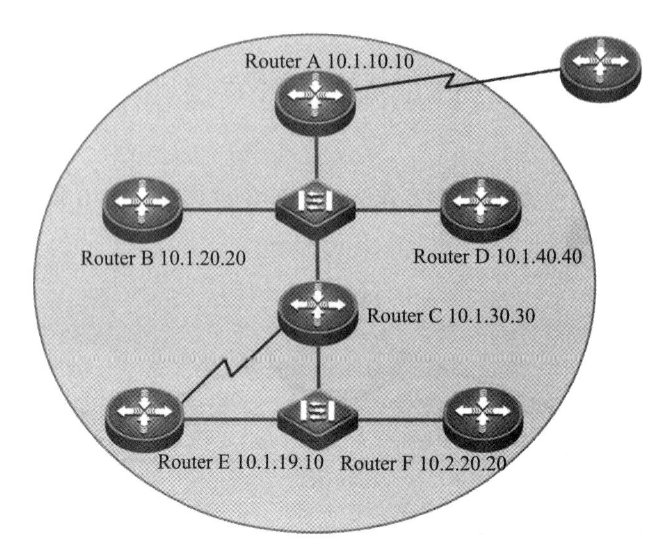

图3-5-3

6. 一台汇聚交换机通过 Gi 1/1 接口连接到 OSPF Area 0，VLAN2 和 VLAN3 分别连接到 OSPF Area2 和 Area3。三个接口的 IP 配置如下：

```
interface gigabitethernet 1/1
  no switchport
  ip address 172.16.255.2 255.255.255.252
  no shutdown
interface vlan 2
  ip address 172.16.2.253 255.255.255.0
  no shutdown
interface vlan 3
  ip address 172.16.3.253 255.255.255.0
  no shutdown
```

那么对于 OSPF 的配置，下列正确的是（　　）。

A. network 172. 16. 255. 0 0. 0. 0. 3 area 0
B. network 172. 16. 2. 0 0. 0. 0. 255 area 2
C. network 172. 16. 3. 0 0. 0. 0. 255 area 3
D. network 172. 16. 255. 0 0. 0. 0. 1 area 0
E. network 172. 16. 2. 0 0. 0. 0. 3 area 2

项目四

广域网接入

任务1　广域网协议封装与 PPP 的 PAP 认证

【学习情境】

假设你是公司的网络管理员，公司为了满足不断增长的业务需求，申请了专线接入，当客户端路由器与 ISP 进行链路协商时，需要验证身份，以保证链路的安全性。也是对 ISP 进行正常的交费与后续合作的重要保证。要求链路协商时以明文的方式进行传输。

【学习目的】

1. 掌握广域网链路的多种封装形式。
2. 掌握 PPP 协议的封装与 PAP 验证配置。
3. 掌握 PAP 配置的测试方法、观察和记录测试结果。
4. 了解 PAP 以明文方式，通过两次握手完成验证的过程。

【相关设备】

路由器 2 台、V. 35 线缆 1 对。

【实验拓扑】

拓扑如图 4－1－1 所示。

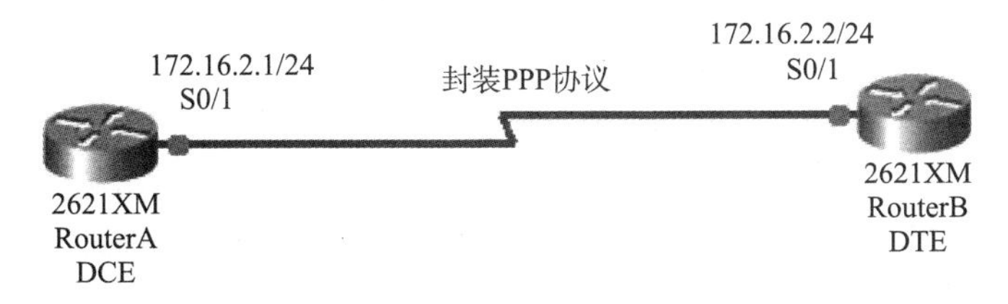

图 4－1－1

【实验任务】

1. 如图 4－1－1 所示搭建网络环境，并对两个路由器关闭电源，分别扩展一个异步高速串口模块（WIC－2T）。两个路由器之间使用 V. 35 的同步线缆连接，RouterA 的 S0/1 口连接的是 DCE 端，RouterB 的 S0/1 口连接的是 DTE 端。配置 RouterA 和 RouterB 的 S0/1 口地址。在RouterA的S0/1口上配置同步时钟为64000。

2. 在两个路由器的连接专线上封装广域网协议PPP，并查看端口的显示信息，测试两个路由器之间的连通性。(封装的广域网协议还有：HDLC、X.25、Frame－relay、ATM，双方封装的协议必须相同，否则不通)

3. 在两个路由器的连接专线上建立PPP协议的PAP认证，RouterA为被验证方，RouterB为验证方（即密码验证协议，双方通过两次握手，完成验证过程)，并测试两个路由器之间的连通性（明文方式进行密码验证，通过PPP的LCP层链路建立成功，两个路由器才可互通)。先通过show running－config来查看配置。

4. 在RouterB上启用debug命令验证配置，需要把S0/1进行一次shutdown再开启，观察和感受链路的建立和认证过程。

5. 最后把配置以及ping的结果截图打包，以“学号姓名”为文件名，提交作业。

【实验命令】

1. 在两个路由器的连接专线上封装广域网协议PPP。

```
RouterA(config)#interface serial 0/1
RouterA(config-if)#encapsulation ppp

RouterB(config)#interface serial 0/1
RouterB(config-if)#encapsulation ppp
```

2. 查看封装端口的显示信息。

```
RouterA#show interfaces serial 0/1
```

3. 在两个路由器的连接专线上建立PPP协议的PAP认证。

```
RouterA(config)#interface serial 0/1
RouterA(config-if)#ppp pap sent-username RouterA password 0 123

RouterB(config)#username RouterA password 0 123
RouterB(config)#interface serial 0/1
RouterB(config-if)#ppp authentication pap
```

4. 在RouterB上启用debug命令。

```
RouterB#debug ppp authentication
RouterB#debug ppp negotiation
```

5. 把RouterB的S0/1进行一次shutdown再开启，观察和感受链路的建立和认证过程。

```
RouterB(config)#interface serial 0/1
RouterB(config-if)#shutdown
```

显示信息如下：

```
%LINK-5-CHANGED:Interface Serial0/1,changed state to administra-
  tively down
Serial0/1 PPP:Phase is TERMINATING
Serial0/1 LCP:State is Closed
```

```
Serial0/1 PPP:Phase is DOWN
%LINEPROTO-5-UPDOWN:Line protocol on Interface Serial0/1,changed
  state to dow

RouterB(config)#interface serial 0/1
RouterB(config-if)#no shutdown
```

显示信息如下：

```
%LINK-5-CHANGED:Interface Serial0/1,changed state to up
Serial0/1 PPP:Using default call direction
Serial0/1 PPP:Treating connection as a dedicated line
Serial0/1 PPP:Phase is ESTABLISHING,Active Open
RouterB(config-if)#
Serial0/1 LCP:State is Open
Serial0/1 PAP:I AUTH-REQ id 17 len 15
Serial0/1 PAP:Authenticating peer
Serial0/1 PAP:Phase is FORWARDING,Attempting Forward
Serial0/1 PPP:Phase is FORWARDING,Attempting Forward
Serial0/1 Phase is ESTABLISHING,Finish LCP
Serial0/1 Phase is UP
%LINEPROTO-5-UPDOWN:Line protocol on Interface Serial0/1,changed
  state to up
```

【注意事项】

1. 注意两个路由器的角色，一个是客户端，一个是服务端，命令有区别，输入命令的提示符位置也不一样，客户端路由器的 PPP 用户和密码是进入端口输入，而服务端路由器的 PPP 用户和密码是在全局模式下输入。

2. 学会使用 debug 命令来查看和调试。本实验经常会在出现错误的时候，建立和验证不成功，端口一直在跳，停不下来。这时要进入另一个路由器的端口进行 shutdown，把跳动的信息停下来，再详细检查出错的原因。

【配置结果】

1. RouterA#show running-config：

```
Building configuration...
Current configuration:504 bytes
version 12.2
no service password-encryption
hostname RouterA
```

```
ip ssh version 1
interface FastEthernet0/0
  no ip address
  duplex auto
  speed auto
  shutdown
interface FastEthernet0/1
  no ip address
  duplex auto
  speed auto
  shutdown
interface Serial0/0
  no ip address
  shutdown
interface Serial0/1
  ip address 172.16.2.1 255.255.255.0
  encapsulation ppp
  ppp pap sent -username RouterA password 0 123
clock rate 64000
ip classless
line con 0
line vty 0 4
  login
end
```

2. RouterB#show running – config：

```
Building configuration...

Current configuration:498 bytes
version 12.2
no service password-encryption
hostname RouterB
username RouterA password 0 123
ip ssh version 1
interface FastEthernet0/0
  no ip address
  duplex auto
  speed auto
  shutdown
```

```
interface FastEthernet0/1
  no ip address
  duplex auto
  speed auto
  shutdown
interface Serial0/0
  no ip address
  shutdown
interface Serial0/1
  ip address 172.16.2.2 255.255.255.0
  encapsulation ppp
  ppp authentication pap
ip classless
line con 0
line vty 0 4
  login
end
```

【技术原理】

1. 广域网与广域网协议。

广域网（Wide Area Network，WAN）是作用距离或延伸范围较局域网大的网络，正是距离的量变引起了技术的质变，它使用与局域网不同的物理层和数据链路层协议。公用传输网络如 PSTN、帧中继、DDN 等都是广域网的实例。而为了实现 Intranet 之间的远程连接或 Intranet 接入 Internet 的目标，对广域网的掌握则侧重于如何利用公用传输网络提供的物理接口，在路由器上正确配置相应的广域网协议。至于公用传输网络本身的设备及其工作原理等，可稍做了解，不必深究。一般理解时，把远程连接的 Intranet 也包括在广域网之内。

2. 广域网协议与 OSI 参考模型的对应关系。

常用的广域网协议包括点对点协议（Point - to - Point Protocol，PPP）、高级数据链路控制协议（High - Level Data Link Control，HDLC）、平衡型链路访问进程协议（Link Access Procedure Balanced，LAPB）以及帧中继协议（Frame - Relay，FR）等。这些协议与 OSI 参考模型的前一、二或前三层相对应。

（1）物理层及其协议。

广域网的物理层及其协议定义了数据终端设备（DTE）和数据通信设备（DCE）的接口标准，如接口引脚的电气、机械特性与功能等。计算机、路由器是典型的 DTE 设备，而 MODEM、CSU/DSU 则是典型的 DCE 设备。

路由器的串口能够提供对多种广域网线路的连接。路由器作为 DTE 设备，其串口通过专用电缆连接数字通信设备 CSU/DSU，该设备再与广域网到用户的连接线路连接。换句话说，路由器的同步串口一般要通过 CSU/DSU 设备再连接广域网线路。CSU/DSU 设备主要用作接口的转换和同步传输时钟的提供。

（2）数据链路层及其协议。

广域网的数据链路层及其协议定义了数据帧的封装格式和在广域网上的传送方式，包括点对点协议（Point - to - Point Protocol，PPP）、高级数据链路控制协议（High - Level Data Link Control，HDLC）、平衡型链路访问进程协议（Link Access Procedure Balanced，LAPB）以及帧中继协议（Frame - Relay，FR）等。

PPP 协议来源于串行链路 IP 协议 SLIP，能在同步或异步串行环境下提供主机到主机、路由器到路由器的连接，PPP 主要属于数据链路层的协议，但也包括网络层三个协议：IP 控制协议、IPX 控制协议和 AT 控制协议，分别用于 IP、IPX 和苹果网络。PPP 是路由器在串行链路的点到点连接配置上常用的协议，通常除 Cisco 路由器之间的连接不首选它外，其他公司路由器之间或其他公司路由器和 Cisco 路由器之间的连接都启用 PPP 来封装数据帧。

HDLC 是国际标准化组织 ISO 定义的标准，也是用于同步或异步串行链路上的协议。由于不同的厂家对标准有不同的发展，因此，不同的厂家的 HDLC 协议是不兼容的。如 Cisco IOS 的 HDLC 就是 Cisco 公司专用的，它定义的数据帧格式和 ISO 的是不一样的，二者不兼容。在 Cisco 路由器上，HDLC 是默认配置协议。HDLC 的配置十分简单，但对于 Cisco 路由器和非 Cisco 路由器之间的连接，则不能使用默认的配置而应都启用 PPP。

LAPB 是作为分组交换网络 X. 25 的第二层被定义的，但也可以单独作为数据链路的层传输协议使用。X. 25 网络所用的广域网协议称 X. 25 协议，包括从物理层到网络层的多个协议。

FR 是一种高效的广域网协议，也是主要工作于数据链路层的协议。FR 是在分组交换技术基础上发展起来的一种快速分组交换技术。FR 简化了 X. 25 协议的差错检测、流量控制和重传机制，提高了网络的传输速率。

（3）网络层及其协议。

广域网协议应当具有网络层部分或能提供对其他网络层协议的支持，如 X. 25 的分组层协议就对应于 OSI 参考模型的网络层协议；而 PPP 协议则使用网络控制程序协议（NCP）IPCP，IPXCP 和 ATCP 提供对网络层协议 IP、IPX 和 AppleTalk 的支持。

3. 广域网的种类。

常用的广域网包括 X. 25、帧中继、DDN、ISDN 和 ATM 等。

（1）分组交换网络 X. 25。

采用 X. 25 的分组交换网络是一种面向连接的共享式传输服务网络，由于在 X. 25 推出时的通信线路质量不好，经常出现数据丢失，即比特差错率高。为了增强可靠性，X. 25 采用两层数据检验用于处理错误及丢失的数据包的重传。但这些机制的采用同时也降低了线路的效率和数据传输的速率。由于目前的通信线路质量改善，以数字光纤网络为主干的通信线路可靠性大大增强，比特差错率极低（10 以下）。X. 25 协议的可靠性处理机制就显得没有必要了。

（2）帧中继 Frame Relay。

帧中继技术是在分组交换技术的基础上发展起来的一种快速分组交换技术。帧中继协议可以认为是 X. 25 协议的简化版，它去掉了 X. 25 的纠错功能，把可靠性的实现交给高层协议去处理。帧中继采用面向连接的虚电路（Virtual Circuit）技术，可提供交换虚电路 SVC 和永久虚电路 PVC 服务。帧中继的主要优点是：吞吐量大，能够处理突发性数据业务；能动态、合理地分配带宽；端口可以共享，费用较低。

帧中继的主要缺点是无法保证传输质量，即可靠性较差，这也同样源自对校验机制的省略。也就是说，省略校验机制带来优点的同时，也带来缺点，但优点是主要的。

帧中继也是数据链路层的协议，最初是作为ISDN的接口标准提出，现通常用于DDN网络中，即利用DDN的物理线路运行帧中继协议提供帧中继服务。

（3）数字数据网DDN。

数字数据网是利用数字信息道传输数字信号的数据传输网络，它采用电路交换方式进行数据通信，整个接续路径采用端到端的物理连接。DDN的主要优点是信息传输延时小，可靠性和安全性高。DDN的通信速率通常为64b/s～2.048Mb/s，当信息的传送量较大时，可根据信息量的大小选择所需要的传输速率通道。DDN主要缺点是所占用的带宽是固定的，而且通信的传输通路是专用的，即使没有数据传送时，别人也不能使用，所以网络资源的利用率较低。

（4）综合业务数字网ISDN。

综合业务数字网（ISDN）是指在现有的模拟电话网的基础上提供或支持包括语音通信在内的多种媒体通信服务的网络，这些媒体包括数据、传真、图像、可视电话等，是一个以综合通信业务为目的的综合数字网。

ISDN又分为窄带综合业务数字网（N－ISDN）和宽带综合业务数字网（B－ISDN）。前者是基于电话网基础发展起来的技术；后者则采用异步传输模式（ATM）技术来实现。

ISDN的通信速率在64b/s～2.048Mb/s。

（5）异步传输模式ATM。

ATM（Asynchronous Transfer Mode）是一种结合了电路交换和分组交换优点的网络技术，提供的带宽范围在52Mb/s～622Mb/s，广泛适应于广域网、城域网、局域网干线之间以及主机之间的连接。ATM是由ATM交换机连成的，每条通信链路独立操作，采用统计复用的快速分组交换技术，特别适用于突发式信息传输业务。它支持多媒体数据实时应用，对音、视频信号的传输延时小。

【课后习题】

一、单项选择题

1. 在PPP验证中，什么方式采用明文形式传送用户名和口令？（　　）

A. PAP　　B. CHAP　　C. EAP　　D. HASH

2. 在使用PAP验证时，在被验证方的接口上使用什么命令可以实现发送用户名和口令？（　　）

A. ppp pap sent－hostname xxx password yyy　B. ppp pap sent－username xxx password yyy

C. ppp pap hostname xxx password yyy　D. ppp pap username xxx password yyy

3. PPP协议是常用在点对点的链路上承载网络层数据包的一种广域网数据链路层协议，以下说法正确的是（　　）。

A. PPP协议只能用于点对点的同步串行链路上

B. PPP协议具有认证机制

C. PPP协议分为LCP子层和NCP子层，NCP负责建立点对点的连接，LCP负责协商上层协议

D. 不同厂商的路由器上运行的PPP协议是不兼容的

4. 在PPP连接建立过程中，验证在什么阶段进行？（　　）

A. NCP协商　　B. LCP协商　　C. HDLC协商　　D. SDLC协商

5. 锐捷路由器Serial接口的默认封装协议是（　　）。

A. PPP　　B. HDLC　　C. SDLC　　D. Ethernet II

6. 一台锐捷路由器和一台Cisco路由器使用Serial口通过专线连接在一起，为了保证链路可用，应该在两台路由器的Serial口使用____协议进行封装。（　　）

A. HDLC　　B. PPP　　C. Ethernet II　　D. 802.1Q

二、多项选择题

1. PPP支持下列哪两种网络层协议？（　　）

A. IP　　B. IPX　　C. RIP　　D. FTP

2. 以下属于点到点连接的链路层协议的两项是（　　）。

A. X.25　　B. HDLC　　C. ATM　　D. PPP

任务2　PPP的CHAP认证

【学习情境】

假设你是公司的网络管理员，公司为了满足不断增长的业务需求，申请了专线接入，当客户端路由器与ISP进行链路协商时，需要验证身份，以保证链路的安全性。要求链路协商时以MD5密文的方式进行传输。

【学习目的】

1. 掌握PPP协议的封装与CHAP验证配置。
2. 掌握CHAP配置的测试方法、观察和记录测试结果。
3. 了解CHAP三次握手，完成验证的过程。

【相关设备】

路由器2台、V.35线缆1对。

【实验拓扑】

拓扑如图4-2-1所示。

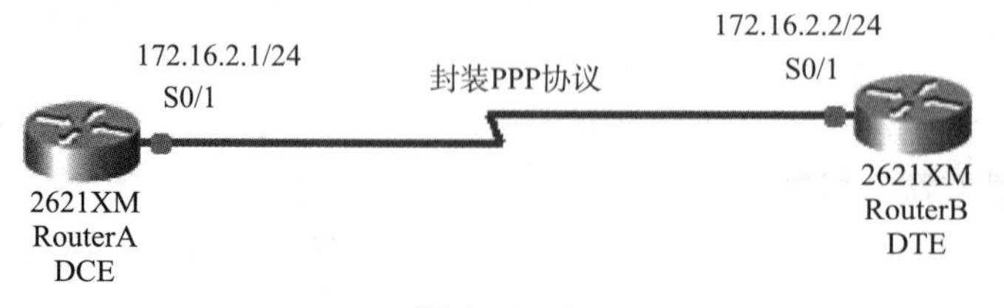

图4-2-1

【实验任务】

1. 如图 4 - 2 - 1 所示搭建网络环境，并对两个路由器关闭电源，分别扩展一个异步高速串口模块（WIC - 2T）。两个路由器之间使用 V. 35 的同步线缆连接，RouterA 的 S0/1 口连接的是 DCE 端，RouterB 的 S0/1 口连接的是 DTE 端。配置 RouterA 和 RouterB 的 S0/1 口地址。在 RouterA 的 S0/1 口上配置同步时钟为 64000。

2. 在两个路由器的连接专线上封装广域网协议 PPP，并查看端口的显示信息，测试两个路由器之间的连通性。

3. 在两个路由器的连接专线上建立 PPP 协议的 CHAP 认证，RouterA 为被验证方，RouterB 为验证方（即挑战式握手验证协议，双方通过三次握手，完成验证过程），并测试两个路由器之间的连通性（以 MD5 密文方式进行密码传输和验证，通过则 PPP 的 LCP 层链路建立成功，两个路由器才可互通）。先通过 show running - config 来查看配置。

4. 在 RouterB 上启用 debug 命令验证配置，需要把 S0/1 进行一次 shutdown 再开启，观察和感受链路的建立和认证过程。

5. 最后把配置以及 ping 的结果截图打包，以“学号姓名”为文件名，提交作业。

【实验命令】

1. 在两个路由器的连接专线上建立 PPP 协议的 CHAP 认证。

```
RouterA(config)#username RouterB password 0 123


RouterB(config)#username RouterA password 0 123
RouterB(config)#interface serial 0/1
RouterB(config-if)#ppp authentication chap
```

2. 在 RouterB 上启用 debug 命令。

```
RouterB#debug ppp authentication
RouterB#debug ppp negotiation
```

3. 把 RouterB 的 S0/1 进行一次 shutdown 再开启，观察和感受链路的建立和认证过程。

```
RouterB(config)#interface serial 0/1
RouterB(config-if)#shutdown
```

显示信息如下：

```
%LINK-5-CHANGED:Interface Serial0/1,changed state to administra-
  tively down
Serial0/1 PPP:Phase is TERMINATING
Serial0/1 LCP:State is Closed
Serial0/1 PPP:Phase is DOWN
%LINEPROTO-5-UPDOWN:Line protocol on Interface Serial0/1,changed
  state to dow
```

```
RouterB(config)#interface serial 0/1
RouterB(config-if)#no shutdown
```

显示信息如下：

```
% LINK-5-CHANGED:Interface Serial0/1,changed state to up
Serial0/1 PPP:Using default call direction
Serial0/1 PPP:Treating connection as a dedicated line
Serial0/1 PPP:Phase is ESTABLISHING,Active Open
RouterB(config-if)#
Serial0/1 LCP:State is Open
Serial0/1 IPCP:I CONFREQ [Closed] id 1 len 10
Serial0/1 IPCP:O CONFACK [Closed] id 1 len 10
Serial0/1 IPCP:I CONFREQ [REQsent] id 1 len 10
Serial0/1 IPCP:O CONFACK [REQsent] id 1 len 10
Serial0/1 PPP:Phase is FORWARDING,Attempting Forward
Serial0/1 Phase is ESTABLISHING,Finish LCP
Serial0/1 Phase is UP
% LINEPROTO-5-UPDOWN:Line protocol on Interface Serial0/1,changed
  state to up
```

【注意事项】

1. 注意两个路由器的角色，一个是客户端，一个是服务端，两个路由器的PPP用户和密码都是在全局模式下输入，都是对方的用户名和密码。

2. CHAP是以MD5密文方式进行密码传输和验证，感受与PAP验证的区别。

【配置结果】

1. RouterA#show running-config：

```
Building configuration...
Current configuration:524 bytes
version 12.2
no service password-encryption
hostname RouterA
username RouterB password 0 123
ip ssh version 1
interface FastEthernet0/0
  no ip address
  duplex auto
  speed auto
```

```
  shutdown
interface FastEthernet0/1
  no ip address
  duplex auto
  speed auto
  shutdown
interface Serial0/0
  no ip address
  shutdown
interface Serial0/1
  ip address 172.16.2.1 255.255.255.0
  encapsulation ppp
  clock rate 64000
ip classless
line con 0
line vty 0 4
  login
end
```

2. RouterB#show running - config:

```
Building configuration...
Current configuration:499 bytes
version 12.2
no service password-encryption
hostname RouterB
username RouterA password 0 123
ip ssh version 1
interface FastEthernet0/0
  no ip address
  duplex auto
  speed auto
  shutdown
interface FastEthernet0/1
  no ip address
  duplex auto
  speed auto
  shutdown
interface Serial0/0
  no ip address
```

```
  shutdown
interface Serial0/1
  ip address 172.16.2.2 255.255.255.0
  encapsulation ppp
  ppp authentication chap
ip classless
line con 0
line vty 0 4
  login
end
```

【技术原理】

1. PPP协议：PPP协议是用于同步或异步串行线路的协议，支持专线与拨号连接。PPP封装的串行线路支持CHAP协议和PAP协议安全性认证。使用CHAP和PAP认证时，每个路由器通过名字来识别，并使用密码来防止未经授权的访问。

2. PPP协议是目前使用最广泛的广域网协议，这是因为它具有以下特性：

（1）能够控制数据链路的建立；

（2）能够对IP地址进行分配和使用；

（3）允许同时采用多种网络层协议；

（4）能够配置和测试数据链路；

（5）能够进行错误检测；

（6）有协商选项，能够对网络层的地址和数据压缩等进行协商。

3. PPP协议结构，如图4-2-2所示。

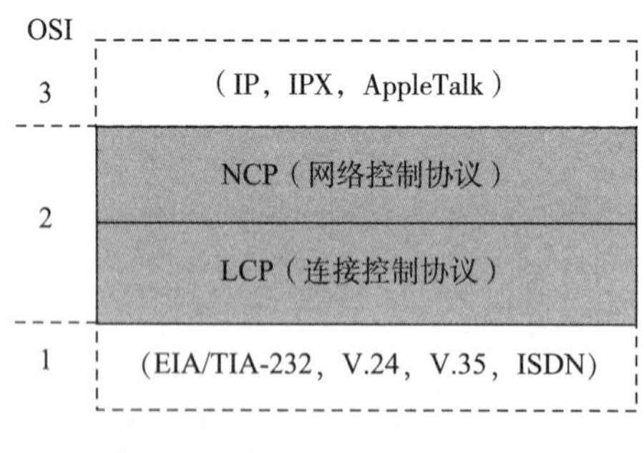

图4-2-2

【课后习题】

一、单项选择题

1. 在PPP的CHAP验证中，敏感信息以什么形式进行传送？（　　）

A. 明文　　B. 加密　　C. 摘要　　D. 加密的摘要

2. 串行接口配置 PPP 协议的 CHAP 验证时，验证方发出的挑战报文不包括下列哪个参数？（　　）

A. 随机字符串　　B. 报文 ID　　C. 挑战用户名　　D. 挑战算法

3. 下列几种应用中，在数据传输之前不会经过 TCP 三次握手的是（　　）。

A. FTP　　B. Telnet　　C. traceroute　　D. SMTP

二、多项选择题

一家公司的分支机构，使用锐捷路由器上 SIC－1HS 模块提供的接口与总公司核心路由点到点连接。在默认情况下，哪些不是该接口上的封装方式？（　　）

A. ARPA　　B. HDLC　　C. PPP　　D. SDLC

任务 3　VoIP 因特网语音协议拨号对等体实验

【学习情境】

某公司在几个地方都有分公司，为了节约电话成本，需要在每个分公司的路由器上增加语音模块，并进行相关的语音协议配置，实现利用因特网进行内部电话的免费通信。

【学习目的】

1. 了解 VoIP 因特网语音协议的功能。
2. 掌握 VoIP 对等体实验的配置方法和技巧。

【相关设备】

路由器 2 台、V. 35 线缆 1 对、电话机 2 部、电话线或网线 2 根。

【实验拓扑】

拓扑如图 4－3－1 所示。

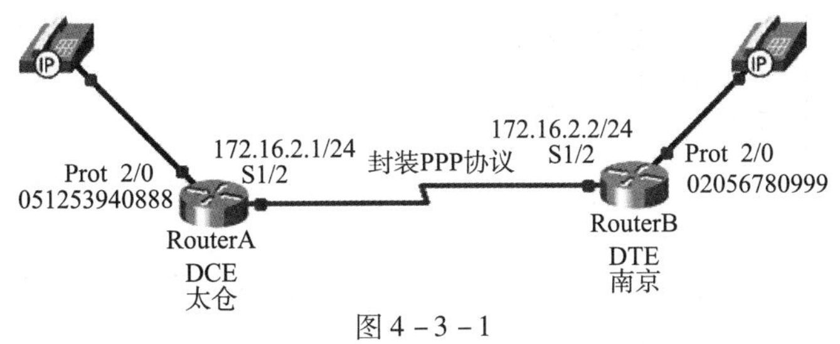

图 4－3－1

【实验任务】

1. 使用锐捷设备搭建如图 4－3－1 所示网络环境，RouterA（模拟太仓的路由器）的 S1/2 口连接的是 DCE 端，RouterB（模拟南京的路由器）的 S1/2 口连接的是 DTE 端。配置 RouterA 和 RouterB 的 S1/2 口地址。在 RouterA 的 S1/2 口上配置同步时钟为 64000。

2. 在两个路由器的连接专线上封装广域网协议PPP，并查看端口的显示信息，测试两个路由器之间的连通性。

3. 配置太仓路由器的语音接口：

（1）进入到pots拨号对等体配置模式。

（2）配置本地语音端口的电话号码为051253940888。

（3）设置到指定的电话接口Port 2/0上。

（4）进入到VoIP拨号对等体配置模式。

（5）配置对方语音端口的电话号码。

（6）指定对方的IP地址。

4. 配置南京路由器的语音接口：

（1）进入到pots拨号对等体配置模式。

（2）配置本地语音端口的电话号码02056780999。

（3）设置到指定的电话接口Port 2/0上。

（4）进入到VoIP拨号对等体配置模式。

（5）配置对方语音端口的电话号码。

（6）指定对方的IP地址。

5. 拨号对方电话，进行语音通信的验证。

【实验命令】

1. 配置太仓路由器的语音接口：

（1）进入到pots拨号对等体配置模式：

```
RouterA(config)#dial-peer voice 1 pots
```

（2）配置本地语音端口的电话号码为051253940888：

```
RouterA(config-dial-peer)#destination-pattern 051253940888
```

（3）设置到指定的电话接口Port 2/0上：

```
RouterA(config-dial-peer)#port 2/0
RouterA(config-dial-peer)#exit
```

（4）进入到VoIP拨号对等体配置模式：

```
RouterA(config)#dial-peer voice 2 voip
```

（5）配置对方语音端口的电话号码：

```
RouterA(config-dial-peer)#destination-pattern 02056780999
```

（6）指定对方的IP地址：

```
RouterA(config-dial-peer)#session target ipv4:172.16.2.2
```

2. 配置南京路由器的语音接口：

（1）进入到pots拨号对等体配置模式：

```
RouterA(config)#dial-peer voice 11 pots
```

（2）配置本地语音端口的电话号码为02056780999：

```
RouterA(config-dial-peer)#destination-pattern 02056780999
```

（3）设置到指定的电话接口Port 2/0上：

```
RouterA(config-dial-peer)#port 2/0
RouterA(config-dial-peer)#exit
```

(4) 进入到 VoIP 拨号对等体配置模式：

```
RouterA(config)#dial-peer voice 12 voip
```

(5) 配置对方语音端口的电话号码：

```
RouterA(config-dial-peer)#destination-pattern 051253940888
```

(6) 指定对方的 IP 地址：

```
RouterA(config-dial-peer)#session target ipv4:172.16.2.1
```

【注意事项】

dial-peer voice Number pots/voip 命令中 Number 参数是一个合法的拨号对等体标识符，合法的取值范围为 1～2147483647，注意拨号对等体标识符不要重复。

【配置结果】

1. RouterA#show running-config：

```
Building configuration...
Current configuration:724 bytes
version 8.4(building 15)
hostname RouterA
no service password-encryption
interface serial 1/2
  encapsulation PPP
  ip address 172.16.2.1 255.255.255.0
  clock rate 64000
interface serial 1/3
  clock rate 64000
interface FastEthernet 1/0
  duplex auto
  speed auto
interface FastEthernet 1/1
  duplex auto
  speed auto
interface Null 0
dial-peer voice 1 pots
  destination-pattern 051253940888
  port 2/0
dial-peer voice 2 voip
  destination-pattern 02056780999
```

```
  session target ipv4:172.16.2.2
voice-port 2/0
voice-port 2/1
voice-port 2/2
voice-port 2/3
line con 0
line aux 0
line vty 0 4
  login
end
RouterA#
```

2. RouterB#show running-config：

```
Building configuration...
Current configuration:707 bytes
version 8.4(building 15)
hostname RouterB
no service password-encryption
interface serial 1/2
  encapsulation PPP
  ip address 172.16.2.2 255.255.255.0
interface serial 1/3
  clock rate 64000
interface FastEthernet 1/0
  duplex auto
  speed auto
interface FastEthernet 1/1
  duplex auto
  speed auto
interface Null 0
dial-peer voice 11 pots
  destination-pattern 02056780999
  port 2/0
dial-peer voice 12 voip
  destination-pattern 051253940888
  session target ipv4:172.16.2.1
voice-port 2/0
voice-port 2/1
voice-port 2/2
```

```
voice-port 2/3
line con 0
line aux 0
line vty 0 4
  login
end
```

【技术原理】

1. IP电话的基本原理与技术。

随着Internet的深入应用与发展，各种数据业务持续快速增长。可以预见，目前数据通信的主导技术IP将成为未来信息通信的基础。各种业务可由IP包来承载（Everything over IP），而IP信息流又可以在各种传输媒体中传送（IP over Everything），并以IP网为基础，最终实现数据、话音、图像业务融合和网络融合。

传统的电话网络采用模拟技术，专网专用，呼叫建立后通话双方之间的线路被独占。所以传统电话业务的成本较高，且用户费用随距离增加而增多。

VoIP（Voice over Internet Protocol）也称为网络电话、IP电话、IP Phone、Internet Telphone等，它是建立在Internet基础上的新型数字化传输技术，是Internet网上通过TCP/IP协议实现的一种电话应用。这种应用包括PC对PC连接、PC对电话连接、电话对电话的连接，其业务主要有Internet或Intranet上的语音业务、传真业务（实时和存储/转发）、Web上实现的IVR（交互式语音应答）业务等，另外还包括E-mail、实时电话、实时传真等多种通信业务。

（1）基本原理。

IP电话的基本原理是：通过语音压缩算法对语音数据进行压缩编码处理，然后把这些语音数据按TCP/IP标准进行打包，经过IP网络把数据包送至接收地，再把这些语音数据包串起来，经过解码解压处理后，恢复成原来的语音信号，从而达到由互联网传送语音的目的。

VoIP的核心与关键设备是IP语音网关设备。网关具有路由管理功能，它把各地区电话区号映射为相应的地区网关IP地址。这些信息存放在一个数据库中，数据接续处理软件将完成呼叫处理、数字语音打包、路由管理等功能。在用户拨打长途电话时，网关根据电话区号数据库资料，确定相应网关的IP地址，并将此IP地址加入IP数据包中，同时选择最佳路由，以减少传输时延，IP数据包经Internet到达目的地的网关。在一些Internet尚未延伸到或暂时未设立网关的地区，可设置路由，由最近的网关通过长途电话网转接，实现通信业务。

IP电话充分利用了数据业务交换成本低的优势，降低了每次呼叫和通话的成本。通过数据业务网络，使用语音压缩和静音抑制技术，能够提供廉价的、通话质量也还不错的电话业务。

（2）实现IP电话的关键技术。

①媒体编码技术。为了节约带宽，保证话音质量，对原始语音数据必须进行高效率的压

缩编码。通常采用以码本激励线性预测（CELP）原理为基础的G.729、G.723（G.723.1）、G.711话音压缩编码技术。话音压缩编码技术是IP电话技术的重要组成部分。

②话音分组传输技术。在IP网络传输层有两个协议：TCP和UDP。TCP是面向连接的、提供高可靠性服务的协议；UDP是无连接的、提供高效率服务的协议。高可靠性的TCP用于一次传输要交换大量报文的情况，高效率的UDP用于一次交换少量的报文或实时性要求较高的信息。通常的话音数据单元是用UDP分组来承载的。而且为了尽量减少时延，话音净荷通常都很短。

③控制信令技术。媒体的传输技术保证了话音的传输，而控制信令技术保证电话呼叫的顺利实现和话音质量，并且可以实现各种高级的电话业务，如类似PSTN上的智能网（IN）业务，综合业务数字网（ISDN）上的补充业务。目前被广泛接受的VoIP控制信令体系包括ITU的H.323系列、IETF的会话初始化协议SIP等。现在大部分的语音网关支持应用的协议大概分为3种：H323、MGCP和SIP协议。

2. IP电话的实现过程。

IP电话的实现过程涉及下列阶段：语音到数据信号的转换—数据的IP封装打包—传送—IP数据包的拆封—数字语音转换为模拟语音，如图4-3-2所示。

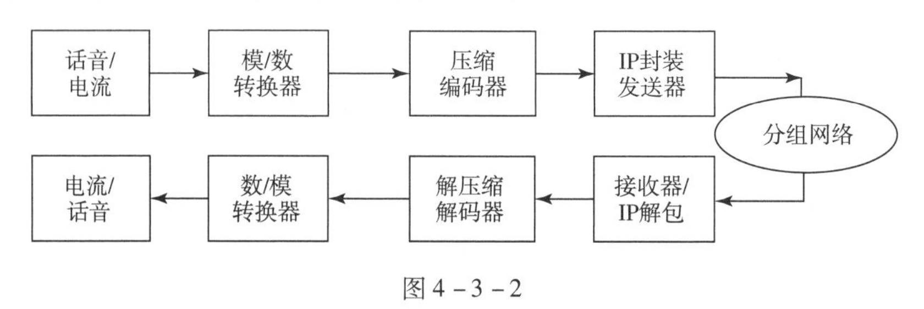

图4-3-2

对数字信号进行压缩编码，IP打包的过程以及对IP包进行解压还原成原始数据信号的过程，为IP电话的关键技术——媒体编码技术。而IP包在IP网中的数据传输过程，就是IP电话的另一项关键技术——话音分组传输技术。在IP电话中要使摘机、拨号、通话等传统电话的基本业务乃至其他增值业务能够顺利实现，则需要第三项关键技术——控制信令技术。

IP网络与电路交换网络不同，它不形成连接，它要求把数据放在可变长的数据报或分组中，然后给每个数据报附带寻址和控制信息，并通过网络发送，一站一站地转发到目的地。所以IP电话相对于传统PSTN网络电话的缺点就在于它的实时性，怎样保证语音信号的清晰、连贯和话音的质量成为要解决的技术难点。控制信令技术中的媒体实时传输技术和业务质量保障技术为此提供了有效的保障。

【课后习题】

一、单项选择题

1. VoIP中，通常的话音数据单元是用____分组来承载的。（　　）

A. TCP协议　　B. UDP协议　　C. IP协议　　D. IPX协议

2. 在IP电话中，对数字信号进行压缩编码，IP打包的过程以及对IP包进行解压还原

成原始数据信号的过程是什么技术？（　　）

A. 媒体编码技术　　B. 话音分组传输技术　　C. 控制信令技术

二、多项选择题

1. VoIP 也称为网络电话、IP 电话，其业务主要有 Internet 或 Intranet 上的哪些服务？（　　）

A. 语音业务　　B. 传真业务

C. Web 上实现的 IVR 业务　　D. E－mail

2. 现在大部分的语音网关支持应用的协议大概分为哪 3 种？（　　）

A. H323　　B. GPRS　　C. MGCP　　D. SIP

项目五

网络安全配置

任务1　标准 ACL 访问控制列表实验一（编号方式）

【学习情境】

假设你是某公司的网络管理员，公司的销售部（172.16.1.0 网段）、经理部（172.16.2.0 网段）、财务部（172.16.4.0 网段）分别属于 3 个不同的网段，为了安全起见，公司领导要求销售部不能对财务部进行访问，但经理部可以对财务部进行访问。要求使用编号方式进行标准 ACL 的制定和应用。

【学习目的】

1. 了解标准访问控制列表进行网络流量的控制原理和方法。
2. 掌握编号方式标准访问控制列表的制定规则与配置方法，记忆编号的范围。
3. 掌握网段和主机在制定规则时的命令区别。
4. 掌握访问控制列表的在不同端口上进行应用的区别和应用原则。

【相关设备】

路由器 2 台、V. 35 线缆 1 对、PC 3 台、交叉线 3 根。

【实验拓扑】

拓扑如图 5－1－1 所示。

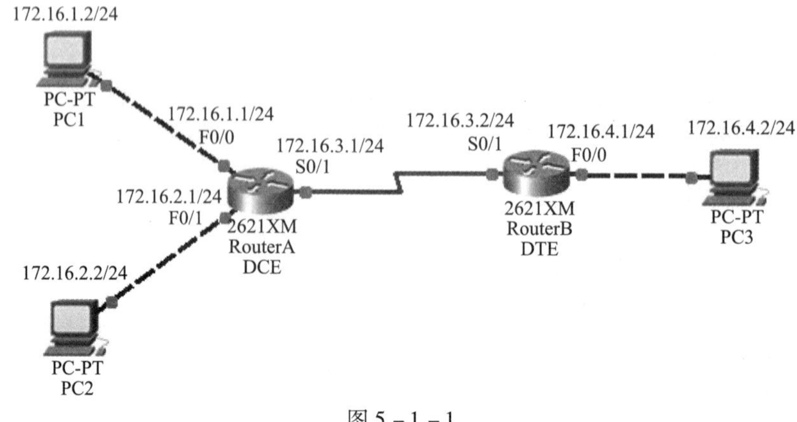

图 5－1－1

【实验任务】

1. 如图 5－1－1 所示搭建网络环境，并对两个路由器关闭电源，分别扩展一个异步高速串口模块（WIC－2T）。两个路由器之间使用 V. 35 的同步线缆连接，RouterA 的 S0/1 口连接的是 DCE 端，RouterB 的 S0/1 口连接的是 DTE 端。配置 RouterA 和 RouterB 的 S0/1 口地址，在 RouterA 的 S0/1 口上配置同步时钟为 64000。配置其他端口及设备的地址，PC 要配置默认网关。

2. 在 RouterA 上配置缺省路由为 172. 16. 3. 2；在 RouterB 上配置缺省路由为 172. 16. 3. 1。测试所有设备之间的连通性（应该全通）。

3. 设置标准 IP 访问控制列表（编号方式），使得 172. 16. 2. 0/24 网段可以访问 172. 16. 4. 0/24 网段，但是 172. 16. 1. 0/24 网段不可以访问 172. 16. 4. 0/24 网段。查看配置和端口的状态，并测试结果（PC1 ping PC3 不通，但 PC1 ping PC2 通，PC2 ping PC3 通）。把 PC1 的地址改成 172. 16. 1. 3，ping PC3 也不通。

4. 删除上述 ACL，再重新设置标准 IP 访问控制列表（编号方式），使得 PC2 可以访问 PC3，但是 PC1 不可以访问 PC3。注意与上一步定义 ACL 规则时的区别，源 IP 使用主机方式指定，不是网段。查看配置和端口的状态，并测试结果。把 PC1 的地址改成 172. 16. 1. 3，ping PC3 可以通。

5. 最后把配置以及 ping 的结果截图打包，以“学号姓名”为文件名，提交作业。

6. 使用锐捷设备（2～3 人一组）完成上面的步骤。

【实验命令】

1. 在 RouterA 上配置缺省路由为 172. 16. 3. 2；在 RouterB 上配置缺省路由为 172. 16. 3. 1。

```
R1(config)#ip route 0.0.0.0 0.0.0.0 172.16.3.2
R2(config)#ip route 0.0.0.0 0.0.0.0 172.16.3.1
```

2. 设置标准 IP 访问控制列表（编号方式），使得 172. 16. 2. 0/24 网段可以访问 172. 16. 4. 0/24 网段，但是 172. 16. 1. 0/24 网段不可以访问 172. 16. 4. 0/24 网段。源 IP 使用网段方式指定，注意命令中的反掩码。

（1）定义规则：

```
R2(config)#access-list 10 deny 172.16.1.0 0.0.0.255
R2(config)#access-list 10 permit 172.16.2.0 0.0.0.255
R2(config)#access-list 10 permit any
```

（2）应用端口：

```
R2(config)#interface FastEthernet 0/0
R2(config-if)#ip access-group 10 out
```

3. 查看 ACL 配置和端口的状态。

```
R2#show access-lists                          或 R2#show ip access-lists
R2#show ip interface FastEthernet 0/0         或 R2#show running-config
```

4. 删除指定的标准 ACL（编号方式）。

R2 (config)#no access - list 10

5. 设置标准IP访问控制列表（编号方式），使得PC2可以访问PC3，但是PC1不可以访问PC3。定义ACL规则时源IP使用主机方式指定，不是网段，注意host的使用，不需要反掩码。

（1）定义规则：

```
R2(config)#access - list 10 deny host 172.16.1.2
R2(config)#access - list 10 permit host 172.16.2.2
R2(config)#access - list 10 permit any
```

（2）应用端口：

```
R2(config)#interface fastethernet 0/0
R2(config)#ip access - group 10 out
```

【注意事项】

1. 定义规则时，每条规则的顺序不同，其结果大不一样。所以要注意每条规则的前后顺序，有某条规则不符合自己的设计或要求时，要将其先no掉，再重新设置。

2. 按从头到尾、至顶向下的方式进行匹配：匹配成功马上停止，立刻使用该规则的"允许、拒绝……"。

3. 一切未被允许的就是禁止的：路由器或三层交换机缺省允许所有的信息流通过；而防火墙缺省封锁所有的信息流，然后对希望提供的服务逐项开放。

4. 定义规则时选择的路由器（或三层交换机）与应用规则时选择的端口要以保护对象最近为原则，应用的时候是入栈还是出栈要以信息是从路由器（或三层交换机）流入还是流出为判断标准。

【配置结果】

1. RouterB#show access - lists（源IP使用网段方式指定）：

```
Standard IP access list 10
    deny 172.16.1.0 0.0.0.255
    permit 172.16.2.0 0.0.0.255
permit any
```

2. RouterB#show access - lists（源IP使用主机方式指定）：

```
Standard IP access list 10
    deny host 172.16.1.2(3 match(es))
    permit host 172.16.2.2(4 match(es))
    permit any(4 match(es))
```

3. RouterB#show running - config：

```
Building configuration...
Current configuration:607 bytes
```

```
version 12.2
no service password - encryption
hostname RouterB
ip ssh version 1
interface FastEthernet0/0
  ip address 172.16.4.1 255.255.255.0
  ip access - group 10 out
  duplex auto
  speed auto
interface FastEthernet0/1
  no ip address
  duplex auto
  speed auto
  shutdown
interface Serial0/0
  no ip address
  shutdown
interface Serial0/1
  ip address 172.16.3.2 255.255.255.0
ip classless
ip route 0.0.0.0 0.0.0.0 172.16.3.1
access - list 10 deny host 172.16.1.2
access - list 10 permit host 172.16.2.2
access - list 10 permit any
no cdp run
line con 0
line vty 0 4
  login
end
```

【技术原理】

1. IP Access - List：IP 访问控制列表，简称 IP ACL。就是对经过网络设备的数据包根据一定的规则进行数据包的过滤。

2. 访问列表的组成。

（1）定义访问列表的步骤：

第一步，定义规则（哪些数据允许通过，哪些数据不允许通过）；

第二步，将规则应用在路由器（或交换机）的接口上。

（2）访问控制列表的分类：标准访问控制列表、扩展访问控制列表。

（3）访问控制列表规则元素：源IP、目的IP、源端口、目的端口、协议。

3. IP ACL的基本准则。

（1）一切未被允许的就是禁止的；

（2）路由器或三层交换机缺省允许所有的信息流通过；而防火墙缺省封锁所有的信息流，然后对希望提供的服务逐项开放；

（3）按规则链来进行匹配；

（4）使用源地址、目的地址、源端口、目的端口、协议、时间段进行匹配；

（5）按从头到尾、至顶向下的方式匹配，匹配成功马上停止；

（6）立刻使用该规则的“允许、拒绝……”。

4. ACL按照其使用的范围分类，可以分为安全ACL和QoS ACL。

对数据流进行过滤可以限制网络中的通信数据类型及限制网络的使用者或使用设备。安全ACL在数据流通过交换机时对其进行分类过滤，并对从指定接口输入的数据流进行检查，根据匹配条件（conditions）决定是允许其通过（permit）还是丢弃（deny）。

在安全ACL允许数据流通过之后，你还可以通过QoS策略对符合QoS ACL匹配条件的数据流进行优先级策略处理。

总的来说，安全ACL用于控制哪些数据流允许从交换机通过，QoS策略在这些允许通过的数据流中再根据QoS ACL进行优先级分类和处理。

5. 创建编号方式标准IP访问列表。

标准访问列表使得路由器通过对源IP地址的识别来控制来自某个或某一网段的主机的数据包的过滤。在全局配置模式下，标准IP访问列表的命令格式为：

Access - list number deny | permit source - ip - addres wildcard - mask

其中，number为列表号，取值1 ~ 99；deny | permit为“允许或拒绝”，必选其一；source - ip - address为源IP地址或网络地址；wildcard - mask为通配符掩码。

该命令的含义为：定义某号访问列表，允许（或拒绝）来自由IP地址和通配符掩码确定的某个或某网段的主机的数据通过路由器。

【课后习题】

一、单项选择题

1. 下列所述的配置中，哪一个是允许来自网段172. 16. 0. 0/16的数据包进入路由器的serial1/0？（　　）

A.

```
Router (config)#access - list 10 permit 172. 16. 0. 0 0. 0. 255. 255
Router (config)#interface s1/ 0
Router (config - if)#ip access - group 10 out
```

B.

```
Router (config)##access - group 10 permit 172. 16. 0. 0 255. 255. 0. 0
Router (config)#interface s1/ 0
Router (config - if)##ip access - list 10 out
```

C.

Router (config)#access – list 10 permit 172. 16. 0. 0 0. 0. 255. 255

Router (config)#interface s1/ 0

Router (config – if)#ip access – group 10 in

D.

Router (config)##access – list 10 permit 172. 16. 0. 0. 255. 255. 0. 0

Router (config)#interface s1/ 0

Router (config – if)#ip access – group 10 in

2. 你决定用一个标准 IP 访问列表来做安全控制，以下为标准访问列表的例子是（　　）。

A. access – list　standart 192. 168. 10. 23

B. access – list　10 deny

C. access – list　10 deny　192. 168. 10. 23 0. 0. 0. 0

D. access – list　101 deny　192. 168. 10. 23　0. 0. 0. 0

E. access – list　101 deny　192. 168. 10. 23　255. 255. 255. 255

3. 标准 ACL 以什么作为判别条件？（　　）

A. 数据包大小　　B. 数据包的端口号

C. 数据包的源地址　　D. 数据包的目的地址

二、多项选择题

RGOS 支持以下哪几种 ACL？（　　）

A. 标准 IP ACL　　B. 扩展 IP ACL　　C. MAC ACL　　D. 专家 ACL

任务 2　标准 ACL 访问控制列表实验二（命名方式）

【学习情境】

假设你是某公司的网络管理员，公司的销售部（172. 16. 1. 0 网段）、经理部（172. 16. 2. 0 网段）、财务部（172. 16. 4. 0 网段）分别属于 3 个不同的网段，为了安全起见，公司领导要求销售部不能对财务部进行访问，但经理部可以对财务部进行访问。要求使用命名方式进行标准 ACL 的制定和应用。

【学习目的】

1. 掌握命名方式标准访问控制列表的制定规则与配置方法。
2. 掌握三层交换机在标准访问控制列表的应用。

【相关设备】

三层交换机 1 台、PC 3 台、直连线 3 根。

【实验拓扑】

拓扑如图5－2－1所示。

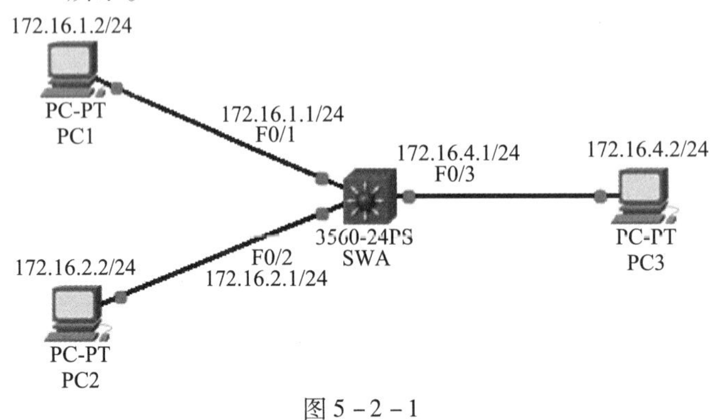

图5－2－1

【实验任务】

1. 如图5－2－1所示搭建网络环境，开启三层交换机的路由功能和对应的端口路由功能并配置地址，配置PC地址和默认网关。测试所有设备之间的连通性（应该全通）。

2. 设置标准IP访问控制列表（命名方式），使得172.16.2.0/24网段可以访问172.16.4.0/24网段，但是172.16.1.0/24网段不可以访问172.16.4.0/24网段。查看配置和端口的状态，并测试结果（PC1 ping PC3不通，但PC1 ping PC2通）。把PC1的地址改成172.16.1.3，ping PC3也不通。

3. 删除上述ACL，再重新设置标准IP访问控制列表（命名方式），使得PC2可以访问PC3，但是PC1不可以访问PC3。注意与上一步定义ACL规则时的区别，源IP使用主机方式指定，不是网段。查看配置和端口的状态，并测试结果。把PC1的地址改成172.16.1.3，ping PC3可以通。

4. 最后把配置以及ping的结果截图打包，以“学号姓名”为文件名，提交作业。

5. 使用锐捷设备（2～3人一组）完成上面的步骤。

【实验命令】

1. 设置标准IP访问控制列表（命名方式），使得172.16.2.0/24网段可以访问172.16.4.0/24网段，但是172.16.1.0/24网段不可以访问172.16.4.0/24网段。源IP使用网段方式指定，注意命令中的反掩码。

（1）定义规则：

```
SWA(config)# ip access-list standard aaa
SWA(config-std-nacl)#deny 172.16.1.0 0.0.0.255
SWA(config-std-nacl)#permit 172.16.2.0 0.0.0.255
SWA(config-std-nacl)#permit any
```

（2）应用端口：

```
SWA(config)#interface FastEthernet 0/3
```

```
SWA(config-if)#ip access-group aaa out
```

3. 删除指定的标准 ACL（命名方式）。

```
R2(config)#no ip access-list standard aaa
```

4. 设置标准 IP 访问控制列表（命名方式），使得 PC2 可以访问 PC3，但是 PC1 不可以访问 PC3。定义 ACL 规则时源 IP 使用主机方式指定，不是网段，注意 host 的使用，不需要反掩码。

（1）定义规则：

```
SWA(config)# ip access-list standard aaa
SWA(config-std-nacl)#deny host 172.16.1.2
SWA(config-std-nacl)#permit host 172.16.2.2
SWA(config-std-nacl)#permit any
```

（2）应用端口：

```
SWA(config)#interface FastEthernet 0/3
SWA(config-if)#ip access-group aaa out
```

【注意事项】

1. 注意在三层交换上对端口设置地址，要先 no switch 开启端口路由。
2. 注意标准 ACL 的编号方式与命名方式的命令有什么不同。注意网段与主机的命令有什么不同。

【配置结果】

1. SWA#show access-lists：

```
Standard IP access list aaa
      deny 172.16.1.0 0.0.0.255
      permit 172.16.2.0 0.0.0.255
permit any
```

2. SWA#show access-lists：

```
Standard IP access list aaa
      deny host 172.16.1.2
      permit host 172.16.2.2
permit any
```

3. SWA#show running-config：

```
Building configuration...
Current configuration:1382 bytes
version 12.2
no service password-encryption
hostname SwitchA
ip ssh version 1
```

```
port-channel load-balance src-mac
interface FastEthernet0/1
  no switchport
  ip address 172.16.1.1 255.255.255.0
  duplex auto
  speed auto
interface FastEthernet0/2
  no switchport
  ip address 172.16.2.1 255.255.255.0
  duplex auto
  speed auto
interface FastEthernet0/3
  no switchport
  ip address 172.16.4.1 255.255.255.0
  ip access-group aaa out
  duplex auto
  speed auto
interface FastEthernet0/4
interface FastEthernet0/5
interface FastEthernet0/6
interface FastEthernet0/7
interface FastEthernet0/8
interface FastEthernet0/9
interface FastEthernet0/10
interface FastEthernet0/11
interface FastEthernet0/12
interface FastEthernet0/13
interface FastEthernet0/14
interface FastEthernet0/15
interface FastEthernet0/16
interface FastEthernet0/17
interface FastEthernet0/18
interface FastEthernet0/19
interface FastEthernet0/20
interface FastEthernet0/21
interface FastEthernet0/22
interface FastEthernet0/23
interface FastEthernet0/24
```

```
interface GigabitEthernet0/1
interface GigabitEthernet0/2
interface Vlan1
  no ip address
  shutdown
ip classless
ip access-list standard aaa
  deny host 172.16.1.2
  permit host 172.16.2.2
permit any
line con 0
line vty 0 4
  login
end
```

【技术原理】

1. 创建命名方式 Standard IP ACL 的命令格式。

```
IP access-list standard {name}
deny {source source-wildcard|host source|any}
or
permit {source source-wildcard|host source|any}
```

用数字或名字来定义一条 Standard IP ACL 并进入 access-list 配置模式。

在 access-list 配置模式，声明一个或多个的允许通过（permit）或丢弃（deny）的条件以用于交换机决定报文是转发还是丢弃。

host source 代表一台源主机，其 source-wildcard 为 0.0.0.0。

any 代表任意主机，即 source 为 0.0.0.0，source-wild 为 255.255.255.255。

2. 通配符掩码。

通配符掩码的作用与子网掩码类似，与 IP 地址一起使用，以确定某个主机或某网段（或子网或超网）的所有主机。

通配符掩码也是 32b 的二进制数，与子网掩码相反，它的高位是连续的 0，低位是连续的 1。它也常用点分十进制来表示。

IP 地址与通配符掩码的作用规则是：32b 的 IP 地址与 32b 的通配符掩码逐位进行比较，通配符为 0 的位要求 IP 地址的对应位必须匹配，通配符为 1 的位所对应的 IP 地址的位不必匹配，可为 0 或 1。例如：

IP 地址 192.168.1.0 | 11000000 10101000 00000001 00000000

通配符掩码 0.0.0.255 | 00000000 00000000 00000000 11111111

该通配符掩码的前 24b 为 0，对应的 IP 地址位必须匹配，即必须保持原数值不变。该通配符掩码的后8b为1，对应的IP地址位不必匹配，即IP地址的最后8b的值可以任取，就是说，可在00000000～11111111取值。换句话说，192.168.1.00.0.0.255代表的就是IP地址192.16.8.1.1～192.168.1.254共254个。

又如：

IP地址128.32.4.16 | 10000000 00100000 00000100 00010000

通配符掩码0.0.0.15 | 00000000 00000000 00000000 00001111

该通配符掩码的前28b为0，要求匹配，后4b为1，不必匹配。即是说，对应的IP地址前28b的值固定不变，后4b的值可以改变。这样，该IP地址的前24b用点分十进制表示仍为128.32.4，最后8b则为00010000～00011111，即16～31。

即128.32.4.160.0.0.15代表的是IP地址128.32.4.16～128.32.4.31共16个。

【课后习题】

一、单项选择题

1. IP访问控制列表分为哪两类？（　　）

A. 标准访问控制列表和高级访问控制列表

B. 初级访问控制列表和扩展访问控制列表

C. 标准访问控制列表和扩展访问控制列表

D. 初级访问控制列表和高级访问控制列表

2. 你的计算机中毒了，通过抓包软件，你发现本机的网卡在不断向外发目的端口为8080的数据包，这时如果在接入交换机上做阻止病毒的配置，则应采取什么技术？（　　）

A. 标准ACL　　B. 扩展ACL　　C. 端口安全　　D. NAT

二、多项选择题

在一台出口路由器上用命名方式定义了如下规则：

```
Router(config)# ip access - list standard aaa
Router(config - std - nacl)#deny 172.16.1.0 0.0.0.255
Router(config - std - nacl)#deny host 172.16.2.5
Router(config - std - nacl)#permit 172.16.2.0 0.0.0.255
Router(config - std - nacl)#permit any
```

请问在出口应用后，下面说法正确的是（　　）。

A. 所有172.16.1.0子网都不能上外网

B. 所有172.16.2.0子网都能上外网

C. 所有172.16.2.0子网都能上外网，除了172.16.2.5主机

D. 所有172.16.1.0子网都不能上外网，除了172.16.1.5主机

任务3　扩展ACL访问控制列表实验一（编号方式）

【学习情境】

假设你是某公司的网络管理员，公司的网段划分如下：销售部172.16.1.0网段、经理部172.16.2.0网段、内网WWW和FTP服务器172.16.4.2网段，为了安全起见，公司领导要求禁止销售部172.16.1.0/24网段访问内网服务器的WWW和FTP，但经理部不受限制。要求使用编号方式进行扩展ACL的制定和应用。

【学习目的】

1. 了解扩展访问控制列表进行网络流量的控制原理和方法。
2. 掌握编号方式扩展访问控制列表的制定规则与配置方法。
3. 掌握网段和主机在制定规则时的命令区别。
4. 掌握访问控制列表在不同端口上进行应用的区别和应用原则。

【相关设备】

路由器2台、V.35线缆1对、PC 2台、交叉线3根、服务器1台。

【实验拓扑】

拓扑如图5-3-1所示。

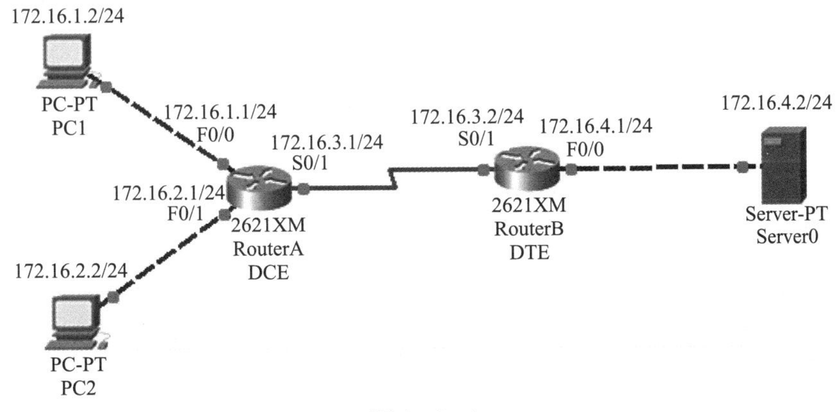

图5-3-1

【实验任务】

1. 如图5-3-1所示搭建网络环境，并对两个路由器关闭电源，分别扩展一个异步高速串口模块（WIC-2T）。两个路由器之间使用V.35的同步线缆连接，RouterA的S0/1口连接的是DCE端，RouterB的S0/1口连接的是DTE端。配置RouterA和RouterB的S0/1口地址，在RouterA的S0/1口上配置同步时钟为64000。配置其他端口及设备的地址，PC要配置默认网关。

2. 查看服务器的 WWW 设置（图 5－3－2），查看服务器的 FTP 设置（图 5－3－3），可以进行个性化的修改和设置。

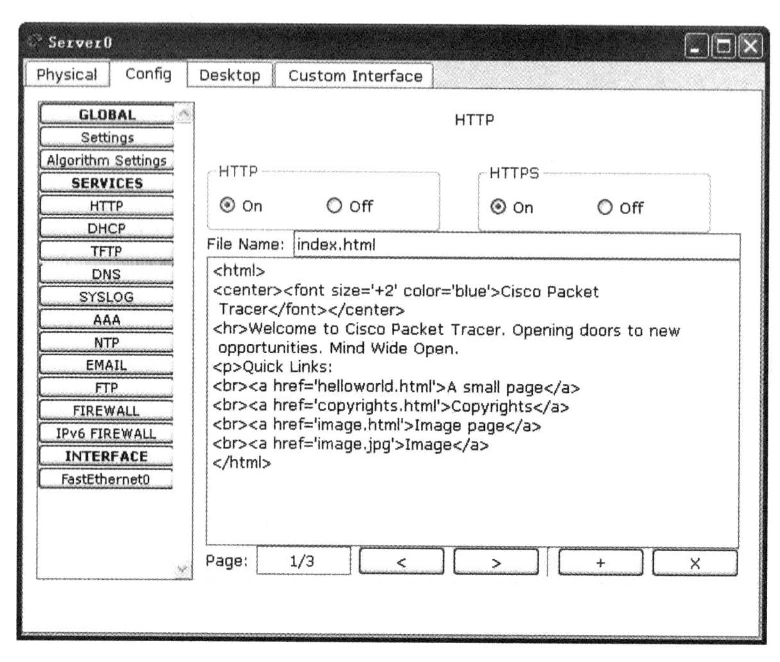

图 5－3－2

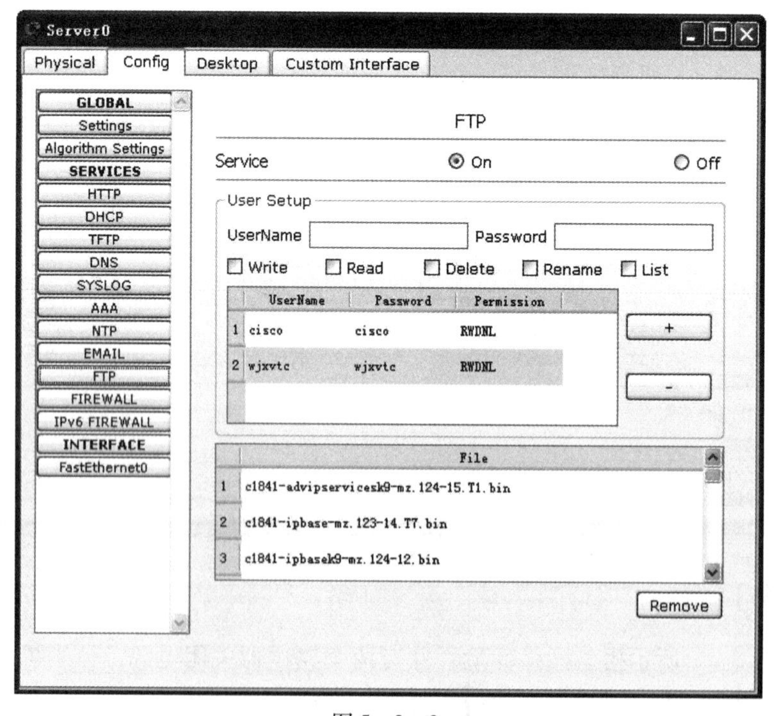

图 5－3－3

3. 在 RouterA 上配置缺省路由为 172.16.3.2；在 RouterB 上配置缺省路由为 172.16.3.1。测试所有设备之间的连通性（应该全通），在 PC1 和 PC2 上测试远程访问服务

器的 WWW 服务，在 PC1 和 PC2 上测试远程访问服务器的 WWW 服务（图 5－3－4）FTP 服务（图 5－3－5），要都能访问成功，这是实验的基础。

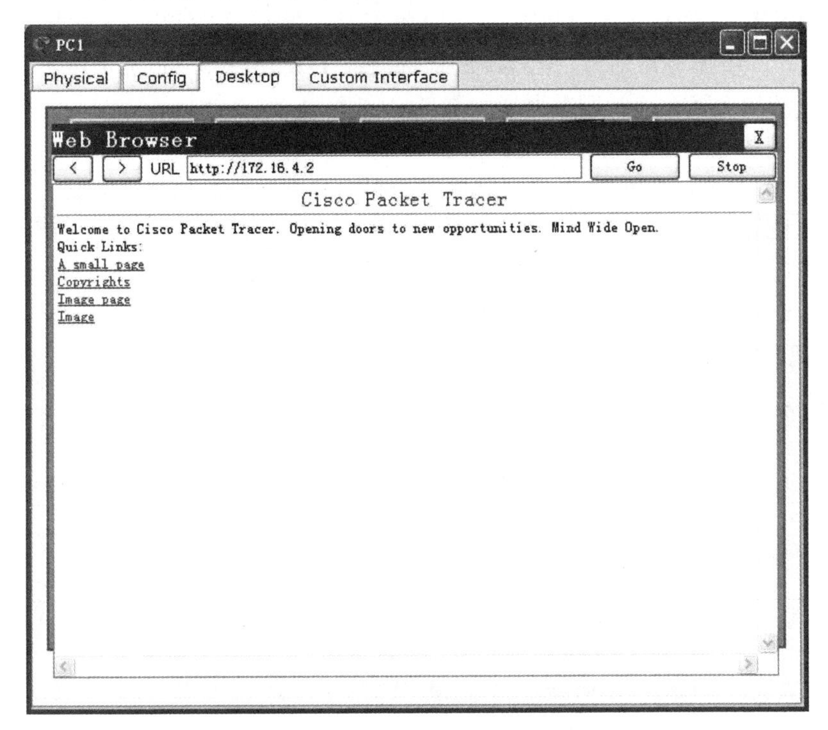

图 5－3－4

PC1
Physical　Config　Desktop　Custom Interface

Command Prompt

```
PC>ftp 172.16.4.2
Trying to connect...172.16.4.2
Connected to 172.16.4.2
220- Welcome to PT Ftp server
Username:wjxvtc
331- Username ok, need password
Password:
230- Logged in
(passive mode On)
ftp>dir

Listing /ftp directory from 172.16.4.2:
0   : c1841-advipservicesk9-mz.124-15.T1.bin          33591768
1   : c1841-ipbase-mz.123-14.T7.bin                   13832032
2   : c1841-ipbasek9-mz.124-12.bin                    16599160
3   : c2600-advipservicesk9-mz.124-15.T1.bin          33591768
4   : c2600-i-mz.122-28.bin                           5571584
5   : c2600-ipbasek9-mz.124-8.bin                     13169700
6   : c2800nm-advipservicesk9-mz.124-15.T1.bin        50938004
7   : c2800nm-advipservicesk9-mz.151-4.M4.bin         33591768
8   : c2800nm-ipbase-mz.123-14.T7.bin                 5571584
9   : c2800nm-ipbasek9-mz.124-8.bin                   15522644
10  : c2950-i6q4l2-mz.121-22.EA4.bin                  3058048
11  : c2950-i6q4l2-mz.121-22.EA8.bin                  3117390
12  : c2960-lanbase-mz.122-25.FX.bin                  4414921
13  : c2960-lanbase-mz.122-25.SEE1.bin                4670455
14  : c3560-advipservicesk9-mz.122-37.SE1.bin         8662192
15  : pt1000-i-mz.122-28.bin                          5571584
16  : pt3000-i6q4l2-mz.121-22.EA4.bin                 3117390
ftp>
```

图 5－3－5

4. 设置扩展IP访问控制列表（编号方式），禁止172.16.1.0/24网段访问172.16.4.0/24网段的80和21端口，其他不受影响。查看配置和端口的状态，并测试结果（PC1不能再对服务器进行WWW和FTP访问，PC1 ping服务器通，但PC2可以对服务器进行WWW和FTP访问，PC2 ping服务器通）。把PC1的地址改成172.16.1.3，PC1仍然不对服务器进行WWW和FTP访问，PC1 ping服务器通。

5. 删除上述扩展ACL，再重新设置扩展IP访问控制列表（编号方式），禁止PC1主机访问172.16.4.2/24的80和21端口，其他不受影响。查看配置和端口的状态，并测试结果（PC1不能再对服务器进行WWW和FTP访问，PC1 ping服务器通，但PC2可以对服务器进行WWW和FTP访问，PC2 ping服务器通）。把PC1的地址改成172.16.1.3，PC1可以对服务器进行WWW和FTP访问，PC1 ping SwitchB通。

6. 最后把配置以及ping的结果截图打包，以“学号姓名”为文件名，提交作业。

【实验命令】

1. 设置扩展IP访问控制列表（编号方式），禁止172.16.1.0/24网段访问172.16.4.0/24网段的80和21端口，其他不受影响。

（1）定义规则：

```
RouterB(config)#access - list 101 deny tcp 172.16.1.0 0.0.0.255 172.16.4.0 0.0.0.255 eq www
RouterB(config)#access - list 101 deny tcp 172.16.1.0 0.0.0.255 172.16.4.0 0.0.0.255 eq ftp
RouterB(config)#access - list 101 permit ip any any
```

（2）应用端口：

```
R2(config)#interface Fastethernet 0/0
R2(config - if)#ip access - group 101 out
```

注意：此实验也可以在RouterA上定义规则，在RouterA的F0/0口进行入栈应用。

3. 重新设置扩展IP访问控制列表（编号方式），禁止PC1主机访问172.16.4.2/24的80和21端口，其他不受影响。

（1）定义规则：

```
RouterB(config)# access - list 101 deny tcp host 172.16.1.2 host 172.16.4.2 eq 80
RouterB(config)# access - list 101 deny tcp host 172.16.1.2 host 172.16.4.2 eq 21
RouterB(config)#access - list 101 permit ip any any
```

（2）应用端口：

```
RouterB(config)#interface FastEthernet 0/0
RouterB(config - if)#ip access - group 101 out
```

【注意事项】

定义规则时，每条规则的顺序不同，其结果大不一样。所以要注意每条规则的前后顺

序，有某条规则不符合自己的设计或要求时，要将其先 no 掉，再重新设置。

1. 按从头到尾、至顶向下的方式进行匹配：匹配成功马上停止，立刻使用该规则的“允许、拒绝、……”。

2. 一切未被允许的就是禁止的：路由器或三层交换机缺省允许所有的信息流通过；而防火墙缺省封锁所有的信息流，然后对希望提供的服务逐项开放。

3. 定义规则时选择的路由器（或三层交换机）与应用规则时选择的端口要以保护对象最近为原则，应用的时候是入栈还是出栈要以信息是从路由器（或三层交换机）流入还是流出为判断标准。

4. 按规则链来进行匹配：使用源地址、目的地址、源端口、目的端口、协议、时间段进行匹配。

注意：如果报文在与指定接口上的 ACL 的所有 ACE 进行逐条比较后，没有任意 ACE 的匹配条件匹配该报文，则该报文将被丢弃。也就是说，任意一条 ACL 的最后都隐含了一条 deny any any 的 ACE 表项。

【配置结果】

1. RouterA#show ip route：

```
Codes:C - connected,S - static,I - IGRP,R - RIP,M - mobile,B - BGP
       D - EIGRP,EX - EIGRP external,O - OSPF,IA - OSPF inter area
       N1 - OSPF NSSA external type 1,N2 - OSPF NSSA external type 2
       E1 - OSPF external type 1,E2 - OSPF external type 2,E - EGP
       i - IS - IS,L1 - IS - IS level -1,L2 - IS - IS level -2,ia - IS - IS in-
ter area
       * - candidate default,U - per - user static route,o - ODR
       P - periodic downloaded static route
Gateway of last resort is 172.16.3.2 to network 0.0.0.0
        172.16.0.0/24 is subnetted,3 subnets
C       172.16.1.0 is directly connected,FastEthernet0/0
C       172.16.2.0 is directly connected,FastEthernet0/1
C       172.16.3.0 is directly connected,Serial0/1
S*   0.0.0.0/0 [1/0] via 172.16.3.2
```

2. RouterB#show ip rout：

```
RouterB#show ip route
Codes:C - connected,S - static,I - IGRP,R - RIP,M - mobile,B - BGP
       D - EIGRP,EX - EIGRP external,O - OSPF,IA - OSPF inter area
       N1 - OSPF NSSA external type 1,N2 - OSPF NSSA external type 2
       E1 - OSPF external type 1,E2 - OSPF external type 2,E - EGP
       i - IS - IS,L1 - IS - IS level -1,L2 - IS - IS level -2,ia - IS - IS in-
ter area
```

```
       * - candidate default,U - per - user static route,o - ODR
       P - periodic downloaded static route
Gateway of last resort is 172.16.3.1 to network 0.0.0.0
       172.16.0.0/24 is subnetted,2 subnets
C      172.16.3.0 is directly connected,Serial0/1
C      172.16.4.0 is directly connected,FastEthernet0/0
S*   0.0.0.0/0 [1/0] via 172.16.3.1
```

3. RouterB#show access - lists：

```
Extended IP access list 101
    deny tcp 172.16.1.0 0.0.0.255 172.16.4.0 0.0.0.255 eq www
    deny tcp 172.16.1.0 0.0.0.255 172.16.4.0 0.0.0.255 eq ftp
permit ip any any
```

4. RouterB#show access - lists：

```
Extended IP access list 101
    deny tcp host 172.16.1.2 host 172.16.4.2 eq 80
    deny tcp host 172.16.1.2 host 172.16.4.2 eq 21
permit ip any any
```

5. RouterB#show running - config：

```
Building configuration...
Current configuration:596 bytes
version 12.2
no service password - encryption
hostname RouterB
ip ssh version 1
interface FastEthernet0/0
  ip address 172.16.4.1 255.255.255.0
  ip access - group 101 out
  duplex auto
  speed auto
interface FastEthernet0/1
  no ip address
  duplex auto
  speed auto
interface Serial0/0
  no ip address
  shutdown
interface Serial0/1
```

```
  ip address 172.16.3.2 255.255.255.0
ip classless
ip route 0.0.0.0 0.0.0.0 172.16.3.1
access-list 101 deny tcp host 172.16.1.2 host 172.16.4.2 eq 80
access-list 101 deny tcp host 172.16.1.2 host 172.16.4.2 eq 21
access-list 101 permit ip any any
line con 0
line vty 0 4
  login
end
```

【技术原理】

1. 创建编号方式的扩展 IP 访问列表。

扩展访问列表除了能与标准访问列表一样基于源 IP 地址对数据包进行过滤外，还可以基于目标 IP 地址，基于网络层、传输层和应用层协议或者端口号对数据包进行控制。在全局配置模式下，命令格式为：

access - list number deny |permit protocol |protocol - keyword source - ip wildcard mask destination - ip wildcard mask[other parameters]

一条控制列表可以包含一系列检查条件。即可以用同一标识号码定义一系列 access-list 语句，路由器将从最先定义的条件开始依次检查，如数据包满足某个语句的条件，则执行该语句；如果数据包不满足规则中的所有条件，路由器默认禁止该数据包通过，即丢掉该数据包。也可以认为，路由器在访问列表最后默认一条禁止所有数据包通过的语句。

2. 常用的协议及其端口号，如表 5 - 3 - 1 所示。

表 5 - 3 - 1

协议名称	TCP	Echo	UDP	FTP	Telnet	SMTP	TAC
端口号	6	7	17	21	23	25	49
协议名称	DNS	Finger	HTTP	POP2	POP3	BGP	Login
端口号	53	79	80	109	110	179	513

【课后习题】

一、单项选择题

1. 下面能够表示“禁止 129.9.0.0 网段中的主机建立与 202.38.16.0 网段内的主机的 WWW 端口的连接”的访问控制列表是（　　）。

A. access - list 101 deny tcp 129.9.0.0 0.0.255.255 202.38.16.0 0.0.0.255 eq www

B. access - list 100 deny tcp 129.9.0.0 0.0.255.255 202.38.16.0 0.0.0.255 eq 53

C. access - list 100 deny udp 129.9.0.0 0.0.255.255 202.38.16.0 0.0.0.255 eq www

D. access - list 99 deny ucp 129.9.0.0 0.0.255.255 202.38.16.0 0.0.0.255 eq 80

2. 在访问控制列表中，有一条规则如下：

```
access - list  131  permit ip any  192.168.10.0 0.0.0.255 eq ftp
```

在该规则中，any 的意思是表示（　　）。

A. 检查源地址的所有 bit 位　　B. 检查目的地址的所有 bit 位

C. 允许所有的源地址　　D. 允许 255.255.255.255　0.0.0.0

3. 下列哪个访问列表范围符合 IP 扩展访问控制列表？（　　）

A. 1 ~ 99　　B. 100 ~ 199　　C. 800 ~ 899　　D. 900 ~ 999

4. 在图 5 - 3 - 6 所示的网络中，使用 OSPF 作为路由协议，并且始终运行良好。

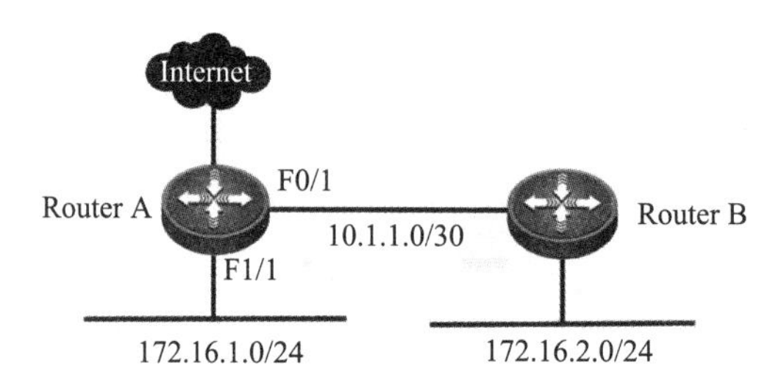

图 5 - 3 - 6

由于管理上的要求，要限制 172.16.1.0/24 和 172.16.2.0/24 两个网段的上网应用，只允许这两个网络的主机访问 Internet 中的 http 和 https 服务。为此，管理员在 RouterA 上做出了以下操作：

```
RouterA(config)#access - list 100 permit udp any any eq 53
RouterA(config)#access - list 100 permit tcp any any eq 80
RouterA(config)#access - list 100 permit tcp any any eq 443
RouterA(config)#interface fa 0/1
RouterA(config - if - Fastethernet0/1)#ip access - group 100 in
RouterA(config - if - Fastethernet0/1)# interface fa 01/1
RouterA(config - if - Fastethernet0/1)#ip access - group 100 in
RouterA(config - if - Fastethernet0/1)#end
RouterA#
```

经过如上描述的一番配置后，管理员发现 ACL 策略对于 172.16.1.0/24 网络已经生效，而 172.16.2.0/24 网络却出现了无法上网的情况。这是什么原因？（　　）

A. F0/1 接口 ACL 作用的方向配置错误，应该配置为 out

B. 只允许了 in 方向的 http 和 https，却没有配置 out 方向的 permit 策略

C. ACL 中没有允许 IP89 号协议，导致内部网路由失效

D. ACL 中没有允许 TCP89 端口协议，导致内部网路由失效

二、多项选择题

1. 图 5 - 3 - 7 中网络采用锐捷设备。

HK 路由器上的一个 ACL 要达到以下效果：

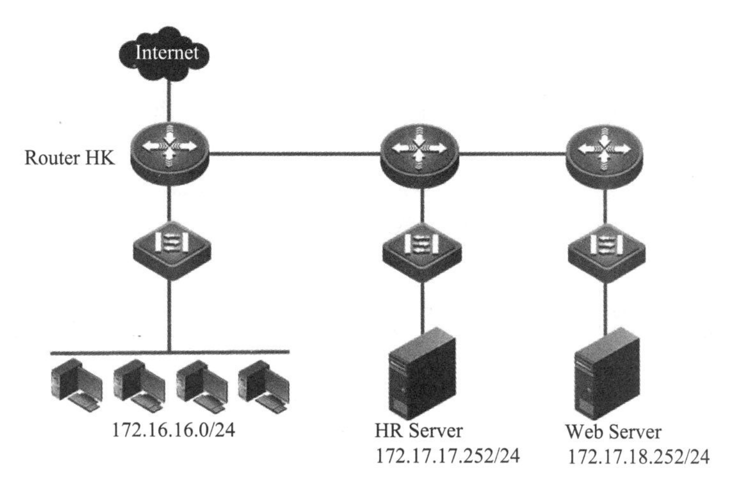

图 5－3－7

（1）允许穿过 Internet 到达 HR Server 的 Telnet 连接。

（2）允许来自 Internet 的 Http 访问到达 Web Server。

（3）禁止其他一切连接。

以下选项中哪两项声明能实现这些效果？（　　）

A. access－list 101 per tcp any 172. 17. 18. 252 0. 0. 0. 0 eq 80

B. access－list 1 per tcp any 172. 17. 17. 252 0. 0. 0. 0 eq 23

C. access－list 101 per tcp 172. 17. 17. 252 0. 0. 0. 0 any eq 23

D. access－list 101 deny tcp any 172. 17. 17. 252 0. 0. 0. 0 eq 23

E. access－list 101 deny tcp any 172. 17. 18. 252 0. 0. 0. 0 eq 80

F. access－list 101 per tcp any 172. 17. 17. 252 0. 0. 0. 0 eq 23

2. 图 5－3－8 所示网络中，采用 RGOS 平台。禁止除 FTP 外的所有流量访问 HR Server，需要配置的 ACL 有（　　）。

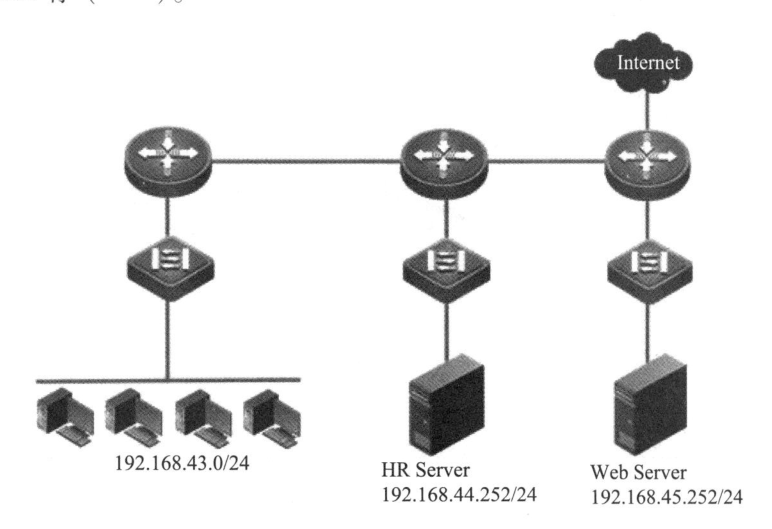

图 5－3－8

A. access - list 101 per tcp any 192. 168. 44. 252 0. 0. 0. 0 eq 21
B. access - list 101 per tcp any 192. 168. 44. 252. 0. 0. 0. 0 eq 20
C. access - list 101 per tcp 192. 168. 44. 252 0. 0. 0. 0 any eq 20
D. access - list 101 per tcp 192. 168. 44. 252 0. 0. 0. 0 any eq 21
E. access - list 101 deny tcp any 192. 168. 44. 252 0. 0. 0. 0 gt 21
F. access - list 101 per tcp 192. 168. 44. 252 0. 0. 0. 0 any gt 21

任务4　扩展ACL访问控制列表实验二（命名方式）

【学习情境】

假设你是某公司的网络管理员，公司的网段划分如下：销售部172. 16. 1. 0网段、经理部172. 16. 2. 0网段、内网WWW和FTP服务器172. 16. 4. 2网段，为了安全起见，公司领导要求禁止销售部172. 16. 1. 0/24网段访问内网WWW和FTP服务器的Telnet端口，但经理部不受限制。要求使用命名方式进行扩展ACL的制定和应用。

【学习目的】

1. 掌握命名方式扩展访问控制列表的制定规则与配置方法。
2. 巩固三层交换机的端口路由功能和在三层交换机上进行扩展ACL的应用。

【相关设备】

三层交换机1台、二层交换机1台（模拟外网服务器）、直连线3根。

【实验拓扑】

拓扑如图5-4-1所示。

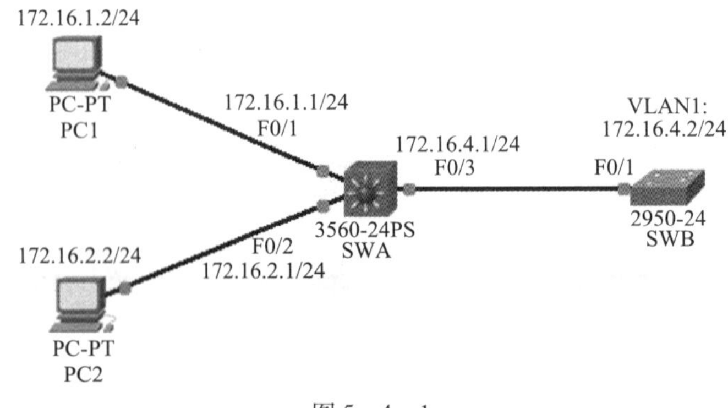

图5-4-1

【实验任务】

1. 如图5-4-1所示搭建网络环境，开启三层交换机的路由功能和对应的端口路由功能并配置地址，配置PC、SWB的地址和默认网关，设置SWB的远程登录密码为wjxvtc。测

试所有设备之间的连通性（应该全通）。在 PC1 和 PC2 远程登录 SWB，测试 telnet 命令及连通性。

2. 设置扩展 IP 访问控制列表（命名方式），禁止 172.16.1.0/24 网段访问 172.16.4.0/24 网段的 Telnet 端口，其他不受影响。查看配置和端口的状态，并测试结果（PC1 telnet SWB 不通，PC1 ping SWB 通，但 PC2 telnet SWB 通，PC2 ping SWB 通）。把 PC1 的地址改成 172.16.1.3，PC1 telnet SWB 仍然不通，PC1 ping SWB 通。

3. 删除上述扩展 ACL，再重新设置扩展 IP 访问控制列表（命名方式），禁止 PC1 主机访问 172.16.4.2/24 的 Telnet 端口，其他不受影响。查看配置和端口的状态，并测试结果（PC1 telnet SWB 不通，PC1 ping SWB 通，但 PC2 telnet SWB 通，PC2 ping SWB 通）。把 PC1 的地址改成 172.16.1.3，PC1 telnet SWB 通，PC1 ping SWB 通。

4. 最后把配置以及 ping 的结果截图打包，以“学号姓名”为文件名，提交作业。

5. 使用锐捷设备（2~3 人一组）完成上面的步骤，将 SWB 改成一台 PC。

【实验命令】

1. 设置扩展 IP 访问控制列表（命名方式），禁止 172.16.1.0/24 网段访问 172.16.4.0/24 网段的 Telnet 端口，其他不受影响。

（1）定义规则：

```
SWA(config)# ip access -list extended aaa
SWA(config -ext -nacl)#deny tcp 172.16.1.0 0.0.0.255 172.16.4.0
0.0.0.255 eq telnet
SWA(config -ext -nacl)#permit ip any any
```

（2）应用端口：

```
SWA(config)#interface FastEthernet 0/3
SWA(config -if)#ip access -group aaa out
```

2. 重新设置扩展 IP 访问控制列表（命名方式），禁止 PC1 主机访问 172.16.4.2/24 的 Telnet 端口，其他不受影响。

（1）定义规则：

```
SWA(config)# ip access -list extended aaa
SWA(config -ext -nacl)#deny tcp host 172.16.1.2 host 172.16.4.2
eq telnet
SWA(config -ext -nacl)#permit ip any any
```

（2）应用端口：

```
SWA(config)#interface FastEthernet 0/3
SWA(config -if)#ip access -group aaa out
```

【注意事项】

1. 测试结果应该如图 5-4-2 所示：PC1 ping SWB 通，但是 PC1 telnet SWB 不通。

```
PC>ping 172.16.4.2

Pinging 172.16.4.2 with 32 bytes of data:

Reply from 172.16.4.2: bytes=32 time=62ms TTL=254
Reply from 172.16.4.2: bytes=32 time=62ms TTL=254
Reply from 172.16.4.2: bytes=32 time=47ms TTL=254
Reply from 172.16.4.2: bytes=32 time=63ms TTL=254

Ping statistics for 172.16.4.2:
    Packets: Sent = 4, Received = 4, Lost = 0 (0% loss),
Approximate round trip times in milli-seconds:
    Minimum = 47ms, Maximum = 63ms, Average = 58ms

PC>telnet 172.16.4.2
Trying 172.16.4.2 ...

% Connection timed out; remote host not responding
PC>
```

图5－4－2

2. PC2 ping SWB 通，PC2 telnet SWB 也通，如图5－4－3。

```
PC>ping 172.16.4.2

Pinging 172.16.4.2 with 32 bytes of data:

Reply from 172.16.4.2: bytes=32 time=63ms TTL=254
Reply from 172.16.4.2: bytes=32 time=63ms TTL=254
Reply from 172.16.4.2: bytes=32 time=63ms TTL=254
Reply from 172.16.4.2: bytes=32 time=47ms TTL=254

Ping statistics for 172.16.4.2:
    Packets: Sent = 4, Received = 4, Lost = 0 (0% loss),
Approximate round trip times in milli-seconds:
    Minimum = 47ms, Maximum = 63ms, Average = 59ms

PC>telnet 172.16.4.2
Trying 172.16.4.2 ...


User Access Verification

Password:
```

图5－4－3

【配置结果】

1. SWA#show ip route：

```
Codes:C - connected,S - static,I - IGRP,R - RIP,M - mobile,B - BGP
      D - EIGRP,EX - EIGRP external,O - OSPF,IA - OSPF inter area
      N1 - OSPF NSSA external type 1,N2 - OSPF NSSA external type 2
      E1 - OSPF external type 1,E2 - OSPF external type 2,E - EGP
```

```
i - IS - IS,L1 - IS - IS level -1,L2 - IS - IS level -2,ia - IS - IS inter area
* - candidate default,U - per - user static route,o - ODR
P - periodic downloaded static route
Gateway of last resort is not set

  172.16.0.0/24 is subnetted,3 subnets
C 172.16.1.0 is directly connected,FastEthernet0/1
C 172.16.2.0 is directly connected,FastEthernet0/2
C 172.16.4.0 is directly connected,FastEthernet0/3
```

2. SWA#show access – lists:

```
Extended IP access list aaa
    deny tcp 172.16.1.0 0.0.0.255 172.16.4.0 0.0.0.255 eq telnet(11
match(es))
permit ip any any(15 match(es))
```

3. SWA#show access – lists:

```
Extended IP access list aaa
    deny tcp host 172.16.1.2 host 172.16.4.2 eq telnet(11 match(es))
permit ip any any(15 match(es))
```

4. SWA#show running – config:

```
Building configuration...
Current configuration:1369 bytes
version 12.2
no service password - encryption
hostname SwitchA
ip routing
ip ssh version 1
port - channel load - balance src - mac
interface FastEthernet0/1
  no switchport
  ip address 172.16.1.1 255.255.255.0
  duplex auto
  speed auto
interface FastEthernet0/2
  no switchport
  ip address 172.16.2.1 255.255.255.0
  duplex auto
  speed auto
```

```
interface FastEthernet0/3
  no switchport
  ip address 172.16.4.1 255.255.255.0
  ip access-group aq1111 out
  duplex auto
  speed auto
interface FastEthernet0/4
interface FastEthernet0/5
interface FastEthernet0/6
interface FastEthernet0/7
interface FastEthernet0/8
interface FastEthernet0/9
interface FastEthernet0/10
interface FastEthernet0/11
interface FastEthernet0/12
interface FastEthernet0/13
interface FastEthernet0/14
interface FastEthernet0/15
interface FastEthernet0/16
interface FastEthernet0/17
interface FastEthernet0/18
interface FastEthernet0/19
interface FastEthernet0/20
interface FastEthernet0/21
interface FastEthernet0/22
interface FastEthernet0/23
interface FastEthernet0/24
interface GigabitEthernet0/1
interface GigabitEthernet0/2
interface Vlan1
  no ip address
  shutdown
ip classless
ip access-list extended aq1111
  deny tcp host 172.16.1.2 host 172.16.4.2 eq telnet
  permit ip any any
line con 0
```

```
line vty 0 4
  login
end
```

【技术原理】

1. 创建命名方式的扩展 IP 访问控制列表。

```
IP access - list extended {name}
{deny |permit} protocol {source source - wildcard |host source |any}
[operator port] {destination destination - wildcard |host destination |
any} [operator port]
```

用数字或名字来定义一条 Extended IP ACL 并进入 access - list 配置模式。

在 access - list 配置模式，声明一个或多个的允许通过（permit）或丢弃（deny）的条件以用于交换机决定匹配条件的报文是转发还是丢弃。以如下方式定义 TCP 或 UDP 的目的或源端口：

（1）操作符（opreator）只能为 eq。

（2）如果操作符在 source source - wildcard 之后，则报文的源端口匹配指定值时条件生效。

（3）如果操作符在 destination destination - wildcard 之后，则报文的目的端口匹配指定值时条件生效。

（4）Port 为 10 进制值，它代表 TCP 或 UDP 的端口号。值范围为 0 ~ 65535。

（5）protocol 可以为 IP、TCP、UDP、IGMP、ICMP 协议。

2. 补充创建 MAC Extended ACL 案例。

配置 MAC Extended ACL 的过程，与配置 IP 扩展 ACL 的配置过程是类似的。

下例显示如何创建及显示一条 MAC Extended ACL，以名字 MACext 来命名之。该 MAC 扩展 ACL 拒绝所有符合指定源 MAC 地址的 aarp 报文。

```
Switch(config)# MAC access - list extended MACext
Switch(config - ext - MAC1)# deny host 00d0.f800.0000 any aarp
Switch(config - ext - MAC1)# permit any any
Switch(config - ext - MAC1)# end

Switch # show access - lists MACext
Extended MAC access list MACext
    deny host 00d0.f800.0000 any aarp
    permit any any
```

【课后习题】

一、单项选择题

1. 一些上网用户抱怨他们不能够发送 E - mail 了，但他们仍然能够接收到新的电子邮

件。那么作为管理员，下面哪一个选项是首先应该检查的？（　　）

A. 该E-mail服务器目前是否未连接到网络上

B. 处于客户端和E-mail服务器之间的某路由器接口的ACL是否存在deny smtp流量的条目

C. 处于客户端和E-mail服务器之间的某路由器接口的ACL是否存在deny any的条目

D. 处于客户端和E-mail服务器之间的某路由器接口的ACL是否存在deny pop流量的条目

2. 以下情况可以使用访问控制列表的是（　　）。

A. 禁止有CIH病毒的文件复制到我的主机

B. 只允许管理员账号可以访问我的主机

C. 禁止使用Telnet的方式访问我的主机

D. 禁止使用UNIX系统的用户访问我的主机

3. 以下叙述中，IP ACL不能实现的是（　　）。

A. 拒绝从一个网段到另一个网段的ping流量

B. 禁止客户端向某个非法DNS服务器发送请求

C. 禁止以某个IP地址作为源发出的telnet流量

D. 禁止某些客户端的P2P下载应用

二、多项选择题

在一台汇聚交换机上用命名方式定义了如下规则：

```
Switch(config)#ip access-list extended aaa
Switch(config-ext-nacl)#deny tcp 172.16.1.0 0.0.0.255 1 host 172.16.4.2 eq telnet
Switch(config-ext-nacl)#deny tcp host 172.16.2.2 host 172.16.4.2 eq 80
Switch(config-ext-nacl)#permit ip any any
```

请问应用后，下面说法正确的是（　　）。

A. 所有172.16.1.0子网都不能访问172.16.4.2服务器

B. 所有172.16.1.0子网都不能远程登录172.16.4.2服务器

C. 主机172.16.2.2不能远程登录172.16.4.2服务器

D. 主机172.16.2.2不能访问172.16.4.2服务器的网站

任务5　扩展ACL访问控制列表实验三（VTY访问限制）

【学习情境】

假设你是某公司的网络管理员，公司的网段划分如下：销售部172.16.1.0网段、经理部172.16.2.0网段、内网WWW和FTP服务器172.16.4.2网段，为了安全起见，公司领导要求禁止销售部172.16.1.0/24网段访问内网WWW和FTP服务器的Telnet端口，但经理部

不受限制。要求使用编号方式在三层交换机的 VTY 上进行标准 ACL 的应用，增强远程登录的安全性。

【学习目的】

1. 掌握命名方式扩展访问控制列表的制定规则与配置方法。
2. 巩固三层交换机的 SVI 路由功能和在三层交换机的 VTY 上进行扩展 ACL 的应用。

【相关设备】

三层交换机 1 台、二层交换机 1 台（模拟外网服务器）、直连线 3 根。

【实验拓扑】

拓扑如图 5－5－1 所示。

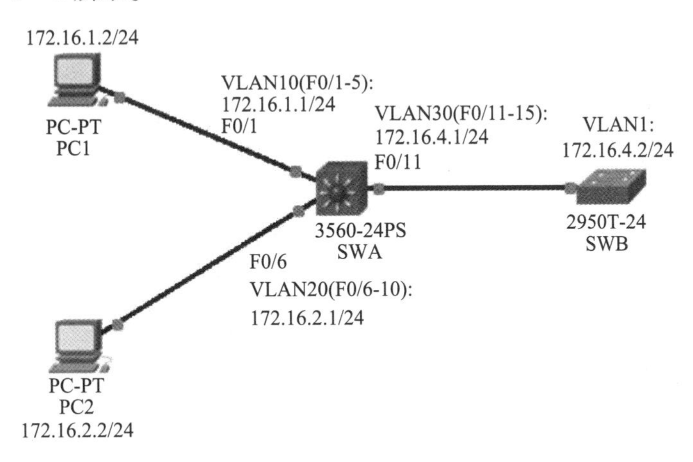

图 5－5－1

【实验任务】

1. 如图 5－5－1 所示搭建网络环境，对三层交换机建立相应的 VLAN，加入对应端口并配置 SVI 地址，形成路由。

2. 配置 PC、SWB 的地址和默认网关，设置 SWB 的远程登录密码为 wjxvtc。测试所有设备之间的连通性（应该全通）。在 PC1 和 PC2 远程登录 SWB，测试 telnet 命令及连通性。

3. 设置扩展 IP 访问控制列表（命名方式），禁止 172. 16. 1. 0/24 网段访问 172. 16. 4. 0/24 网段的 Telnet 端口，其他不受影响。查看配置和端口的状态，并测试结果（PC1 telnet SWB 不通，PC1 ping SWB 通，但 PC2 telnet SWB 通，PC2 ping SWB 通）。把 PC1 的地址改成 172. 16. 1. 3，PC1 telnet SWB 仍然不通，PC1 ping SWB 通。

4. 对三层交换机 SWA 配置远程登录密码为 wjxvtc，特权密码为 abcdef（加密方式）。

5. 设置标准 IP 访问控制列表（编号方式），只允许 PC1 可以对三层交换机 SWA 进行远程登录。测试结果（PC1 可以 telnet SWA，PC2 不能 telnet SWA）。

6. 最后把配置以及 ping 的结果截图打包，以“学号姓名”为文件名，提交作业。

7. 使用锐捷设备（2～3 人一组）完成上面的步骤，将 SWB 改成一台 PC。

【实验命令】

1. 对三层交换机SWA配置远程登录密码为wjxvtc，特权密码为abcdef（加密方式）。

```
SWA(config)#line vty 0 15
SWA(config-line)#password wjxvtc
SWA(config-line)#login
SWA(config-line)#exit
SWA(config)#enable secret abcdef
```

2. 设置标准IP访问控制列表（编号方式），只允许PC1可以对三层交换机SWA进行远程登录。

（1）定义规则：

```
SWA(config)#access-list 9 permit host 172.16.1.2
SWA(config)#access-list 9 deny any
```

（2）应用端口：

```
SWA(config)#line vty 0 15
SWA(config-line)#access-class 9 in
```

【注意事项】

1. 比较在三层交换机上进行VLAN地址设置和进行端口地址设置的区别和相同点。
2. 注意在三层交换机VTY上进行标准ACL应用的access-class 9 in命令。

【配置结果】

1. SWA#show ip route：

```
Codes:C - connected,S - static,I - IGRP,R - RIP,M - mobile,B - BGP
      D - EIGRP,EX - EIGRP external,O - OSPF,IA - OSPF inter area
      N1 - OSPF NSSA external type 1,N2 - OSPF NSSA external type 2
      E1 - OSPF external type 1,E2 - OSPF external type 2,E - EGP
      i - IS-IS,L1 - IS-IS level-1,L2 - IS-IS level-2,ia - IS-IS in-
ter area
      * - candidate default,U - per-user static route,o - ODR
      P - periodic downloaded static route
Gateway of last resort is not set
       172.16.0.0/24 is subnetted,3 subnets
C      172.16.1.0 is directly connected,Vlan10
C      172.16.2.0 is directly connected,Vlan20
C      172.16.4.0 is directly connected,Vlan30
```

2. SWB#show running – config：

```
Building configuration...
Current configuration:1053 bytes
version 12.1
no service password - encryption
hostname SwitchB
enable secret 5 $1 $mERr $OAZJyntnash.EflFFzcMJ1
interface FastEthernet0 /1
interface FastEthernet0 /2
interface FastEthernet0 /3
interface FastEthernet0 /4
interface FastEthernet0 /5
interface FastEthernet0 /6
interface FastEthernet0 /7
interface FastEthernet0 /8
interface FastEthernet0 /9
interface FastEthernet0 /10
interface FastEthernet0 /11
interface FastEthernet0 /12
interface FastEthernet0 /13
interface FastEthernet0 /14
interface FastEthernet0 /15
interface FastEthernet0 /16
interface FastEthernet0 /17
interface FastEthernet0 /18
interface FastEthernet0 /19
interface FastEthernet0 /20
interface FastEthernet0 /21
interface FastEthernet0 /22
interface FastEthernet0 /23
interface FastEthernet0 /24
interface GigabitEthernet1 /1
interface GigabitEthernet1 /2
interface Vlan1
  ip address 172.16.4.2 255.255.255.0
ip default - gateway 172.16.4.1
line con 0
line vty 0 4
```

```
  password wjxvtc
  login
line vty 5 15
  password wjxvtc
  login
end
```

3. SWA#show access - lists：

```
Standard IP access list 9
   permit host 172.16.1.2
deny any
```

4. SWA#show running - config：

```
Building configuration...
Current configuration:1677 bytes
version 12.2
no service password - encryption
hostname SwitchA
ip ssh version 1
port - channel load - balance src - mac
interface FastEthernet0 /1
  switchport access vlan 10
interface FastEthernet0 /2
  switchport access vlan 10
interface FastEthernet0 /3
  switchport access vlan 10
interface FastEthernet0 /4
  switchport access vlan 10
interface FastEthernet0 /5
  switchport access vlan 10
interface FastEthernet0 /6
  switchport access vlan 20
interface FastEthernet0 /7
  switchport access vlan 20
interface FastEthernet0 /8
  switchport access vlan 20
interface FastEthernet0 /9
  switchport access vlan 20
interface FastEthernet0 /10
```

```
  switchport access vlan 20
interface FastEthernet0/11
  switchport access vlan 30
interface FastEthernet0/12
  switchport access vlan 30
interface FastEthernet0/13
  switchport access vlan 30
interface FastEthernet0/14
  switchport access vlan 30
interface FastEthernet0/15
  switchport access vlan 30
interface FastEthernet0/16
interface FastEthernet0/17
interface FastEthernet0/18
interface FastEthernet0/19
interface FastEthernet0/20
interface FastEthernet0/21
interface FastEthernet0/22
interface FastEthernet0/23
interface FastEthernet0/24
interface GigabitEthernet0/1
interface GigabitEthernet0/2
interface Vlan1
  no ip address
  shutdown
interface Vlan10
  ip address 172.16.1.1 255.255.255.0
interface Vlan20
  ip address 172.16.2.1 255.255.255.0
interface Vlan30
  ip address 172.16.4.1 255.255.255.0
ip classless
access-list 9 permit host 172.16.1.2
access-list 9 deny any
line con 0
line vty 0 4
  access-class 9 in
  login
```

```
line vty 5 15
  access - class 9 in
end
```

【技术原理】

1. 补充创建基于时间的访问控制列表案例。

你可以使ACL基于时间进行运行，比如是ACL在一个星期的某些时间段内生效等。为了达到这个要求，你必须首先配置一个time - range。time - range的实现依赖于系统时钟，如果你要使用这个功能，必须保证系统有一个可靠的时钟，比如RTC等。

下例说明如何在每周工作时间段内禁止HTTP的数据流：

```
Switch(config)#time - range no - http
Switch(config - time - range)#periodic weekdays 8:00 to 18:00
Switch(config)# end

Switch(config)# IP access - list extended limit_udp
Switch(config - ext - nacl)# deny tcp any any eq www time - range no - http
Switch(config - ext - nacl)# exit

Switch(config)# interface FastEthErnet0 /1
Switch(config - if)# IP access - group no - http in

Switch#show time - range
time - range name:no - http
   periodic Weekdays 8:00 to 18:00
```

2. 补充创建Expert Extended访问控制列表案例。

配置Expert Extended ACL的过程与配置IP扩展ACL的配置过程是类似的。下例显示如何创建及显示一条Expert Extended ACL，以名字expert来命名之。该专家ACL拒绝源IP地址为192.168.12.3并且源MAC地址为00d0.f800.0044的所有TCP报文。

```
Switch(config)# expert access - list extended expert
Switch ( config - ext - MACl ) # deny tcp host 192.168.12.3 host 00d0.f800.0044 any any
Switch(config - ext - MACl)# permit any any any any
Switch(config - ext - MACl)# end
Switch # show access - lists expert
Extended expert access list expert
    deny tcp host 192.168.12.3 host 00d0.f800.0044 any any
    permit any any any any
```

【课后习题】

一、单项选择题

1. 某些接入层的用户向管理员反映他们的主机不能够发送 E - mail 了，但是他们仍然能够接收到新的电子邮件。那么作为管理员，下面哪一个选项是首先应该检查的？（　　）

A. 处于客户端和 E - mail 服务器之间的某设备接口 ACL 是滞存在 deny any 的条目

B. 该 E - mail 服务器目前是否未连接到网络上

C. 处于客户端和 E - mail 服务器之间的某设备接口 ACL 是否存在拒绝 TCP25 端口流量的条目

D. 处于客户端和 E - mail 服务器之间的某路由器接口 ACL 是否存在拒绝 TCP110 端口流量的条目

2. 公司的出口路由器有两个快速以太网口，其中 F0/0 连接到办公楼，地址为 172. 16. 3. 0/24，F0/1 连接到行政楼，地址为 172. 16. 4. 0/24。管理员在路由器的 F0/1 上的 out 方向调用了以下访问列表：

```
access - list 199 tcp 172.16.3.0 0.0.0.255 any eq 23
access - list 199 remark deny_telnet_to_xingzheng
```

对于该操作的结果，以下叙述正确的是（　　）。

A. 拒绝 172. 16. 3. 0/24 进行 ftp 操作，但允许 172. 16. 3. 0/24 进行 telnet 操作

B. 拒绝 172. 16. 3. 0/24 进行 telnet 操作，但允许 172. 16. 4. 0/24 进行 telnet 操作

C. 172. 16. 3. 0/24 和 172. 16. 4. 0/24 之间所有 IP 流量都被禁止

D. 允许从 172. 16. 3. 0/24 上网浏览网页

二、多项选择题

在网络中使用 ACL 的理由有哪三个？（　　）

A. 过滤穿过路由器的流量

B. 定义符合某种特征的流量，在其他策略中调用

C. 控制穿过路由器的广播流量

D. 控制进入路由器的 VTY 访问

项目六

内外网互联

任务1　动态 NAPT 配置

【学习情境】

假设你是某公司的网络管理员，公司向 ISP 申请了一个公网 IP 地址，要求全公司的主机都能访问外网。

【学习目的】

1. 了解 NAT 进行网络地址转换的原理和工作过程。
2. 掌握通过端口进行网络地址转换的多对一映射的方法和效果。
3. 掌握动态 NAPT 配置的步骤和命令。

【相关设备】

路由器 2 台、V. 35 线缆 1 对、PC 2 台、服务器 1 台、三层交换机 1 台、直连线 3 根、交叉线 1 根。

【实验拓扑】

拓扑如图 6－1－1 所示。

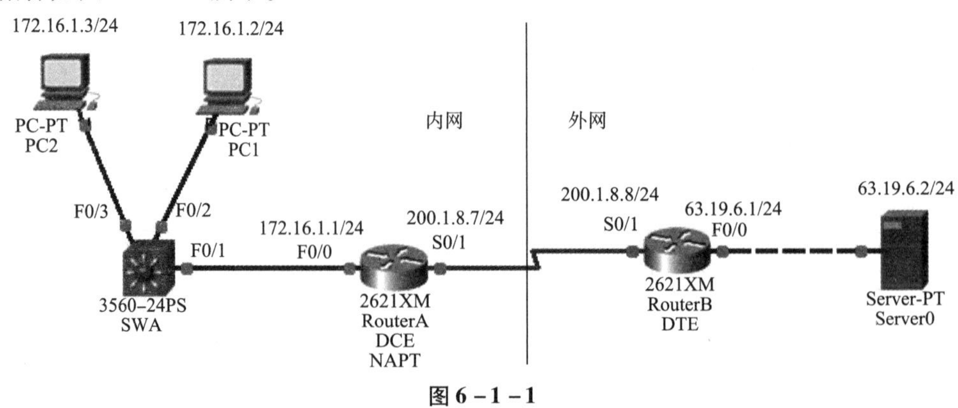

图 6－1－1

【实验任务】

1. 如图 6－1－1 所示搭建网络环境，并对两个路由器关闭电源，分别扩展一个异步高

速串口模块（WIC－2T）。两个路由器之间使用 V. 35 的同步线缆连接，RouterB 的 S0/1 口连接的是 DTE 端，RouterA 的 S0/1 口连接的是 DCE 端。配置 RouterA 和 RouterB 的 S0/1 口地址，在 RouterA 的 S0/1 口上配置同步时钟为 64000。配置其他端口及设备的地址，PC 要配置默认网关。

2. 查看服务器的 WWW 和 FTP 设置，可以进行个性化的修改和设置。

3. 在 RouterA 上配置缺省路由为 200. 1. 8. 8；测试所有设备之间的连通性（PC1 和 PC2 只能 ping 通到 200. 1. 8. 7，ping 不通 200. 1. 8. 8，ping 不通 63. 19. 6. 2）。

4. 在 RouterA 配置动态 NAPT 映射：（1）定义内网接口和外网接口；（2）定义内部本地地址范围；（3）定义内部全局地址池；（4）建立映射关系。

5. 查看 NAPT 配置和测试 NAPT 结果。使 PC1 和 PC2 可以 ping 通 63. 19. 6. 2，可以访问 63. 19. 6. 2 服务器的 Web 和 FTP 资源。

6. 最后把配置以及 ping 的结果截图打包，以“学号姓名”为文件名，提交作业。

【实验命令】

1. 在 RouterA 配置动态 NAPT 映射。

（1）定义内网接口和外网接口：

```
RouterA(config)# interface  FastetEernet  0/0
RouterA(config-if)# ip nat inside
RouterA(config-if)#exit
RouterA(config)# interface  serial  0/1
RouterA(config-if)# ip nat outside
RouterA(config-if)#exit
```

（2）定义内部本地地址范围：

```
RouterA(config)# access-list  10  permit  172.16.1.0  0.0.0.255
```

（3）定义内部全局地址池：

```
RouterA(config)#ip nat pool wjxvtc 200.1.8.7 200.1.8.7 netmask 255.255.255.0
```

（4）建立映射关系：

```
RouterA(config)#ip nat inside source  list 10 pool wjxvtc overload
```

2. 查看 NAPT 和测试 NAPT 结果。

```
RouterA#show ip nat translations
```

【注意事项】

1. 注意在使用 show ip nat translations 命令时如果没有内容时，要先找一台内部 PC 对外网的服务器进行访问，然后再次测试就会有结果了。

2. 测试内容如图 6－1－2 所示，注意信息的分析。找出内部本地地址、内部全局地址、外部本地地址、外部全局地址。

```
RouterA#show ip nat translations
Pro  Inside global      Inside local       Outside local      Outside global
icmp 200.1.8.7:1        172.16.1.3:1       63.19.6.2:1        63.19.6.2:1
icmp 200.1.8.7:2        172.16.1.3:2       63.19.6.2:2        63.19.6.2:2
icmp 200.1.8.7:3        172.16.1.3:3       63.19.6.2:3        63.19.6.2:3
icmp 200.1.8.7:4        172.16.1.3:4       63.19.6.2:4        63.19.6.2:4
tcp 200.1.8.7:1025      172.16.1.2:1025    63.19.6.2:23       63.19.6.2:23
tcp 200.1.8.7:1024      172.16.1.3:1025    63.19.6.2:23       63.19.6.2:23

RouterA#
```

图6－1－2

【配置结果】

1. RouterA＞show ip route：

```
Codes:C - connected,S - static,I - IGRP,R - RIP,M - mobile,B - BGP
       D - EIGRP,EX - EIGRP external,O - OSPF,IA - OSPF inter area
       N1 - OSPF NSSA external type 1,N2 - OSPF NSSA external type 2
       E1 - OSPF external type 1,E2 - OSPF external type 2,E - EGP
       i - IS - IS,L1 - IS - IS level - 1,L2 - IS - IS level - 2,ia - IS - IS in-
ter area
       * - candidate default,U - per - user static route,o - ODR
       P - periodic downloaded static route
Gateway of last resort is 200.1.8.8 to network 0.0.0.0
      172.16.0.0/24 is subnetted,1 subnets
C     172.16.1.0 is directly connected,FastEthernet0/0
C     200.1.8.0/24 is directly connected,Serial0/1
S*    0.0.0.0/0 [1/0] via 200.1.8.8
```

2. RouterB#show ip route：

```
Codes:C - connected,S - static,I - IGRP,R - RIP,M - mobile,B - BGP
       D - EIGRP,EX - EIGRP external,O - OSPF,IA - OSPF inter area
       N1 - OSPF NSSA external type 1,N2 - OSPF NSSA external type 2
       E1 - OSPF external type 1,E2 - OSPF external type 2,E - EGP
       i - IS - IS,L1 - IS - IS level - 1,L2 - IS - IS level - 2,ia - IS - IS in-
ter area
       * - candidate default,U - per - user static route,o - ODR
       P - periodic downloaded static route
Gateway of last resort is not set
      63.0.0.0/24 is subnetted,1 subnets
C     63.19.6.0 is directly connected,FastEthernet0/0
C     200.1.8.0/24 is directly connected,Serial0/1
```

3. RouterA#show running－config：

```
Building configuration...
Current configuration:661 bytes
version 12.2
no service password - encryption
hostname RouterA
ip ssh version 1
interface FastEthernet0/0
  ip address 172.16.1.1 255.255.255.0
  ip nat inside
  duplex auto
  speed auto
interface FastEthernet0/1
  no ip address
  duplex auto
  speed auto
interface Serial0/0
  no ip address
  shutdown
interface Serial0/1
  ip address 200.1.8.7 255.255.255.0
  ip nat outside
  clock rate 64000
ip nat pool wjxvtc 200.1.8.7 200.1.8.7 netmask 255.255.255.0
ip nat inside source list 10 pool wjxvtc overload
ip classless
ip route 0.0.0.0 0.0.0.0 200.1.8.8
access - list 10 permit 172.16.1.0 0.0.0.255
line con 0
line vty 0 4
  login
end
```

【技术原理】

1. NAT 就是将网络地址从一个地址空间转换到另外一个地址空间的一个行为。

地址转换主要是因为 Internet 地址短缺问题而提出的，利用地址转换可以使内部网络的用户访问外部网络（Internet），利用地址转换可以给内部网络提供一种“隐私”保护，同时也可以按照用户的需要提供给外部网络一定的服务，如 WWW、FTP、TELNET、SMTP、

POP3 等。

地址转换技术实现的功能是上述的两个方面，一般称为“正向的地址转换”和“反向的地址转换”，在正向的地址转换中，具有只转换地址 NAT 和同时转换地址和端口 NAPT 两种形式。

2. NAT 的类型。

（1）静态 NAT：是建立内部本地地址和内部全局地址的一对一永久映射。当外部网络需要通过固定的全局可路由地址访问内部主机，静态 NAT 就显得十分重要。

（2）动态 NAT：是建立内部本地地址和内部全局地址池的临时映射关系，过一段时间没有用就会删除映射关系。

（3）NAPT（Network Address Port Translation）或称 PAT：转换后，多个本地地址对应一个全局 IP 地址。也分静态和动态两种。

3. NAT/NAPT 中的术语。

（1）内部网络——Inside。

（2）外部网络—— Outside。

（3）内部本地地址——Inside Local Address。

（4）内部全局地址——Inside Global Address。

（5）外部本地地址——Outside Local Address。

（6）外部全局地址——Outside Global Address。

Inside 表示内部网络，这些网络的地址需要被转换。在内部网络，每台主机都分配一个内部 IP 地址，但与外部网络通信时，又表现为另外一个地址。每台主机的前一个地址又称为内部本地地址，后一个地址又称为外部全局地址。

Outside 是指内部网络需要连接的网络，一般指互联网，也可以是另外一个机构的网络。外部的地址也可以被转换，外部主机也同时具有内部地址和外部地址。

内部本地地址（Inside Local Address），是指分配给内部网络主机的 IP 地址，该地址可能是非法的未向相关机构注册的 IP 地址，也可能是合法的私有网络地址。关于私有网络地址的详细描述，请参见“IP 地址配置”相关内容。

内部全局地址（Inside Global Address），合法的全局可路由地址，在外部网络代表着一个或多个内部本地地址。

外部本地地址（Outside Local Address），外部网络的主机在内部网络中表现的 IP 地址，该地址是内部可路由地址，一般不是注册的全局唯一地址。

外部全局地址（Outside Global Address），外部网络分配给外部主机的 IP 地址，该地址为全局可路由地址。

4. 地址转换和代理 Proxy 的区别。

地址转换技术和地址代理技术有很类似的地方，都是提供了私有地址访问 Internet 的能力，但是两者还是有区别的，它们区别的本质是在 TCP/IP 协议栈中的位置不同，地址转换是工作在网络层，而地址代理是工作在应用层。

地址转换对各种应用是透明的，而地址代理必须在应用程序中指明代理服务器的 IP 地址。例如使用地址转换技术访问 Web 网页，不需要在浏览器中进行任何的配置。而如果使用 Proxy 访问 Web 网页的时候，就必须在浏览器中指定 Proxy 的 IP 地址，如果 Proxy 只能支

持 HTTP 协议，那么只能通过代理访问 Web 服务器，如果想使用 FTP 就不可以了。因此使用地址转换技术访问 Internet 比使用 proxy 技术具有良好的扩充性，不需要针对应用进行考虑。

但是地址转换技术很难提供基于“用户名”和“密码”的验证，在使用 proxy 的时候，可以使用验证功能使得只有通过“用户名”和“密码”验证的用户才能访问 Internet，而地址转换不能做到这一点。

5. NAT/NAPT 带来的限制。

（1）影响网络速度，NAT 的应用可能会使 NAT 设备成为网络的瓶颈，随着软、硬件技术的发展，该问题已经逐渐得到改善。

（2）跟某些应用不兼容，如果一些应用在有效载荷中协商下次会话的 IP 地址和端口号，NAT 将无法对内嵌 IP 地址进行地址转换，造成这些应用不能正常运行。

（3）地址转换不能处理 IP 报头加密的报文。无法实现对 IP 端到端的路径跟踪，经过 NAT 地址转换之后，对数据包的路径跟踪将变得十分困难。

【课后习题】

一、单项选择题

1. 将一个内部 IP 地址转换后，独占一组外部 IP 地址中的一个地址，这种转换方式是（　　）。

A. 静态 NAT　　B. 动态 NAT　　C. 静态 NAPT　　D. 动态 NAPT

2. 查看活动的 NAT 转换条目，使用的命令是（　　）。

A. show ip nat translations　　B. show ip nat statistics

C. show ip nat convert　　D. show ip nat table

3. 所有源自内部的数据包都会被连接 Internet 的 NAT 设备将源地址转换为合法的公网 IP 地址，因此内部网络的编址即使不遵循 RFC1918，用户上网也不会出现任何问题，这种说法是（　　）。

A. 正确的　　B. 错误的　　C. 无法判断的

4. 以下陈述中属于 NAT 的缺点的是（　　）。

A. NAT 节约合法的公网地址　　B. NAT 增加了转发延迟

C. NAT 减少了网络重新编址的代价　　D. NAT 增加了连接到公共网络的灵活性

5. 在 NAT 技术中，内部本地地址是（　　）。

A. localhost 地址，即 127.0.0.1

B. 分配给内网主机的地址，通常是 RFC1918 的私有地址

C. 路由器连接内部网的接口的地址

D. 路由器连接外部网的接口的地址

6. 下列设备中，不支持 NAT 的是（　　）。

A. 路由器　　B. 防火墙

C. 双网卡的 Windows 主机　　D. 二层交换机

7. 某公司有 250 台 PC 需要访问 Internet，而且大多数时间这 250 台 PC 会同时上网。但

是，该公司目前只有4 个公网 IP。这种情况下，需要在公司的网关路由器上配置（　　）。

A. 静态 NAT　　B. 动态 NAT　　C. 静态 NAPT　　D. 动态 NAPT

8. 配置 ip nat inside source 命令时，为实现 NAPT 必须指定哪个参数？（　　）

A. napt　　B. overload　　C. load　　D. port

9. 在配置 NAT 时，会使用 ACL 定义哪些内部源地址可以进行转换。这个 ACL 必须是标准的 IP ACL，否则无法实现转换。这种说法是（　　）。

A. 正确的　　B. 错误的　　C. 无法判断的

10. 一家企业因为内部主机数量过多，因此申请了多个公网 IP 用于 PAT 转换。在出口路由器配置 PAT 时，工程师使用了地址池的方式。但工程师认为，由于这些地址只存放在地址池中，并没有配置在路由器的外网接口上，因此从互联网返回的 IP 流量将会因为目的地不可达而被运营商的路由器丢弃。于是，他使用了 secondary 地址的方式，将地址池中的所有 IP 地址配置在了外网接口上。对于该工程师的操作，以下说法正确的是（　　）。

A. 该工程师的想法是错误的。即使地址池中的 IP 地址没有配置在外网接口上，运营商的路由设备也会将返回流量正确转发到路由器的外网接口。该工程师没有必要将地址池中的 IP 地址配置在外网接口上，而且这样配置后将会对 PAT 造成影响

B. 该工程师的想法是错误的。即使地址池中的 IP 地址没有配置在外网接口上，运营商的路由设备也会将返回流量正确转发到路由器的外网接口。该工程师没有必要将地址池中的 IP 地址配置在外网接口上，但这样配置后也不会对 PAT 造成影响

C. 该工程师的想法是正确的。在使用地址池的方式配置 PAT 时，必须将地址池中的 IP 地址以 secondary 的方式配置在外网接口上，而且优先由于 PAT 转换的地址要首先配置

D. 该工程师的想法是正确的。在使用地址池的方式配置 PAT 时，必须将地址池中的 IP 地址以 secondary 的方式配置在外网接口上，多个 secondary 地址的配置顺序没有强制要求

11. 由于使用 PAT 可以将所有内部源地址转换为公网地址，因此一些工程师在内部网络编址时并没有使用 RFC1918 规定的私有地址。对于这种 IP 编址方式，以下说法正确的是（　　）。

A. 可以使用这种编址方式，因为在出口设备进行了地址转换，内部用户访问互联网服务不会出现任何问题

B. 可以使用这种编址方式，因为互联网中的路由设备中不会存在到达用户内网的路由，即使内部 IP 与互联网某服务的 IP 冲突，也不会影响外网用户访问互联网服务

C. 这种编址方式可能产生的问题是，由于内部使用了公网 IP 地址，如果地址和某一个互联网服务 IP 地址冲突，可能出现外网的其他用户无法访问此服务的情况

D. 这种编址方式可能产生的问题是，如果互联网中某一个服务的 IP 地址和内部某 IP 冲突，则内部主机将无法访问该互联网服务

二、多项选择题

1. 一台没有启用 NAT 的路由器在执行数据包转发时，下列哪四项没有发生变化？（　　）

A. 源端口号　　B. 目的端口号　　C. 源网络地址

D. 目的网络地址　　E. 源 MAC 地址　　F. 目的 MAC 地址

2. NAT 不支持的流量是以下选项中的哪两项？（　　）

A. ICMP　　B. DNS 区域传输　　C. Bootp　　D. FTP

3. 如果在企业网络内部使用 NAT，将会产生下列哪两种现象？（　　）

A. 内部网的动态路由协议无法正常工作　　B. 内部网将产生路由环路

C. 内部网络产生广播风暴　　D. 内部网络失去端到端信息

任务 2　反向 NAT 映射

【学习情境】

假设你是某公司的网络管理员，公司建设了一个网站服务器，对本公司的业务和产品等进行市场宣传，要求实现外网主机能够访问内网的服务器内容。

【学习目的】

1. 了解反向 NAT 进行网络地址转换的原理和工作过程。
2. 掌握通过端口进行外网到内网地址转换的静态映射的方法和效果。
3. 掌握反向 NAT 配置的步骤和命令、反向 NAT 实验的测试与验证。

【相关设备】

路由器 2 台、V. 35 线缆 1 对、PC 2 台、三层交换机 1 台、二层交换机 1 台（模拟内网服务器）、直连线 3 根、交叉线 1 根。

【实验拓扑】

拓扑如图 6-2-1 所示。

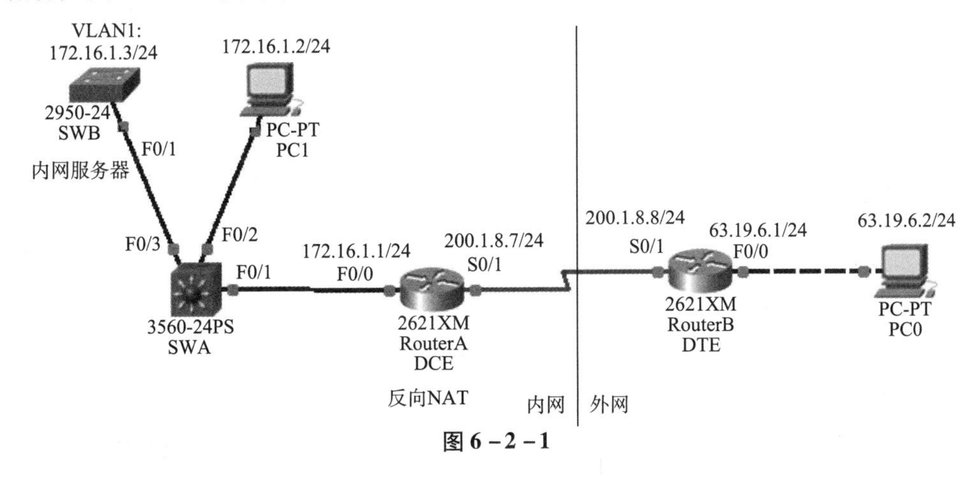

图 6-2-1

【实验任务】

1. 如图 6-2-1 所示搭建网络环境，并对两个路由器关闭电源，分别扩展一个异步高速串口模块（WIC－2T）。两个路由器之间使用V.35的同步线缆连接，RouterB的S0/1口连接的是DTE端，RouterA的S0/1口连接的是DCE端。配置RouterA和RouterB的S0/1口地址，在RouterA的S0/1口上配置同步时钟为64000。配置其他端口及设备的地址，PC要配置默认网关。

2. 配置SWB的管理地址为172.16.1.3/24，默认网关为172.16.1.1，设置远程登录密码为wjxvtc。（模拟内网的一台服务器）

3. 在RouterA上配置缺省路由为200.1.8.8；测试所有设备之间的连通性（PC1和SWB只能ping通到200.1.8.7，ping不通200.1.8.8，ping不通63.19.6.2；PC0只能ping通到200.1.8.7，ping不通172.16.1.3）。

4. 在RouterA配置反向NAT映射，实现外网主机访问内网服务器，PC0可以访问内网的SWB：

（1）定义内网接口和外网接口。

（2）定义内部服务器地址池。

（3）定义外部公网地址范围。

（4）将外部公网IP转换为内部服务器IP。

（5）将外部公网IP的访问端口转换为内部服务器IP的端口。

5. 查看反向NAT配置和测试反向NAT结果。使PC0可以ping通200.1.8.7，可以远程登录200.1.8.7。

6. 最后把配置以及ping的结果截图打包，以“学号姓名”为文件名，提交作业。

【实验命令】

1. 在RouterA配置反向NAT映射。

（1）定义内网接口和外网接口：

```
RouterA(config)#interface  fastethernet  0/0
RouterA(config-if)#ip nat inside
RouterA(config-if)#exit
RouterA(config)#interface  serial  0/1
RouterA(config-if)#ip nat outside
RouterA(config-if)#exit
```

（2）定义内部服务器地址池：

```
RouterA(config)#ip nat pool web_server 172.16.1.3 172.16.1.3 netmask 255.255.255.0
```

（3）定义外部公网地址范围：

```
RouterA(config)#access-list 3 permet host 200.1.8.7
```

（4）将外部公网IP转换为内部服务器IP：

```
RouterA(config)#ip nat inside source list 3 pool web_server
```

（5）将外部公网IP的访问端口转换为内部服务器IP的端口：

```
RouterA(config)#ip nat inside source static tcp 172.16.1.3 23 200.1.8.7 23
```

```
RouterA(config)# ip nat inside source static tcp 172.16.1.3 80 200.1.8.7 80
```

2. 查看反向 NAT 和测试反向 NAT 结果。

```
RouterA#show ip nat translations
```

【注意事项】

1. 注意服务器一定要设置网关 172.16.1.1。

2. 注意是从外网主机 PC0 对内网的公网地址 200.1.8.7 进行测试（即 telnet 200.1.8.7），而不是对 172.16.1.3 进行测试（不是 telnet 172.16.1.3）。

【配置结果】

1. RouterA#show running - config：

```
Building configuration...
Current configuration:784 bytes
version 12.2
no service password-encryption
hostname RouterA
ip ssh version 1
interface FastEthernet0/0
  ip address 172.16.1.1 255.255.255.0
  ip nat inside
  duplex auto
  speed auto
interface FastEthernet0/1
  no ip address
  duplex auto
  speed auto
  shutdown
interface Serial0/0
  no ip address
  shutdown
interface Serial0/1
  ip address 200.1.8.7 255.255.255.0
  ip nat outside
  clock rate 64000
ip nat pool web_server 172.16.1.3 172.16.1.3 netmask 255.255.255.0
ip nat inside source list 3 pool web_server
ip nat inside source static tcp 172.16.1.3 23 200.1.8.7 23
```

```
ip nat inside source static tcp 172.16.1.3 80 200.1.8.7 80
ip classless
ip route 0.0.0.0 0.0.0.0 200.1.8.8
access - list 3 permit host 200.1.8.7
line con 0
line vty 0 4
  login
end
```

2. RouterA#show ip nat translations：

```
Pro    Inside global     Inside local      Outside local    Outside global
---    172.16.1.3        200.1.8.7         ---              ---
tcp    200.1.8.7:23      172.16.1.3:23     ---              ---
tcp    200.1.8.7:80      172.16.1.3:80     ---              ---
```

3. PC0 > telnet 200. 1. 8. 7：

```
Trying 200.1.8.7...
User Access Verification
Password:
```

【技术原理】

1. “反向的”地址转换。

如果某个单位使用私有地址建立局域网，按照主机的用途，局域网内部的主机可以大致分为以下三类：

（1）只是用来办公，不需要直接访问 Internet。

（2）作为办公使用，但是在有些时候需要访问 Internet。

（3）作为资源存放用，并且可以被 Internet 上的用户访问，例如一个 Web 服务器。

通过地址转换技术，能使这个内部局域网的所有主机（或者部分主机）可以访问 Internet（外部网络）。当内部局域网内部的主机需要访问 Internet 的时候，地址转换技术可以为这台主机分配一个临时的合法的 IP 地址，使得这台主机可以访问 Internet，因此每台内部局域网的主机不需要都拥有合法的 IP 地址就可以访问 Internet 了，这样就大大节约了合法的 IP 地址。

采用了地址转换技术的内部主机对 Internet 是不可见的，Internet 的主机就不能直接访问内部主机，当内部局域网需要给外部网络提供一定服务时，例如提供一个 WWW 服务器，可以使用地址转换提供的“内部服务器”功能。

“内部服务器”功能是一种“反向的”地址转换，普通的地址转换是提供内部网络中的主机访问外部网络的，而“内部服务器”功能提供了外部网络的主机访问内部网络中使用私有地址的主机的能力。

2. 内部服务器应用。

内部服务器是一种“反向”的地址转换，内部服务器功能可以使得配置了私有地址的内部主机能被外部网络访问。如图 6－2－2 所示，Web Server 是一台配置了私有地址的机器，通过地址转换提供的配置可以为这台主机映射一个合法的 IP 地址。假设是 102.210.20.20，当 Internet 上的用户访问 102.210.20.20 的时候，地址转换就将访问送到了 Server 上，这样就可以给内部网络提供一种“内部服务器”的应用，RG 路由器对内部服务器的支持可以到达端口级，允许用户按照自己的需要配置内部服务器的端口、协议，提供给外部的端口、协议。

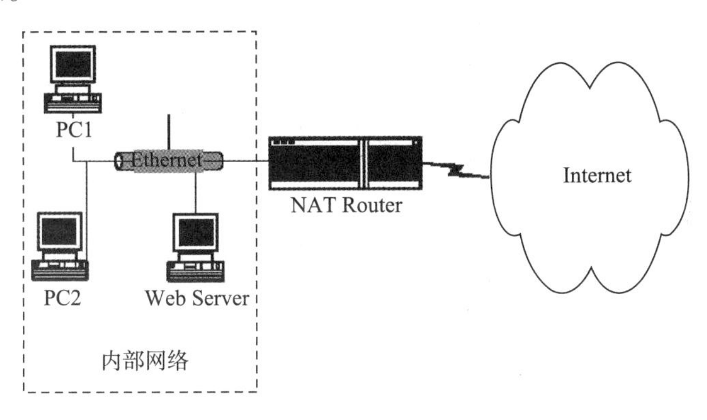

图 6－2－2

【课后习题】

一、单项选择题

1. 为了防止用户使用 NAT 路由器连接多台主机，小区宽带运营商会在用户的上连设备上配置策略，将所有转发至用户的 IP 包的 TTL 值设置为 1。这么做的理论依据是（　　）。

A. 当路由器收到一个 TTL 值为 1 的数据包时，路由器会把该数据包丢弃

B. 当路由器收到一个 TTL 值为 1 的数据包时，路由器会把该数据包返回至源节点

C. 当路由器收到一个 TTL 值为 1 的数据包时，路由器会把该数据包发送至 null 接口

D. 当路由器收到一个 TTL 值为 1 的数据包时，路由器会把该数据包的 TTL 减为 0，转发给下一跳节点，下一跳节点会将数据包丢弃

2. 在使用静态 NAPT 实现内部主机某端口开放给互联网用户时，内部主机的端口号与公网开放的端口号必须一致，否则将导致用户无法访问该端口对应的服务。这种说法是（　　）。

A. 正确的　　　　B. 错误的　　　　C. 无法判断的

3. 一个工程师在为一家公司的出口路由器配置 PAT 功能时，根据公司管理的要求，只允许 172.16.2.0/29 和 172.16.3.0/29 两个子网中的主机可以经 PAT 转换访问互联网，于是工程师在出口路由器上做出了以下配置：

```
Edge_Router(config)#access-list 10 permit 172.16.3.0 0.0.0.7
Edge_Router(config)#ip nat inside source list 10 interface fa 0/1
overload
```

```
Edge_Router(config)#interace f 0/1
Edge_Router(config-if)#ip nat outside
Edge_Router(config-if)#ip addess 202.96.69.1 255.255.255.252
Edge_Router(config-if)#no shutdown
Edge_Router(config)#interace f 0/0
Edge_Router(config-if)#ip nat inside
Edge_Router(config-if)#ip addess 10.1.1.254 255.255.255.252
Edge_Router(config-if)#no shutdown
Edge_Router(config-if)#exit
Edge_Router(config)#ip route 0.0.0.0 0.0.0.0 202.96.69.2
Edge_Router(config)#router ospf 1
Edge_Router(confi-router)#network 10.1.10 0.0.0.255 area 0
Edge_Router(confi-router)#default-information originate
Edge_Router(confi-router)#end
Edge_Router#write
```

配置完成后数日，该公司的网络管理员发现路由器的外网口输出的数据包数量过多，而且递增速度很快。但72.16.2.0和172.16.3.0两个子网中的主机数是有限的，不可能在短时间内出现过多的上网数据包。因此管理员怀疑可能某一个主机感染了病毒。于是将172.16.2.0和172.16.3.0两个子网中主机全部关闭。可是在关机之后，依然发现外网口输出的数据包数量在递增。于是联系工程师上门解决问题。如果你是工程师，你认为以下哪一项是造成该问题的原因？（　　）

A. 由于配置了OSPF，路由器自身产生的OSPF报文导致外网口有大量数据包输出

B. 其他子网中的主机产生了上网流量，流量到达路由器后，没有执行PAT转换，根据默认路由直接发送到了互联网中，造成路由器外网口大量的数据包输出

C. access-list 10配置错误，造成其他子网中的主机也可以访问互联网，因此路由器外网口有大量的数据包输出

D. 路由器的接口流量统计功能出现问题，对输出数据包的数量产生了误报

二、多项选择题

公司的实验室有一台Telnet服务器，其IP地址为172.16.5.3，公司路由器的外网口为FastEthernet 0/1，其IP地址为219.14.71.5。管理员要在下班回家后远程访问该服务器，以下哪两种操作均可以实现此需求？（　　）

A. (config)#ip nat inside source static tcp 172.16.5.3 23 219.14.71.5 9000

B. (config)#ip nat inside source static udp 172.16.5.3 23 219.14.71.5 9000

C. (config)#ip nat inside source static tcp 172.16.5.3 23 interface FastEthernet 0/1 9000

D. (config)#ip nat inside source static udp 172.16.5.3 23 interface FastEthernet 0/1 9000

任务3　DHCP配置（Client与Server处于同一子网）

【学习情境】

假设你是某公司的网络管理员，公司需要一台DHCP服务器对内网客户提供IP服务，要求用路由器实现此功能。

【学习目的】

1. 理解路由器进行DHCP服务器的原理。
2. 掌握通过路由器进行DHCP服务器配置的步骤。
3. 掌握DHCP配置服务实验的测试与验证。

【相关设备】

路由器1台、PC2台、服务器2台、二层交换机1台、直连线4根、交叉线1根。

【实验拓扑】

拓扑如图6－3－1所示。

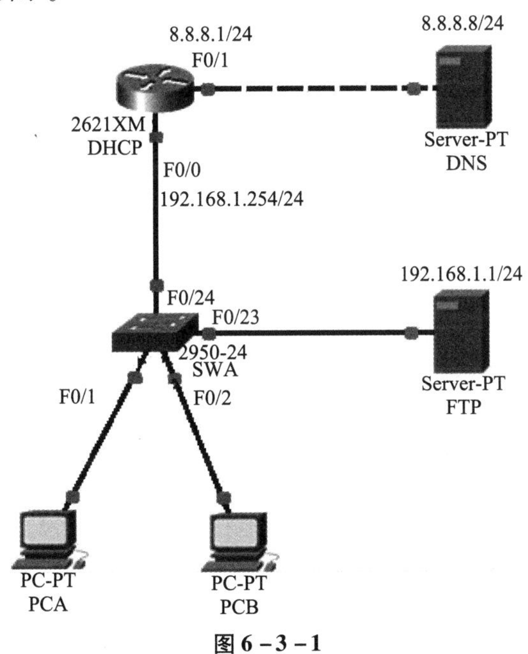

图6－3－1

【实验任务】

1. 如图6－3－1所示搭建网络环境，配置设备及端口的地址和默认网关。

2. 启用DHCP服务并配置动态分配参数：DHCP的名称设置为dynamic，可分配的动态地址为192.168.1.0网段，租约时间为3小时，排除固定地址以防止冲突。

3. 配置手工绑定参数：把192.168.1.100的地址绑定到MAC地址为047d.7b8e.5db0的主机上。

4. 在PCA与PCB上测试DCHP的服务，查看绑定信息，如图6-3-2。

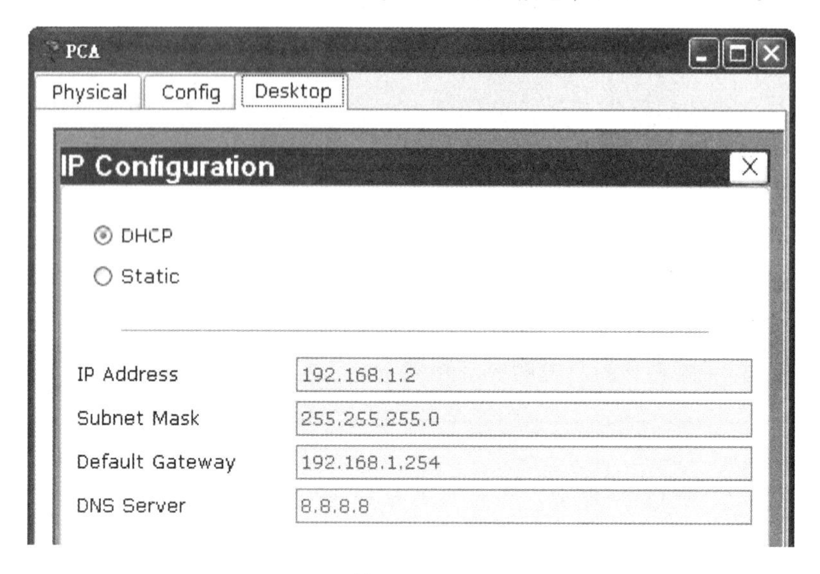

图6-3-2

5. 最后把配置以及ping的结果截图打包，以“学号姓名”为文件名，提交作业。

【实验命令】

1. 启用DHCP服务：

```
DHCP(config)#service dhcp      //思科模拟器无此命令
```

2. 配置动态分配参数：

```
DHCP(config)#ip dhcp pool dynamic      //dynamic 为 DHCP 的名称
DHCP(dhcp-config)#network 192.168.1.0 255.255.255.0
DHCP(dhcp-config)#default-router 192.168.1.254
DHCP(dhcp-config)#lease 0 3 0      //天  小时  分钟  //思科模拟器无此命令
DHCP(dhcp-config)#dns-server 8.8.8.8
DHCP(dhcp-config)#exit
DHCP(config)#ip dhcp excluded-address 192.168.1.1
DHCP(config)#ip dhcp excluded-address 192.168.1.254
```

3. 配置手工绑定参数：

```
DHCP(config)#ip dhcp pool static-clientB      //思科模拟器无此命令
DHCP(dhcp-config)#host 192.168.1.100 255.255.255.0
DHCP(dhcp-config)#hardware-address 047d.7b8e.5db0
```

4. 检查绑定信息：

```
DHCP#show ip dhcp binding
DHCP#show ip dhcp server statistics      //思科模拟器无此命令
```

【注意事项】

1. DCHP 服务器配置时，一定要设置网关和 DNS，保证可以正常访问外网。还要排除固定地址，以防止 IP 的冲突引起网络的不稳定。

2. 注意要先在 PCA 与 PCB 上测试 DCHP 的服务，才能查看到绑定的信息。

【配置结果】

1. DHCP#show ip dhcp binding：

```
IP address       Client - ID/            Lease expiration     Type
                 Hardware address
192.168.1.2      00D0.BA8C.4EC6          --                   Automatic
192.168.1.3      0030.F256.2150          --                   Automatic
```

2. DHCP#show running - config：

```
Building configuration...
Current configuration:518 bytes
version 12.2
no service password - encryption
hostname DHCP
ip ssh version 1
interface FastEthernet0/0
  ip address 192.168.1.254 255.255.255.0
  duplex auto
  speed auto
interface FastEthernet0/1
 ip address 8.8.8.1 255.255.255.0
  duplex auto
  speed auto
ip classless
ip dhcp excluded - address 192.168.1.1
ip dhcp excluded - address 192.168.1.254
ip dhcp pool dynamic
  network 192.168.1.0 255.255.255.0
  default - router 192.168.1.254
  dns - server 8.8.8.8
line con 0
line vty 0 4
  login
end
```

【技术原理】

1. Dynamic Host Configuration Protocol（简称 DHCP）：是一种能够为网络中的主机提供 TCP/IP 配置的应用层协议。DHCP 基于 C/S 模型，Client 能够从 DHCP Server 获取到 IP 地址及其他参数（子网掩码、默认网关、DNS 等），从而降低手工配置带来的工作量和出错率。

2. DHCP 的报文类型。

（1）DHCP Discover：广播发送，目的是发现网络中的 DHCP Server。所有收到 Discover 报文的 DHCP Server 都会发出响应。

（2）DHCP Offer：DHCP Server 收到 Discover 报文后，使用 Offer 向 Client 提供可用的 IP 地址及参数。目的是告知 Client 本 Server 可以为其提供 IP 地址。

（3）DHCP Request：用于向 Server 请求 IP 参数或续租。回应第一个 Offer 时，广播发送；租期 50% 时，单播发送；租期 87.5% 时，广播发送。

（4）DHCP ACK：DHCP Server 收到 Request 报文后，发送 ACK 报文作为回应，通知 Client 可以使用分配的 IP 地址以及其他参数。

（5）DHCP NAK：如果 DHCP Server 收到 Request 报文后，由于某些原因无法正常分配 IP 地址，则发送 NAK 报文作为回应，通知用户无法分配合适的 IP 地址。

（6）DHCP Release：当 Client 不再需要使用分配 IP 地址时，就会主动向 DHCP Server 发送 Release 报文，告知不再需要分配 IP 地址，DHCP Server 会释放被绑定的租约。

（7）DHCP Decline：Client 收到 DHCP ACK 后，如果发现 Server 分配的地址冲突或者由于其他原因导致不能使用，则发送 Decline 报文，通知 Server 所分配的 IP 地址不可用。

（8）DHCP Inform：Client 如果需要从 DHCP Server 获取更为详细的配置信息，则发送 Inform 报文向 Server 进行请求。Server 将根据租约进行查找，并发送 ACK 报文回应。

3. DHCP 工作流程，如图 6-3-3 所示。

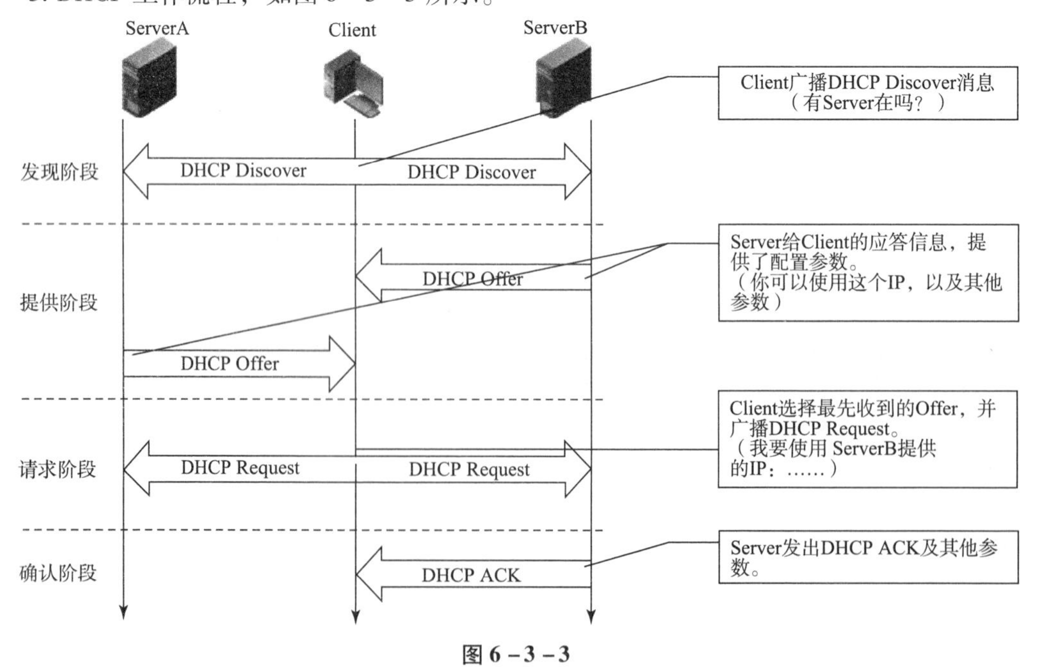

图 6-3-3

4. IP 租约的更新。

当到达租约长度的 50% 时，Client 向提供租约的 Server 发生 DHCP Request，要求更新现有租约。收到 Server 返回的 DHCP ACK 则更新租约。

如果 Client 无法与 Server 取得联系，则当到达租约长度的 87.5% 时，Client 广播 DHCP Request，以求更新现有 IP 地址的租约。收到任意 Server 返回的 DHCP ACK 则更新租约。

如果依然得不到 Server 的响应，则当租约过期时，Client 释放现有 IP 地址。

5. 配置 DHCP 动态分配命令与步骤。

第一步：开启 DHCP 服务（若已开启，可忽略）。

Router（config)#service dhcp

第二步：全局模式创建 DHCP 地址池。

Router（config)#ip dhcp pool 地址池名称

第三步：DHCP 配置模式下定义地址池空间、租期、主机默认网关、DNS 等。

Router（dhcp-config)#network 网络号 掩码

Router（dhcp-config)#lease 天数 [小时数 [分钟数]]

Router（dhcp-config)#default-router IP 地址

Router（dhcp-config)#dns-server IP 地址

第四步：全局模式配置排除地址。

Router（config)#ip dhcp excluded-address 起始 IP 地址 结束 IP 地址

【课后习题】

一、单项选择题

1. DHCP 客户端发出的 DHCP Discover 报文的源 IP 地址是（　　）。

A. 127.0.0.1　　B. 255.255.255.255　　C. 127.0.0.0　　D. 0.0.0.0

2. 为了简化客户端的 TCP/IP 属性配置，管理员在一台网关路由器上配置 DHCP 服务器。客户端所在网段为 172.16.100.0/24，并且该网段中有两台工作组服务器，IP 地址分别为 172.16.100.1 和 172.16.100.2。路由器的 IP 地址为 172.16.100.254。以下关于 DHCP 服务的配置脚本，正确的是（　　）。

A.

```
enable
config t
ip dhcp pool dhcp-pool
network 172.16.100.0 255.255.255.0
lease 1 1 30
default-router 172.16.100.254
dns-server 8.8.8.8
exit
ip dhcp excluded-address 172.16.100.1 172.16.100.2
ip dhcp excluded-address 172.16.100.254
```

```
    end
    write
B.
    enable
    config t
    ip dhcp pool dhcp - pool
    network 172. 16. 100. 0 255. 255. 255. 0
    ip dhcp excluded - address 172. 16. 100. 1 172. 16. 100. 2
    ip dhcp excluded - address 172. 16. 100. 254
    lease 1 1 30
    default - router 172. 16. 100. 254
    dns - server 8. 8. 8. 8
    exit
    end
    write
C.
    enable
    config t
    ip dhcp pool dhcp - pool
    network 172. 16. 100. 3 172. 16. 100. 253 netmask 255. 255. 255. 0
    lease 1 1 30
    default - router 172. 16. 100. 254
    dns - server 8. 8. 8. 8
    exit
    end
    write
D.
    enable
    config t
    ip dhcp pool dhcp - pool
    network 172. 16. 100. 0 255. 255. 255. 0
    lease 1 1 30
    exit
    ip dhcp excluded - address 172. 16. 100. 1 172. 16. 100. 2
    ip dhcp excluded - address 172. 16. 100. 254
    default - router 172. 16. 100. 254
    dns - server 8. 8. 8. 8
    end
    write
```

二、多项选择题

在一台 Windows 主机启用 DHCP 客户端功能并成功获取 IP 地址后，查看本地连接状态时，会发现状态信息中描述了 DHCP 租约时间。关于该租约信息的描述，以下正确的是（　　）。

A. DHCP 租约是由客户端指定的

B. DHCP 租约是由服务器指定的

C. 当主机上的动态 IP 地址达到 DHCP 租约的一半时，会广播 request 报文进行续约

D. 当主机上的动态 IP 地址达到 DHCP 租约的 87.5% 时，会广播 release 报文进行续约

任务 4　DHCP 中继代理（Client 与 Server 处于不同子网）

【学习情境】

假设你是某公司的网络管理员，公司需要建立 DHCP 服务器对内网多网段的客户提供 IP 地址服务，要求把路由器配置为 DHCP－Server，用三层交换机实现中继代理功能。

【学习目的】

1. 理解用三层交换机实现中继代理的原理。
2. 掌握三层交换机实现中继代理服务配置的步骤。
3. 掌握 DHCP 中继代理配置服务的测试与验证。

【相关设备】

路由器 1 台、PC 2 台、服务器 2 台、三层交换机 1 台、二层交换机 1 台、直连线 4 根、交叉线 2 根。

【实验拓扑】

拓扑如图 6－4－1 所示。

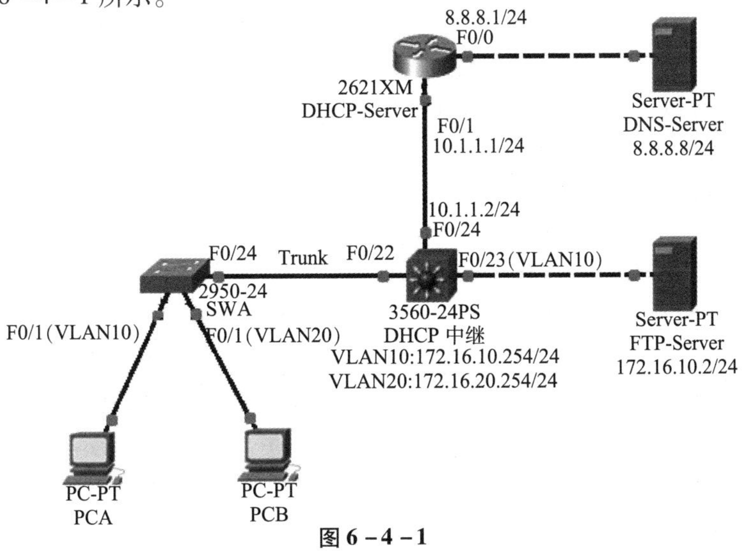

8.8.8.1/24
F0/0
2621XM
DHCP-Server
F0/1
10.1.1.1/24
Server-PT
DNS-Server
8.8.8.8/24
10.1.1.2/24
F0/24
F0/24　Trunk　F0/22
F0/23(VLAN10)
2950-24
SWA
3560-24PS
DHCP 中继
VLAN10:172.16.10.254/24
VLAN20:172.16.20.254/24
Server-PT
FTP-Server
172.16.10.2/24
F0/1(VLAN10)
F0/1(VLAN20)
PC-PT
PCA
PC-PT
PCB

图 6－4－1

【实验任务】

1. 如图6－4－1所示搭建网络环境，配置设备及端口的地址和默认网关。

2. 在三层交换机和二层交换机上分别划分VLAN10和VLAN20，并建立Trunk链路。把相应的端口分别加入VLAN中。

3. 在路由器DHCP－Server上建立静态路由，指出172.16.10.0/24和172.16.20.0/24的下一跳路由，在三层交换机上建立静态路由，指出8.8.8.0/24的下一跳路由，使全网贯通并测试。

4. 配置DHCP服务器：在路由器DHCP－Server上配置DHCP服务，动态分配参数：VLAN10的DHCP的名称设置为VLAN10－DHCP，可分配的动态地址为172.16.10.0网段，租期为3小时，网关为172.16.10.254。VLAN20的DHCP的名称设置为VLAN20－DHCP，可分配的动态地址为172.16.20.0网段，租期为5小时，网关为172.16.20.254。内网Client的DNS均为8.8.8.8，排除固定地址以防止冲突。

5. 配置DHCP中继代理：启用三层交换机的DHCP服务，配置DHCP服务器的地址。

6. 在PCA与PCB上测试DHCP的服务，查看绑定信息。

7. 最后把配置以及ping的结果截图打包，以“学号姓名”为文件名，提交作业。

【实验命令】

1. 配置DHCP服务器：在路由器DHCP－Server上配置DHCP服务，动态分配参数：VLAN10的DHCP的名称设置为VLAN10－DHCP，可分配的动态地址为172.16.10.0网段，租期为3小时，网关为172.16.10.254。VLAN20的DHCP的名称设置为VLAN20－DHCP，可分配的动态地址为172.16.20.0网段，租期为5小时，网关为172.16.20.254。内网Client的DNS均为8.8.8.8，排除固定地址以防止冲突。

```
DHCP-Server(config)#service dhcp      //思科模拟器无此命令
DHCP-Server(config)#ip dhcp pool VLAN10-DHCP
DHCP-Server(dhcp-config)#network 172.16.10.0 255.255.255.0
DHCP-Server(dhcp-config)#default-router 172.16.10.254
DHCP-Server(dhcp-config)#dns-server 8.8.8.8
DHCP-Server(dhcp-config)#lease 0 3 0      //思科模拟器无此命令
DHCP-Server(dhcp-config)#exit
DHCP-Server(config)#

DHCP-Server(config)#service dhcp      //思科模拟器无此命令
DHCP-Server(config)#ip dhcp pool VLAN20-DHCP
DHCP-Server(dhcp-config)#network 172.16.20.0 255.255.255.0
DHCP-Server(dhcp-config)#default-router 172.16.20.254
DHCP-Server(dhcp-config)#dns-server 8.8.8.8
DHCP-Server(dhcp-config)#lease 0 5 0      //思科模拟器无此命令
DHCP-Server(dhcp-config)#exit
```

```
DHCP - Server(config)#

DHCP - Server(config)#ip dhcp excluded - address 172.16.10.254
DHCP - Server(config)#ip dhcp excluded - address 172.16.10.2
DHCP - Server(config)#ip dhcp excluded - address 172.16.20.254
```

2. 配置 DHCP 中继代理：启用三层交换机的 DHCP 服务，配置 DHCP 服务器的地址。

```
L3 - Switch(config)#service dhcp              //思科模拟器无此命令
L3 - Switch(config)#ip help - address 10.1.1.1      //思科模拟器无此命令
```

3. 检查绑定信息：

```
DHCP#show ip dhcp binding
DHCP#show ip dhcp server statistics      //思科模拟器无此命令
```

【注意事项】

1. DHCP 服务器配置时，一定要设置网关和 DNS，保证可以正常访问外网。还要排除固定地址，以防止 IP 的冲突引起网络的不稳定。

2. 注意要先在 PCA 与 PCB 上测试 DHCP 的服务，才能查看到绑定的信息。

【配置结果】

1. DHCP - Server#show ip dhcp binding：

```
IP address        Client - ID/              Lease expiration        Type
                  Hardware address
172.16.10.1       00D0.BA8C.4EC6             --                     Automatic
172.16.20.1       0030.F256.2150             --                     Automatic
```

2. DHCP - Server#show running - config：

```
Building configuration...
Current configuration:856 bytes
version 12.2
no service timestamps log datetime msec
no service timestamps debug datetime msec
no service password - encryption
hostname DHCP - Server
ip dhcp excluded - address 172.16.10.254
ip dhcp excluded - address 172.16.10.2
ip dhcp excluded - address 172.16.20.254
ip dhcp pool VLAN10 - DHCP
 network 172.16.10.0 255.255.255.0
 default - router 172.16.10.254
 dns - server 8.8.8.8
```

```
ip dhcp pool VLAN20 - DHCP
 network 172.16.20.0 255.255.255.0
 default - router 172.16.20.254
 dns - server 8.8.8.8
interface FastEthernet0/0
 ip address 8.8.8.1 255.255.255.0
 duplex auto
 speed auto
interface FastEthernet0/1
 ip address 10.1.1.1 255.255.255.0
 duplex auto
 speed auto
ip classless
ip route 172.16.10.0 255.255.255.0 10.1.1.2
ip route 172.16.20.0 255.255.255.0 10.1.1.2
line con 0
line vty 0 4
 login
end
```

【技术原理】

1. 为什么需要 DHCP 中继：当 DHCP - Client 与 DHCP - Server 处于不同子网时，Client 发出的 DHCP 报文无法到达 Server。使用 DHCP 中继，即可实现 DHCP - Client 从远程 DHCP - Server 获取 IP 地址，如图 6 - 4 - 2 所示。

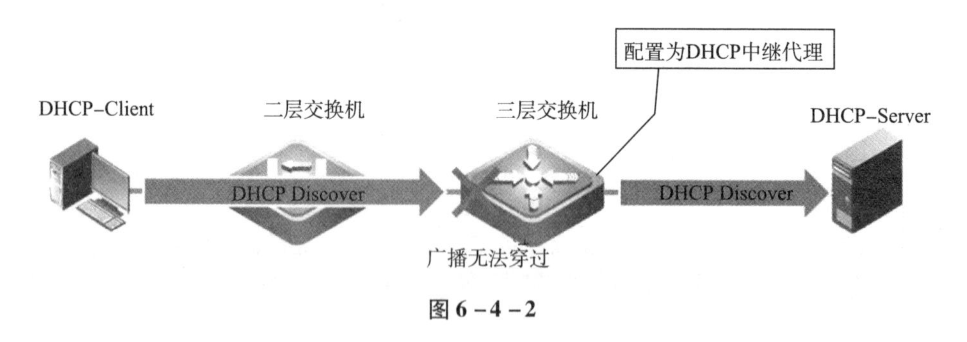

图 6 - 4 - 2

2. DHCP 中继代理的工作流程：DHCP 中继代理在接收到 Client 发出的 DHCP 消息后，会重新生成一个 DHCP 消息并使用单播方式转发到远程子网中的 DHCP - Server，如图 6 - 4 - 3 所示。

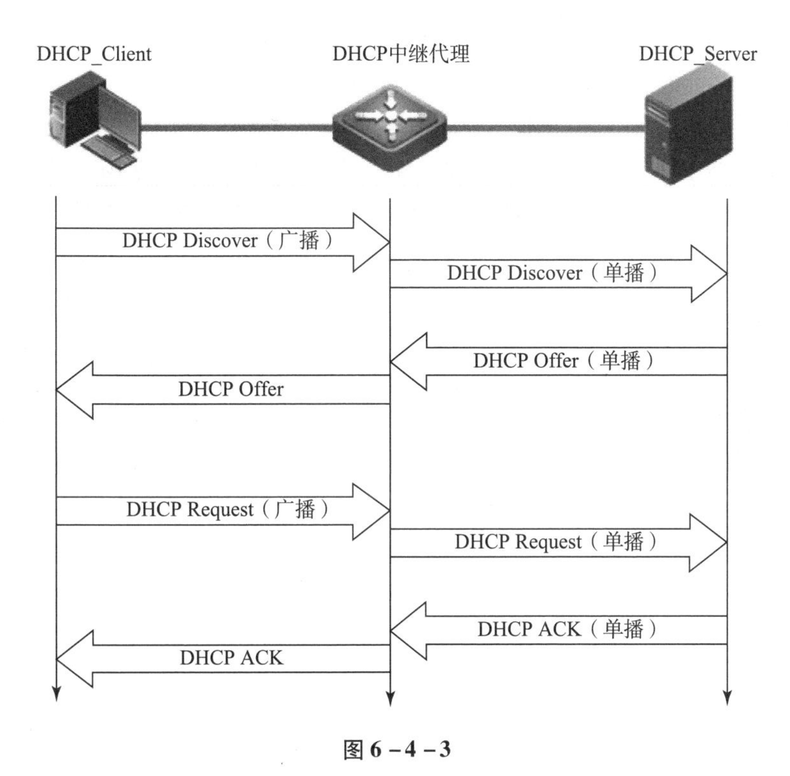

图 6－4－3

3. 配置中继代理的命令与步骤。

第一步：作为中继代理的设备，必须启用 DHCP 服务。

```
ruijie(config)#service dhcp
```

第二步：配置 DHCP 服务器的地址。

```
ruijie(config-if)#ip help-address  IP 地址
ruijie(config)#ip help-address  IP 地址
```

中继代理首先使用接口上配置的 DHCP 服务器。注意：必须是三层接口。接口未配置 DHCP 服务器，则使用全局配置的 DHCP 服务器。

【课后习题】

一、单项选择题

工程师在实施交换网络时，在汇聚层交换机上配置了 DHCP Relay，具体配置如下：

```
ruijie(config)#service dhcp
ruijie(config)#ip helper-address 10.1.1.1
ruijie(config)#interface vlan 2
ruijie(config-if)#ip helper-address 10.1.1.2
ruijie(config-if)#ip add 172.16.2.253 255.255.255.0
ruijie(config-if)#no shutdown
ruijie(config-if)#end
ruijie#write
```

对于配置后的效果，以下说法正确的是（　　）。

A. VLAN2 中的主机发出的 DHCP 请求，将会被中继转发到 10. 1. 1. 2

B. VLAN2 中的主机发出的 DHCP 请求，将会被中继转发到 10. 1. 1. 1

C. VLAN2 中的主机发出的 DHCP 请求，将会被同时中继转发到 10. 1. 1. 1 和 10. 1. 1. 2

D. VLAN2 中的主机发出的 DHCP 请求，将首先中继转发到 10. 1. 1. 2，再中继转发到 10. 1. 1. 2

二、多项选择题

1. 为了简化 IP 地址分配工作，通常会在网络中部署 DHCP 服务器为客户端分配 IP 地址及其他 TCP/IP 属性。当客户端使用自动获取方式后，会发出地址请求信息。DHCP 服务器收到客户端的请求后，如何根据收到的请求分配地址？以下陈述中正确的两项是（　　）。

A. 如果 DHCP 请求包中携带有中继设备的地址，则根据中继设备的 IP 地址分配同一子网的地址

B. 如果 DHCP 请求包中没有中继设备的地址，则根据收到请求包接口的 IP 分配同一子网的地址

C. 如果中继设备与 DHCP 服务器直连，则可以正常分配地址

D. 如果中继设备与 DHCP 服务器非直连，则需要在中继设备与 DHCP 服务器之间的所有设备上启用 DHCP 中继后，才可以正常分配地址

2. 如果 DHCP 客户端与 DHCP 服务器不在同一个 LAN 中，则需要中间设备对 DHCP 报文进行中继转发。启用 DHCP 中继必要的命令包括（　　）。

A. service dhcp　　　　B. ip help – address

C. enable service dhcp　　　　D. ip dhcp – relay address

任务5　Wireless 无线实验

【学习情境】

假设你是某公司的网络管理员，公司需要在办公楼搭建无线环境，能实现 PC、笔记本、iPod 等移动设备的无线上网，要求能访问公司的 DNS 和 WWW 服务器。

【学习目的】

1. 了解 WLAN 的工作原理。
2. 掌握 WLAN 的相关技术和理论。
3. 熟练掌握无线设备的相关设置和应用。
4. 掌握 Wireless 无线实验的测试与验证。

【相关设备】

路由器 1 台、PC 2 台、服务器 2 台、三层交换机 1 台、二层交换机 1 台、直连线 4 根、交叉线 2 根。

【实验拓扑】

拓扑如图 6－5－1 所示。

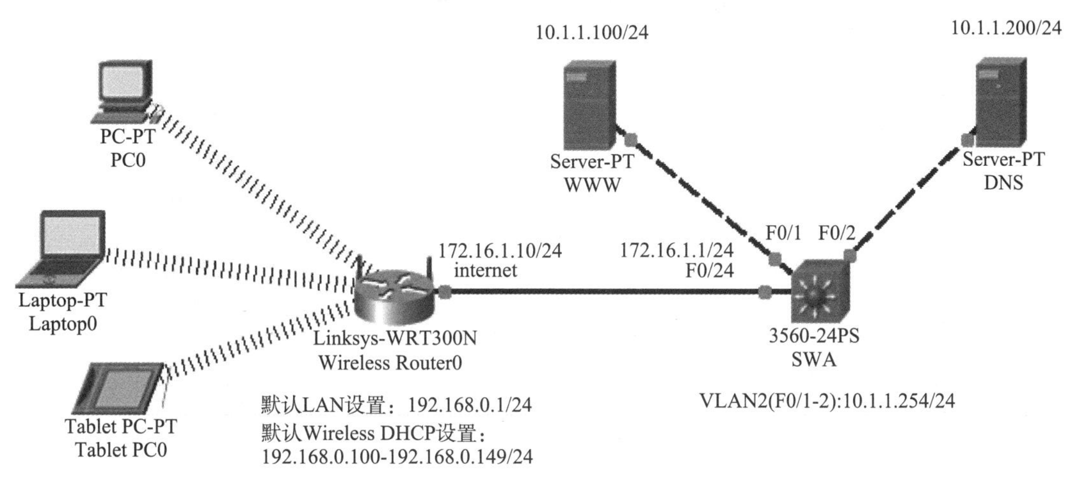

图 6－5－1

【实验任务】

1. 如图 6－5－2 所示搭建无线网络基本拓扑，配置设备及端口的地址和默认网关，配置三层交换机 SWA 的 VLAN2 及地址。

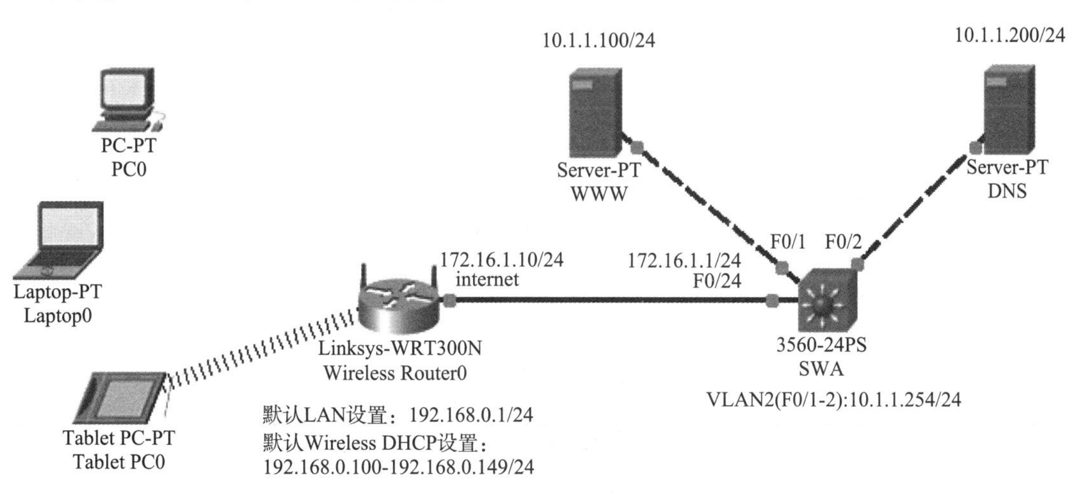

图 6－5－2

Wireless Router0 的 LAN 口地址和无线 DHCP 设置有默认设置，可先不改动，先配置好 internet 口地址，网关和 DNS。因为 Tablet PC0 是移动设备，有无线网卡，所以可以直接连在无线路由 Wireless Router0 上，并自动获取到 IP 地址，如图 6－5－3。从 Tablet PC0 上进行测试，可以 ping 通到 WWW 和 DNS 服务器。

2. 设置或安装 PC0 和 Laptop0 笔记本的无线网卡，使它们也可以连接到无线路由 Wireless Router0 上。在 Cisco Packet Tracer 模拟器上的操作步骤是把机器的电源关闭，移走有线

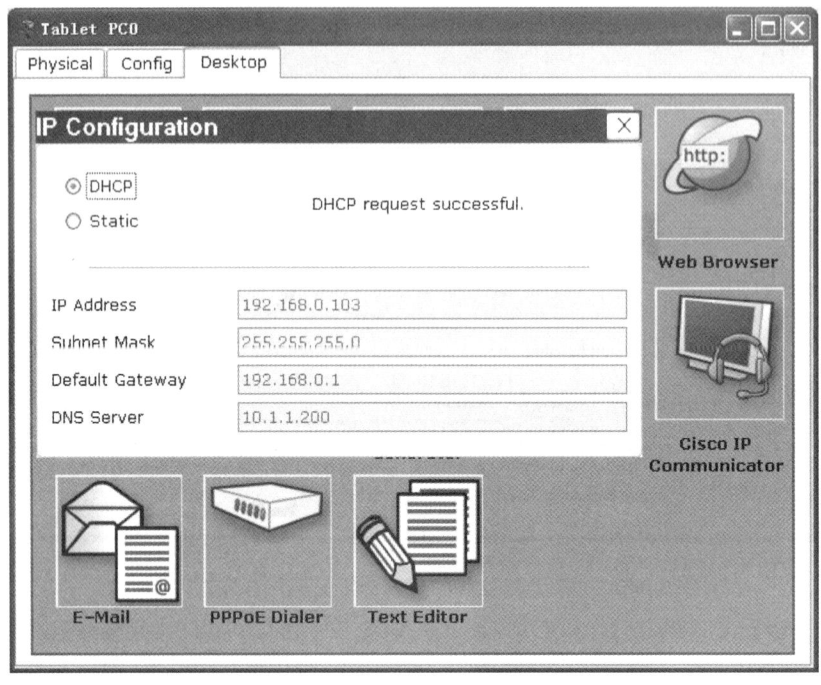

图6－5－3

网卡，再安装上 Linksys－WMP300N 无线上网模块，如图6－5－4、图6－5－5所示。配置好后，会看到拓扑图上多了两条波线，表示已经连接到了无线路由。

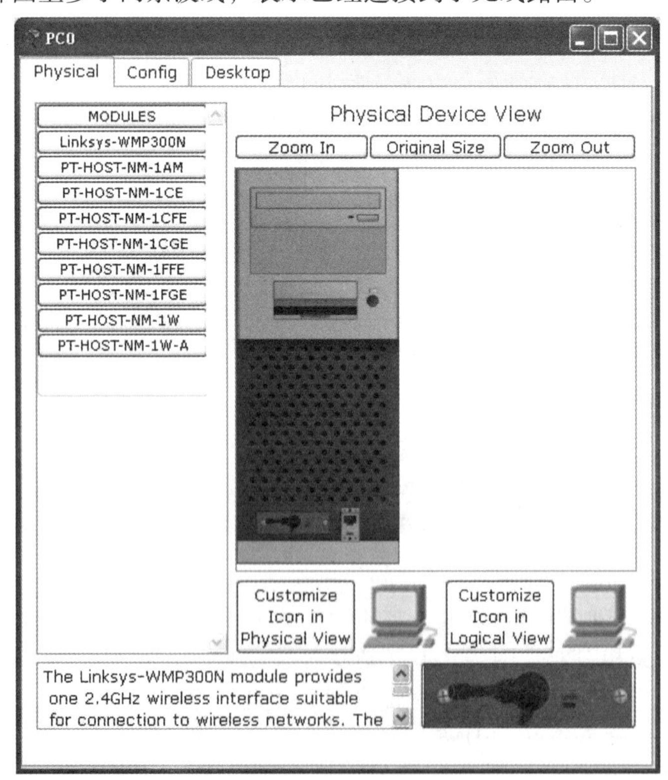

图6－5－4

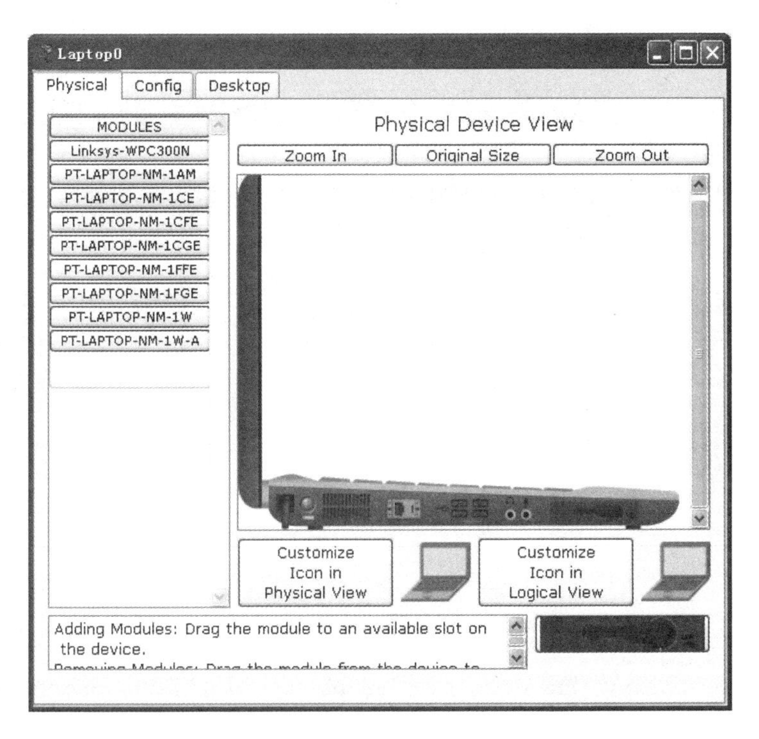

图 6－5－5

3. 设置 DNS 服务器，添加 WWW 服务器 IP 的域名，如 www. wlsbpzywh. com，查看 WWW 服务器的 http 设置，如图 6－5－6 所示。

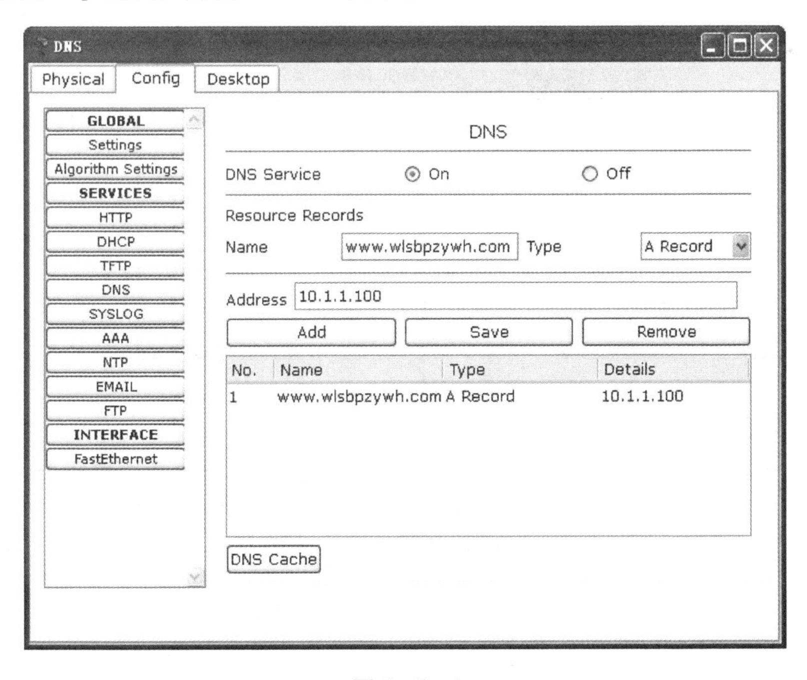

图 6－5－6

4. 从 PC、笔记本或 iPod 上进行无线接入的上网测试，打开 Web Browser，通过域名

www. wlsbpzywh. com 访问 WWW 的 Web 页面，如图 6－5－7 所示。

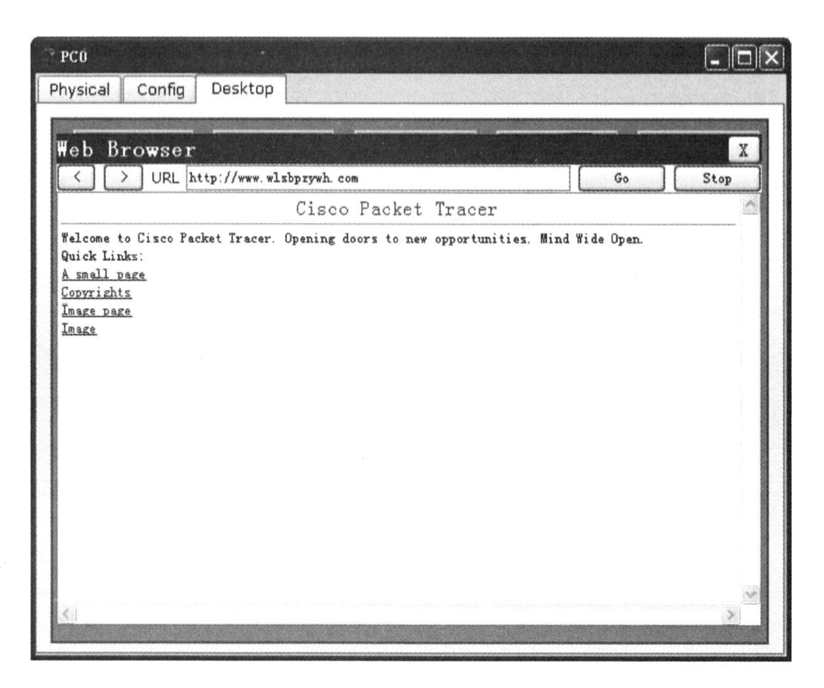

图 6－5－7

5. 远程登录 Wireless Router0 路由器并查看相关设置。打开 PC、笔记本或 iPod 的 Web Browser，输入地址 http://192. 168. 0. 1，进入登录界面，输入默认的用户名 admin 和密码 admin，如图 6－5－8 所示。

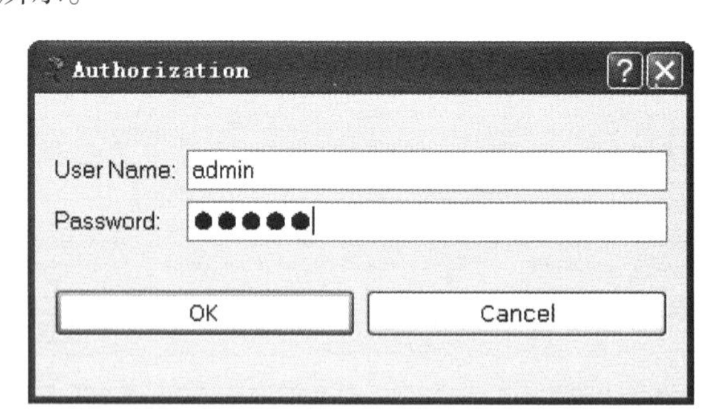

图 6－5－8

6. 对 Wireless Router0 路由器进行参数设置，以符合认证与安全的需求。

（1）设置 Network Mode 网络模式为：Wireless－N，Network Name（SSID）。无线网络显示 SSID 的名称为：WJXVTC－WLAN，选择 Channel 信道为 6，保存设置，如图 6－5－9 所示。

图 6-5-9

（2）设置无线网络安全认证：方式为 WPA2 Personal，加密为 AES，密码为 wjxvtc123，保存设置，如图 6-5-10 所示。这时所有接入该无线路由的连接都已断开，说明需要密码才能无线接入。

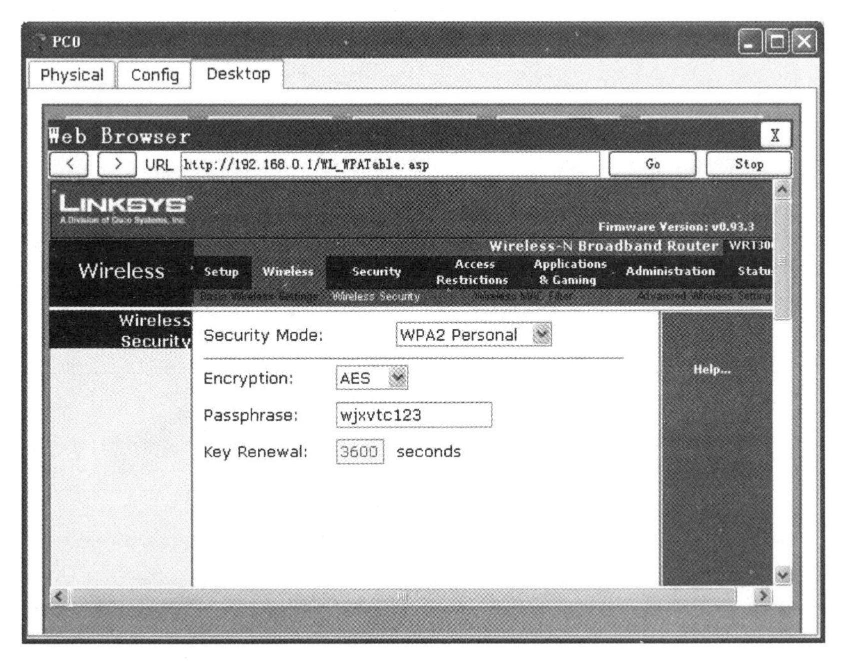

图 6-5-10

（3）打开接入终端的 PC Wireless，选择 Connect，输入无线密码，再次成功登录，如图6－5－11所示。

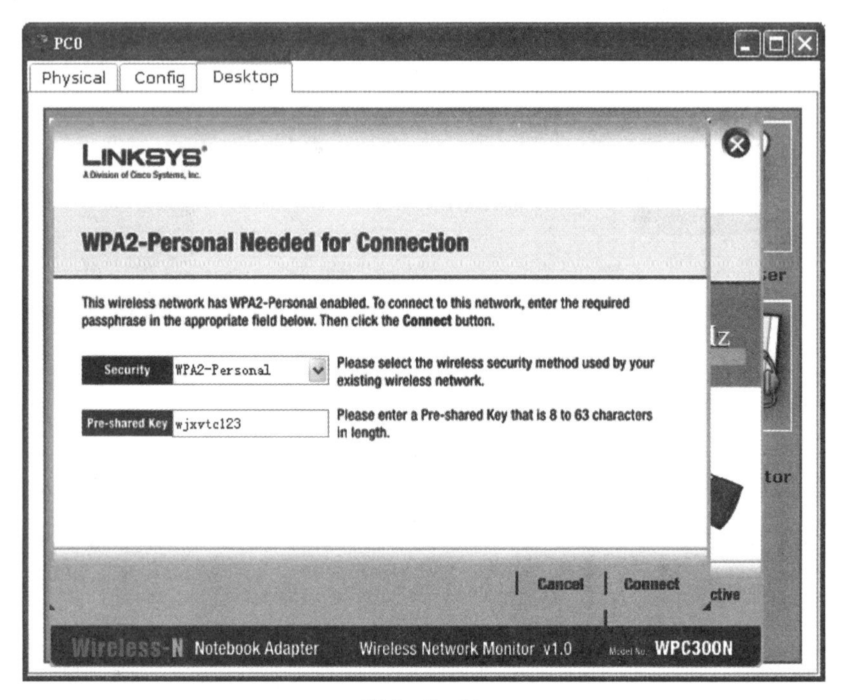

图6－5－11

在 Link Information 中查看连接情况和接入信息。需要说明的是模拟器只支持 WEP 安全模式，如图6－5－12所示。

图6－5－12

（4）更改无线路由远程登录用户 admin 的密码为：wjx123vtc！@＃，以防止他人随意可以登录无线路由器查看密码，进行蹭网或是更改设置，如图 6－5－13 所示。完成后进行远程登录验证。

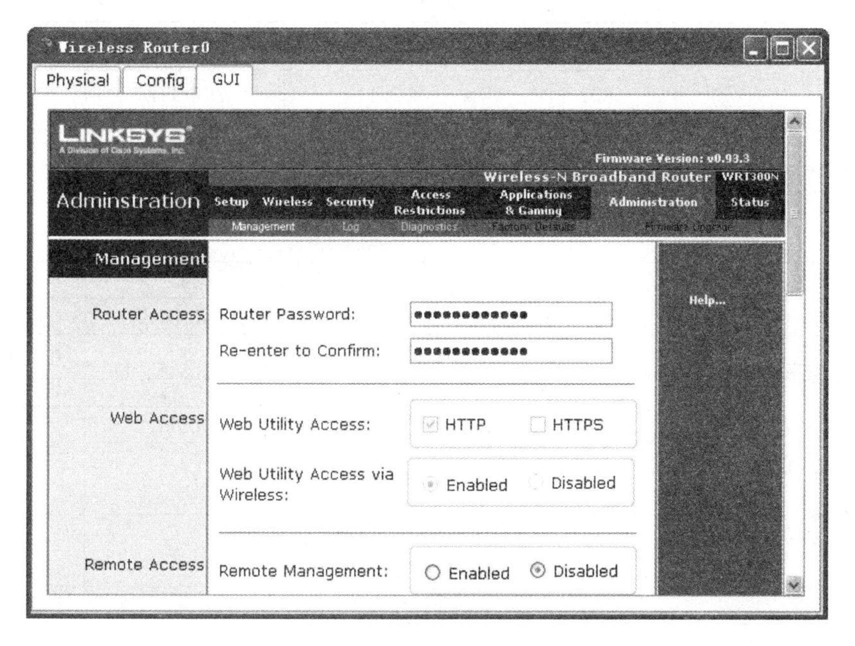

图 6－5－13

7. 最后把配置以及测试结果截图打包，以“学号姓名”为文件名，提交作业。

【注意事项】

1. 设置三层交换机 SWA 的 F0/24 口的地址时，注意要先改变该端口的属性，即要先打命令 no switchport 才能配置地址。

2. 注意 Wireless Router0 路由器的设置做完，一定要点保存“save settings”，否则无效。

【技术原理】

1. WLAN（Wireless LAN）是计算机网络与无线通信技术相结合的产物。用射频（RF）技术取代旧式的双绞线构成局域网络，提供传统有线局域网的所有功能。具有部署简单、移动方便、使用便捷等优点。

2. 无线网络技术是实现 6A 梦想/移动计算/普适计算（Ubiquitous Computing）的核心技术。构造无处 6A：任何人（anyone）在任何时候（anytime）、任何地点（anywhere）可以采用任何方式（any means）与其他任何人（any other）进行任何通信（anything）。

3. 无线网络分类：从无线网络覆盖范围的角度看，可以分为无线个人网（WPAN）、无线局域网（WLAN）、无线城域网（WMAN）、无线广域网（WWAN）。

4. IEEE 802.11 协议与发展如表 6－5－1 所示。自从 1997 年 IEEE 802.11 标准实施以来，先后有 802.11a、802.11b、802.11e、802.11f、802.11g、802.11h、802.11i、802.11j、802.11n。目前 802.11n 可以将 WLAN 的传输速率由 802.11a 及 802.11g 提供的 54Mbps 提高

到108Mbps，甚至高达500Mbps，可以支持高质量的语音、视频传输。这得益于将MIMO（多入多出）与OFDM（正交频分复用）技术相结合而应用的MIMO OFDM技术。

表6-5-1

指标	协议			
	802.11	802.11a	802.11b	802.11g
标准发布时间	1997年7月	1999年9月	1999年9月	2003年6月
合法频宽/MHz	83.5	325	83.5	83.5
频率范围/GHz	2.400～2.483	5.150～5.350 5.725～5.850	2.400～2.483	2.400～2.483
非重叠信道	3	12	3	3
调制技术	FHSS/DSSS	OFDM	CCK/DSSS	CCK/OFDM
物理发送速率/Mbps	1，2	6，9，12，18，24，36，48，54	1，2，5.5，11	6，9，12，18，24，36，48，54
无线覆盖范围	N/A	50M	100M	<100M
理论上的最大UDP吞吐量（1500 byte）/Mbps	1.7	30.9	7.1	30.9
理论上的TCP/IP吞吐量（1500 byte）/Mbps	1.6	24.4	5.9	24.4
兼容性	N/A	与11b/g不能互通	与11g产品可互通	与11b产品可互通

5. 802.11b/g工作频段划分，如图6-5-14所示。

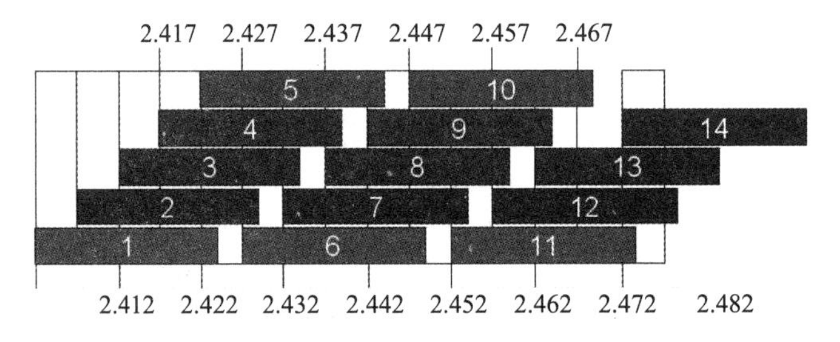

图6-5-14

6. 无线覆盖原则——蜂窝式覆盖：任意相邻区域使用无频率交叉的频道，如1、6、11频道，适当调整发射功率，避免跨区域同频干扰，蜂窝式无线覆盖实现无交叉频率重复使用，如图6-5-15所示。

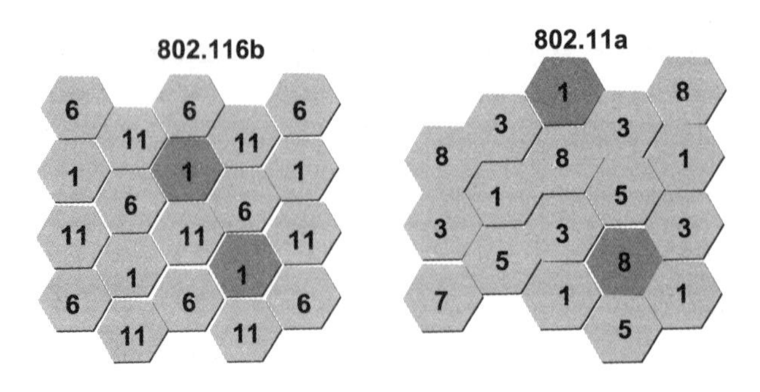

图6-5-15

7. 无线传输的干扰因素——多径传播：障碍物反射信号，使接收端收到多个不同延迟的信号拷贝。如果收到的多个信号相位破坏性叠加，则相对噪声来说信号强度下降（信噪比减小），导致接收端检测困难，如图 6－5－16 所示。

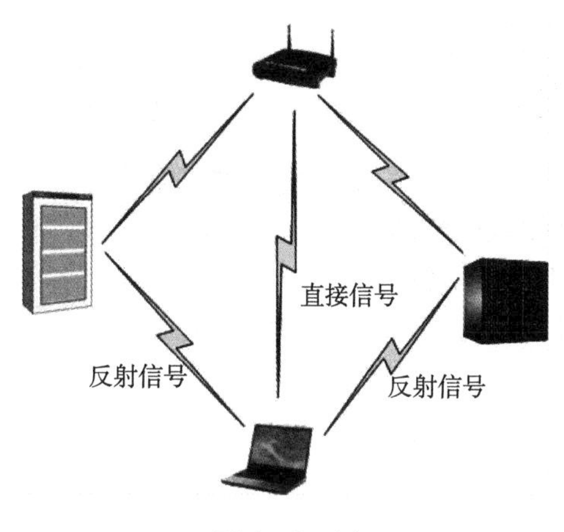

图 6－5－16

8. 无线传输的干扰因素——衰耗：电磁波的穿透性与频率有关，频率越低穿透性越强。频率越高，衰减越严重，发射机需要更大的功率，传输范围更短。不同材质对无线电波也有不同的影响，如表 6－5－2 所示。

表 6－5－2

材质类型	在建筑物中的使用	对电波的影响程度
木材	办公区	低
石膏	内墙	低
玻璃	窗口	低
砖	外墙	中
混凝土	楼板和外墙	高
金属	电梯	非常高

9. WLAN 网络模式：

（1）独立型网络模式（independent BSS）：如 Ad Hoc，无须 AP 支持，站点间可相互通信。

（2）基础结构型网络模式：又分为基础结构型 BSS（infrastructure BSS）与扩展服务集合 ESS（Extended Service Set）。

基础结构型 BSS：站点间不能直接通信，必须依赖 AP 进行数据传输。AP 提供到有线网络的连接，并为站点提供数据中继功能。

扩展服务集合 ESS：多个 BSS 的连接与通信。

10. 安全与认证：

（1）开放系统认证：缺省的认证方式，不使用 WEP 加密，所有认证消息都以明文方式发送。决定认证是否成功的依据有许多，比如访问控制列表（ACL）、业务组标识

（SSID）等。

（2）共享密钥认证：参与认证的双方拥有相同的密钥，使用该密钥对质询文本进行WEP、WPA（TKIP）、WPA2（AES）加密（请求认证方）和解密（认证方），以决定认证是否成功。

（3）WAPI（中国国家标准）。

11. WLAN设备：

（1）FAT AP：FAT AP将WLAN的物理层，用户数据加密、认证、漫游、网络管理等功能集于一身。适用于小型无线网络部署，不适用于大规模网络部署。

（2）无线控制器交换机和Fit AP：用户管理数据与用户转发数据分离，受控数据与非受控数据转发分离，网络管理数据与网络业务数据分离。

【课后习题】

一、单项选择题

1. 下列协议标准中，哪个传输速率是最快的？（　　）

A. 802. 11a　　B. 802. 11g　　C. 802. 11n　　D. 802. 11b

2. WLAN技术是采用哪种介质进行通信的？（　　）

A. 双绞线　　B. 无线电波　　C. 广播　　D. 电缆

3. 在WLAN中，下列哪种方式是用于对无线数据进行加密的？（　　）

A. SSID隐藏　　B. MAC地址过滤　　C. WEP　　D. 802. 1X

4. 以下对802. 11a、802. 11b、802. 11g的陈述，正确的是（　　）。

A. 802. 11a和802. 11b工作在2. 4G频段，802. 11g工作在5G频段

B. 802. 11a带宽能达到54Mbps，而802. 11g和802. 11b只有11Mb/s

C. 802. 11g兼容802. 11b，但两者不兼容802. 11a

D. 802. 11a传输距离最远，其次是802. 11b。传输距离最近的是802. 11g

5. 在802. 11g协议标准下，有多少个互不重叠的信道？（　　）

A. 2个　　B. 3个　　C. 4个　　D. 没有

6. 在实施WLAN的过程中，工程师需要通过检查环境中不同物体对WLAN信号的影响程度来决定无线AP的部署方式。在以下选项中，对WLAN射频信号阻碍最大的是（　　）。

A. 钢筋混凝土墙壁　　B. 木门　　C. 玻璃窗　　D. 人体

7. 为了让无线客户端通过扫频发现无线网络，工程师在实施WLAN时会在AP上配置SSID广播。配置SSID时，最大字符是（　　）。

A. 8　　B. 16　　C. 32　　D. 48

8. 为了确保WLAN的安全，在实际部署中需要采用某种方式对WLAN数据流进行加密。下列选项中，不属于WLAN加密机制的是（　　）。

A. WEP　　B. TKIP　　C. AES　　D. 802. 1X

9. 在小型WLAN部署中，AP数量较少，无须使用AC进行集中控制，因此工程师需要将AP配置为FAT模式。以下操作中，哪一项可以实现AP的FAT模式？（　　）

A. ruijie (config)#interface dot11radio 1/0

ruijie (config - if)#mac - mode fat

B. ruijie (config)#interface vlan 1

ruijie (config - if)#mac - mode fat

C. ruijie (config)#dot11 wlan 1

ruijie (config - wlan - config)#mac - mode fat

D. ruijie (config)#mac - mode fat

10. 在当前的 WLAN 环境中，客户端设备均能够支持 802.11n 标准。为了达到最佳的转发效率，需要对 AP 进行配置以支持 802.11n。在下列操作中，哪一项可以实现 AP 对 802.11n 的支持？(　　)

A. ruijie (config)#interface dot11radio 1/0

ruijie (config - if)#11nsupport enable

B. ruijie (config)#interface vlan 1

ruijie (config - if)# 11nsupport enable

C. ruijie (config)#dot11 wlan 1

ruijie (config - wlan - config)# 11nsupport enable

D. ruijie (config)# 11nsupport enable

11. 不同国家对 WLAN 的射频频段、信道、功率的规定有所不同，在配置 AP 前，工程师需要明确该 AP 所支持的国家代码。对于锐捷 AP 设备，默认情况下支持的国家代码是(　　)。

A. CN　　B. EN　　C. CH　　D. US

12. 网络管理员接到人力资源部通知，一个员工办理了离职手续并上交了公司配备的笔记本电脑。管理员通过固定资产清单查找到该笔记本电脑的 MAC 地址为 60 - D8 - 19 - D3 - DF - DF。出于安全需求，管理员在 AP 上配置了 MAC 地址过滤，禁止该笔记本电脑接入 WLAN。一个星期后，一个刚入职的新员工领用了这台笔记本电脑，管理员需要在 AP 上进行下列哪一项操作，可以重新运行该笔记本电脑接入 WLAN？(　　)

A. ruijie (config)#no mac - address - table filtering 60d8. 19d3. dfdf vlan 2

B. ruijie (config)#no mac - address filtering 60d8. 19d3. dfdf vlan 2

C. ruijie (config)# mac - address - table filtering remove 60d8. 19d3. dfdf vlan 2

D. ruijie (config)# mac - address filtering remove 60d8. 19d3. dfdf vlan 2

13. 在小型 WLAN 部署中，AP 数量较少，无须使用 AC 进行集中控制，因此工程师需要将 AP 配置为 FAT 模式。以下操作中，哪一项可以实现 AP 的 FAT 模式？(　　)

A. ruijie (config)#interface cot11radio 1/0

ruijie (config - if)#mac - mode fat

B. ruijie (config)#interface vlan 1

ruijie (config - if)#mac - mode fat

C. ruijie (config - if)#mac - mode fat

D. ruijie (config)#dot11 wlan 1

ruijie (config - wlan - config)#mac - mode fat

14. 在设计规划 WLAN 时，要确保相邻 AP 的信道不重叠，802.11 无线局域网不重叠的信道为（　　）。

A. 1 2 3　　B. 2 7 12　　C. 9 10 11　　D. 1 6 11

二、多项选择题

为禁止外部人员通过无线终端设备发现公司内部的 WLAN 网络，需要禁止向外广播 SSID。关于 SSID 广播，下列说法正确的是（　　）。

A. 默认情况下，SSID 广播是开启的

B. 默认情况下，SSID 广播是关闭的

C. 如果 SSID 广播关闭的情况下，可以使用命令 enable - broad - ssid 开启广播 SSID

D. 如果 SSID 广播关闭的情况下，可以使用命令 broad - ssid - enable 开启广播 SSID

项目七

网络综合配置

任务1　网络综合配置重要实验命令范例

一、准备工作

1. 安装 SecureCRT 5.1 并注册，在桌面上建立文件夹（名称为自己的姓名）。在此文件夹内建四个文本文件 RA. text、RB. text、S3760. text、S126. text，分别存放四台设备的配置（show runing – config 的结果），最后把文件夹通过极域电子教室的学生端提交到教师机上。

2. 审题：分析如图 7 – 1 – 1 所示实验拓扑，找出全网的所有网段，找出所有地址。（办公网 VLAN20 和学生网 VLAN30）

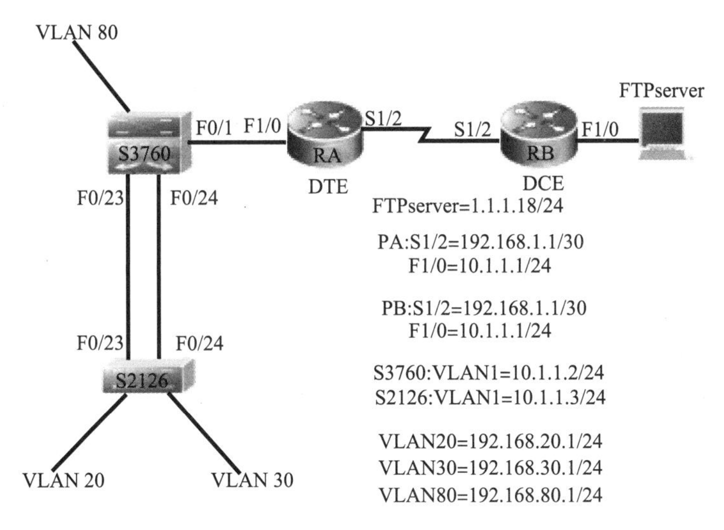

图 7 – 1 – 1

3. 连线：注意端口的灯是否亮。三层与二层之间先接一根网线，配置生成树或聚合后再连接另一根。

如用 packet tracer 模拟器，拓扑如图 7 – 1 – 2 所示。

二、基本配置

1. 配置 PC（FTPserver 或 WWWserver）的地址，注意网关的设置。

2. 配置路由器 RA 和 RB 的端口地址。检查是否有直连网段（show ip route），没有的再检查端口是否 UP（show ip interface brief），如 RA 配置：

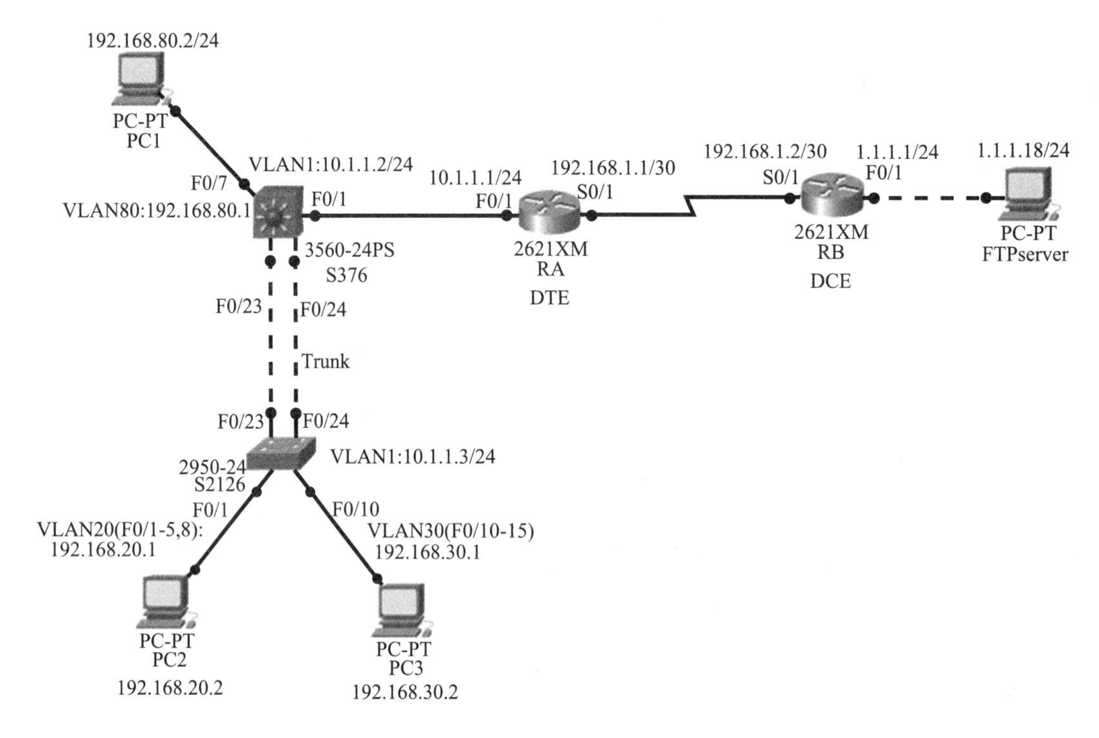

图7-1-2

```
Red-Giant>enable
Red-Giant#configure terminal
Red-Giant(config)#hostname Ra
RA(config)#interface fastethernet 1/0
RA(config-if)#ip adderss 10.1.1.1 255.255.255.0
RA(config-if)#no shutdown
RA(config-if)#exit
RA(config)#interface serial 1/2
RA(config-if)#ip address 192.168.1.1 255.255.255.252
RA(config-if)#no shutdown
RA(config-if)#end
RA#show ip route     检查直连网段是否成功
```

如RB配置:

```
Red-Giant>enable
Red-Giant#configure terminal
Red-Giant(config)#hostname Rb
RB(config)#interface fastethernet 1/0
RB(config-if)#ip adderss 1.1.1.1 255.255.255.0
RB(config-if)#no shutdown
```

```
RB(config-if)#exit
RB(config)#interface serial 1/2
RB(config-if)#ip address 192.168.1.2 255.255.255.252
RB(config-if)#clock rate 64000
RB(config-if)#no shutdown
RB(config-if)#end
RB#show ip route      检查直连网段是否有
```

3. 配置三层交换机的所有 VLAN 及地址，把指定的端口加入相应的 VLAN。配置各个 VLAN 的地址。检查直连网段是否有（show ip route）？没有的再检查端口是否 UP（show ip interface brief）？

例如：S3760 与 S2126 两台设备创建相应的 VLAN，S2126 VLAN20 包含 F011 - 5 及 F018 端口，S2126VLAN30 包含 F0110 - 15 端口。S3760VLAN80 包含接口为 F0/7。如：

```
Switch>enable
Switch#configure terminal
Switch(config)#hostname S3760
S3760(config)#vlan 20
S3760(config-vlan)#exit
S3760(config)#vlan 30
S3760(config-vlan)#exit
S3760(config)#vlan 80
S3760(config-vlan)#exit
S3760(config)#interface FastEhernet 0/7
S3760(config-if)#switchport access vlan 80
S3760(config-if)#exit
S3760(config)#interface vlan 1
S3760(config-if)#ip address 10.1.1.2 255.255.255.0
S3760(config-if)#no shutdown
S3760(config-if)#exit
S3760(config)#interface vlan 20
S3760(config-if)#ip address 192.168.20.1 255.255.255.0
S3760(config-if)#no shutdown
S3760(config-if)#exit
S3760(config)#interface vlan 30
S3760(config-if)#ip address 192.168.30.1 255.255.255.0
S3760(config-if)#no shutdown
S3760(config-if)#exit
S3760(config)#interface vlan 80
S3760(config-if)#ip address 192.168.80.1 255.255.255.0
S3760(config-if)#no shutdown
```

```
S3760(config-if)#end
S3760(config)#ip default-network 10.1.1.1
S3760#show vlan      检查 vlan 设置是否正确
S3760#show ip route  检查直连网段是否有
```

4. 配置二层交换机的管理地址（VLAN1 地址）、网关、所有 VLAN，把指定的端口加入相应的 VLAN。如：

```
Switch>enable
Switch#configure terminal
Switch(config)#hostname s2126
S2126(config)#interface vlan 1
S2126(config-if)#ip address 10.1.1.3 255.255.255.0
S2126(config-if)#no shutdown
S2126(config-if)#exit
S2126(config)#ip default-gateway 10.1.1.1
S2126(config)#vlan 20
S2126(config-vlan)#exit
S2126(config)#vlan 30
S2126(config-vlan)#exit
S2126(config)#interface range FastEthernet 0/1-5,0/8
S2126(config-if-range)#switchport access vlan 20
S2126(config-if-range)#exit
S2126(config)#interface range FastEthernet 0/10-15
S2126(config-if-range)#switchport access vlan 30
S2126(config-if-range)#end
S2126#show vlan      检查 vlan 设置是否正确
```

三、配置四台设备的安全管理

使四台设备均能远程管理，为了安全起见，特权密码不能明文显示。设备的远程管理地址在前面已经做过配置，此处只需设置密码。

（1）S2126 远程登录密码设置为 123456：

```
S2126(config)#enable secret level 1 0 123456
```

如用思科设备，命令如下：

```
S2126(config)#line vty 0 15
S2126(config-line)#password 123456
S2126(config-line)#login
```

（2）S2126 特权密码设置为 654321：

```
S2126(config)#enable secret level 15 0 654321
```

如用思科设备，命令如下：

```
S2126(config)#enable  secret  654321
```

（明文方式 enable　password　654321）

（3）S3760 远程登录密码设置为 123456：

```
S3760(config)#enable secret level 1 0 123456
```

如用思科设备，命令如下：

```
S3760(config)#line vty 0 15
S3760(config - line)#password 123456
S3760(config - line)#login
```

（4）S3760 特权密码设置为 654321：

```
S3760(config)#enable secret level 15 0 654321
```

如用思科设备，命令如下：

```
S3760(config)#enable  secret  123456
```

（明文方式 enable　password　123456）

（5）RA 远程登录密码设置为 123456：

```
RA(config)#line vty 0 4
RA(config - line)#password 123456
RA(config - line)#login
```

（6）RA 特权密码设置为 654321：

```
RA(config)#enable secret 654321
```

（或 enable password 654321 明文方式）

（7）RB 远程登录密码设置为 123456：

```
RB(config)#line vty 0 4
RB(config - line)#password 123456
RB(config - line)#login
```

（8）RB 特权密码设置为 654321：

```
RB(config)#enable secret 654321
```

（或 enable password 654321 明文方式）

四、建立 Trunk 链路

把 S3760 与 S2126 两台设备的 F0/23 与 F0/24 接口模式设置成为 Trunk，如：

```
S2126(config)#intetface range fastethernet 0/23 -24
S2126(config - if - range)#swicthport mode trunk

S3760(config)#interface range fastehernet 0/23 -24
S3760(config - if - range)#switchport mode trunk
```

五、生成树协议

在 S3760 与 S2126 两台设备上运行快速生成树协议，S3760 作为根交换机，如：

```
S3760(config)#spanning - tree
S3760(config)#spanning - tree mode rstp
```

(如用思科设备,命令改为:spanning - tree mode rapid - pvst)

S3760(config)#spanning - tree priority 4096(设为较低的优先级,变为根交换机)

(如用思科设备,命令改为:spanning - tree vlan 1 priority 4096)

S3760(config)#exit

S3760#show spanning - tree

S2126(config)#spanning - tree

S2126(config)#spanning - tree mode rstp

(如用思科设备,命令改为:spanning - tree mode rapid - pvst)

S2126(config)#exit

S2126#show spanning - tree

六、聚合端口

在S3760与S2126两台设备上运行802.3ad，实现链路的负载均衡，如：

S2126(config)#interface aggregateport 1

(如用思科设备,命令改为:S2126(config)#interface port - channel 1)

S2126(config - if)#switcport mode trunk

S2126(config)#interface range fastethernet 0/23 -24

S2126(config - if - range)#port - group 1

(如用思科设备,命令改为:S2126(config - if - range)#channel - group 1 mode on)

S3760(config)#interface aggregateport 1

(如用思科设备,命令改为:S3760(config)#interface port - channel 1)

S3760(config - if)#switchport mode trunk

S3760(config)#interface range fastethernet 0/23 -24

S3760(config - if - range)#port - group 1

(如用思科设备,命令改为:S3760(config - if - range)#channel - group 1 mode on)

七、广域网连接与认证

(1) 路由器RA和RB通过V.35线缆连接，在S1/2口封装PPP协议，并采用PAP验证方式建立连接，如：

RA(config)#interface serial 1/2

RA(config - if)#encapsulation ppp　　　　此时S1/2会断开

RA(config - if)#ppp pap sent - username Ra password 0 star

RB(config)#username Ra password 0 star

RB(config)#interface serial 1/2

RB(config - if)#encapsulation ppp　　　　此时S1/2会开启

RB(config - if)#ppp authentication pap

（2）路由器 RA 和 RB 通过 V. 35 线缆连接，在 S1/2 口封装 PPP 协议，并采用 CHAP 验证建立连接，如：

```
RA(config)#username Rb password 0 star
RA(config)#interface serial 1/2
RA(config-if)#encapsulation ppp              此时 S1/2 会断开
RA(config-if)#exit

RB(config)#username Ra password 0 star
RB(config)#interface serial 1/2
RB(config-if)#encapsulation ppp              此时 S1/2 会开启
RB(config-if)#ppp authentication chap
```

八、端口安全设置

在 S2126 上设置 F0/5 端口为安全端口，该端口下最大地址个数为 5，设置违例方式为 shutdown，如：

```
S2126(config)#interface fastethernet 0/5
S2126(config-if)#switchport port-security
S2126(config-if)#switchport port-security maxmum 5
S2126(config-if)#switchport port-security violation shutdown
```

九、静态路由设置

分别在 S3760、RA、RB 上配置静态路由，实现全网互通，如：注意所有网段，注意下一跳路由的地址。

```
S3760(config)#ip route 192.168.1.0 255.255.255.252 10.1.1.1
S3760(config)#ip route 1.1.1.0 255.255.255.0 10.1.1.1

RA(config)#ip route 1.1.1.0 255.255.255.0 192.168.1.2
RA(config)#ip route 192.168.20.0 255.255.255.0 10.1.1.2
RA(config)#ip route 192.168.30.0 255.255.255.0 10.1.1.2
RA(config)#ip route 192.168.80.0 255.255.255.0 10.1.1.2

RB(config)#ip route 10.1.1.0 255.255.255.0 192.168.1.1
RB(config)#ip route 192.168.20.0 255.255.255.0 192.168.1.1
RB(config)#ip route 192.168.30.0 255.255.255.0 192.168.1.1
RB(config)#ip route 192.168.80.0 255.255.255.0 192.168.1.1
```

十、RIP 路由设置

运用 RIPv2 路由协议配置全网路由，如：

```
S3760(config)#router rip
```

```
S3760(config-router)#network 10.1.1.0
S3760(config-router)#network 192.168.20.0
S3760(config-router)#network 192.168.30.0
S3760(config-router)#network 192.168.80.0
S3760(config-router)#version 2

RA(config)#router rip
RA(config-router)#network 192.168.1.0
RA(config-router)#network 10.1.1.0
RA(config-router)#version 2
RA(config-router)#no auto-summary

RB(config)#router rip
RB(config-router)#network 192.168.1.0
RB(config-router)#network 1.1.1.0
RB(config-router)#version 2
RB(config-router)#no auto-summary
```

十一、OSPF 路由设置

运用 OSPF 路由协议配置全网路由，如：

```
S3760(config)#router ospf 100
S3760(config-router)#network 10.1.1.0  0.0.0.255  area 0
S3760(config-router)#network 192.168.20.0  0.0.0.255  area 0
S3760(config-router)#network 192.168.30.0  0.0.0.255  area 0
S3760(config-router)#network 192.168.800  0.0.0.255  area 0

RA(config)#router ospf 100
RA(config-router)#network 192.168.1.0  0.0.0.255  area 0
RA(config-router)#network 10.1.1.0  0.0.0.255  area 0

RB(config)#router ospf 100
RB(config-router)#network 192.168.1.0  0.0.0.255  area 0
RB(config-router)#network 1.1.1.0  0.0.0.255  area 0
```

十二、NAPT 配置

在 RA 上建立 NAPT，使内网所有主机都可以上外网，如：

```
RA(config)#interface serial 1/2
RA(config-if)#ip nat outside
RA(config-if)#exit
```

```
RA(config)#interface FastEthernet 1/0
RA(config-if)#ip nat inside
RA(config-if)#exit

RA(config)#ip nat pool abc 192.168.1.1  192.168.1.1  netmask 255.
255.255.0
RA(config)#access-list 1 permit 10.1.1.0  0.0.0.255
RA(config)#access-list 1 permit 192.168.0.0  0.0.255.255

RA(config)#ip nat inside source list 1 pool abc overload
```

十三、扩展 ACL 配置

（1）例1：在RA作配置禁止学生网对1.1.1.18服务器进行访问，办公网只可以访问服务器的FTP服务，其他都不允许访问。

```
RA(config)#acces-list 101 deny tcp 192.168.20.0  0.0.0.255
1.1.1.18  0.0.0.255  eq  ftp
RA(config)#acces-list 101 permit tcp 192.168.30.0  0.0.0.255
1.1.1.18  0.0.0.255  eq  ftp
RA(config)#acces-list 101 deny ip 192.168.20.0  0.0.0.255  any
RA(config)#acces-list 101 deny ip 192.168.30.0  0.0.0.255  any
RA(config)#acces-list 101 permit ip any any

RA(config)#interface FastEthernet 1/0
RA(config-if)#ip access-group 101  in
```

（2）例2：在RA作配置安全控制，所有人可以访问互联网的所有资源，但办公网服务器（WWWserver）只允许办公网的主机访问。

```
RA(config)#acces-list 101 permit tcp 192.168.30.0  0.0.0.255
1.1.1.18  0.0.0.255  eq  www
RA(config)#acces-list 101 deny tcp any  1.1.1.18  0.0.0.255  eq  www
RA(config)#acces-list 101 permit ip any any

RA(config)#interface fastethernet 1/0
RA(config-if)#ip access-group 101  in
```

（3）例3：在RA作配置安全控制，学生网不能访问互联网，但可以访问互联网上的Web服务器1.1.1.18，办公网访问互联网不受限制。

```
RA(config)#acces-list 101 permit tcp 192.168.20.0  0.0.0.255
1.1.1.18  0.0.0.255  eq  www
RA(config)#acces-list 101 deny ip 192.168.20.0  0.0.0.255  any
RA(config)#acces-list 101 permit ip 192.168.30.0  0.0.0.255  any
```

```
RA(config)#acces-list 101 permit ip any any

RA(config)#interface FastEthernet 1/0
RA(config-if)#ip access-group 101  in
```

【课后习题】

图7-1-3所示为一家企业的网络拓扑。

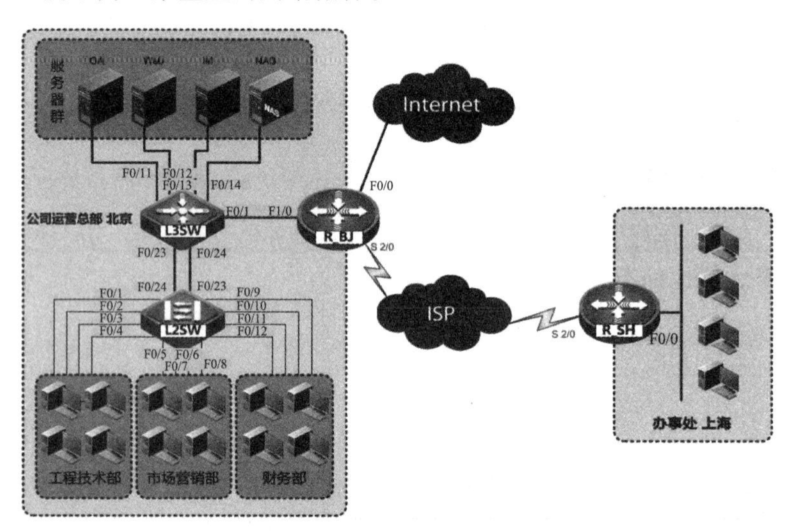

设备IP地址如下：

R_BJ
F0/0:211.33.171.1/30
F1/0:10.1.1.1/30
S2/0:10.1.1.5/30

R_SH
F0/0:172.16.50.254/24
S2/0:10.1.1.6/30

L3SW
F0/1:10.1.1.2/30
VLAN 10:172.16.10.254/24
VLAN 20:172.16.20.254/24
VLAN 30:172.16.30.254/24
VLAN 40:172.16.40.254/24

服务器
OA服务器:172.16.40.1
Web服务器:172.16.40.2
IM服务器:172.16.40.3
NAS服务器:172.16.40.4

VLAN划分见下表：

设备	接口	VLAN ID	部门
L3SW	F0/11 ~ F0/14	40	服务器群
L2SW	F0/1 ~ F0/4	10	工程技术部
	F0/5 ~ F0/8	20	市场营销部
	F0/9 ~ F0/12	30	财务部

图7-1-3

该公司运营总部位于北京，在上海设有一家办事处。总部设有工程技术部、市场营销部及财务部，所有部门连接到一台锐捷二层交换机L2SW上，L2SW通过VLAN将3个部门划分到不同的广播域中。二层交换机通过冗余链路上联到一台锐捷三层交换机L3SW。三层交换机使用SVI作为不同部门VLAN以及服务器VLAN的网关，并通过一个三层接口连接一台锐捷路由器R_ BJ。R_ BJ作为总部的边界路由器，使用以太网接口接入Internet，并使用Serial口通过ISP专线与上海办事处连接。总部的服务器群由4台服务器组成，分别提供

OA、Web、IM 及 NAS 存储访问。上海办事处网络结构简单，办事处 PC 使用一台锐捷路由器 R_ SH 经专线连接到总部，实现办事处访问服务器群以及其他上网应用。

根据上述描述，请您回答下列问题：

1. 为了 L3SW 的 F0/11 ~ F0/14 划分到 VLAN40，下列配置脚本正确的是（　　）。

A.

```
enable
config t
int F0/11, F0/14
switchport mode access
switchport access vlan 40
```

B.

```
enable
config t
int F0/11 - F0/14
switchport mode access
switchport access vlan 40
```

C.

```
enable
config t
int range F0/11 - 14
switchport mode access
switchport access vlan 40
```

D.

```
enable
config t
int range F0/11, F0/14
switchport mode access
switchport access vlan 40
```

2. 为了消除环路，你选择使用快速生成树协议。而且需要实现 L3SW 为根交换机并且让 L2SW 的 F0/23 口成为主链路。请补全以下配置命令以实现该功能。（请输入完整的关键字）

```
L3SW(config)#spanning-tree
L3SW(config)#spanning-tree mode ________
L3SW(config)#spanning-tree ________ 0
L3SW(config)#interface FastEthernet 0/24
L3SW(config-if-FastEthernet0/24)#spanning-tree ________ 16
L3SW(config-if-FastEthernet0/24)#end
L3SW#write
```

3. 在 L2SW 上所有被使用的 Access 模式接口上，允许最大 MAC 地址数为 5，超过这个数量，接口自动关闭。为了实现这个需求，你需要在 L2SW 上配置（　　）。

A. 端口保护　　B. 端口聚合　　C. 端口映射　　D. 端口安全

4. 如果要在 L3SW 上利用访问控制列表实现财务部禁止被工程技术部、市场营销部及上海办事处访问，下面的配置正确的有（　　）。

A.

```
access - list 100 deny ip 172.16.10.0 0.0.0.255 172.16.30.0 0.0.0.255
access - list 100 deny ip 172.16.20.0 0.0.0.255 172.16.30.0 0.0.0.255
access - list 100 deny ip 172.16.50.0 0.0.0.255 172.16.30.0 0.0.0.255
access - list 100 permit ip any 172.16.30.0 0.0.0.255
int vlan 30
ip access - group 100 out
```

B.

```
access - list 100 deny ip 172.16.10.0 0.0.0.255 172.16.30.0 0.0.0.255
access - list 100 deny ip 172.16.20.0 0.0.0.255 172.16.30.0 0.0.0.255
access - list 100 deny ip 172.16.50.0 0.0.0.255 172.16.30.0 0.0.0.255
access - list 100 permit ip any 172.16.30.0 0.0.0.255
int vlan 30
ip access - group 1 in
```

C.

```
access - list 100 deny ip 172.16.10.0 0.0.0.255 any
access - list 100 deny ip 172.16.20.0 0.0.0.255 any
access - list 100 deny ip 172.16.50.0 0.0.0.255 any
accesslist 100 permit ip any any
int vlan 20
ip access - group 100 out
```

D.

```
access - list 100 deny ip 172.16.10.0 0.0.0.255 any
access - list 100 deny ip 172.16.20.0 0.0.0.255 any
access - list 100 deny ip 172.16.50.0 0.0.0.255 any
accesslist 100 permit ip any any
int vlan 20
ip access - group 1 in
```

5. 为了实现总部各部门与上海办事处使用 R_ BJ 的公网地址访问互联网，并且 WWW 服务器可以被外网用户访问，请你补全以下配置命令。（请输入完整的关键字。可以通过点击“命令帮助”，查找完整的拼写方式）

```
R_BJ#show access - list
Extended IP access list 100
    deny  tcp 192.168.20.0 0.0.0.255 host 99.9.9.2 eq ftp
permit ip any any
```

```
Standard IP access list 10
permit any

R_BJ#config t
R_BJ(config)#ip nat inside source list _______ interface fa 0/0 over-
load
R_BJ(config)#ip nat inside source _______ _______ _______ 80
_______ 80
R_BJ(config)#int fa 0/0
R_BJ(config)#ip nat _______
R_BJ(config)#int fa 0/1
R_BJ(config)#ip nat inside
R_BJ(config)#int s2/0
R_BJ(config)#ip nat _______
R_BJ(config)#ip route 0.0.0.0 0.0.0.0 211.33.171.2
```

6. 如果使用 RIP 作为路由协议，那么（　　）。

A. 需要启用 version2 才能实现北京和上海的互通

B. 在 L3SW 上使用 show ip route 将会看到到达 172.16.50.0 的度量值是 2

C. 在 L3SW 上使用 show ip route 将会看到到达 172.16.50.0 的度量值是 3

D. 在 L2SW 上使用 show ip route 将会看到到达 172.16.50.0 的度量值是 3

7. 如果使用 OSPF 作为路由协议，那么（　　）。

A. L3SW 和 R_ BJ 之间会选举 DR

B. R_ BJ 和 R_ SH 之间会选举 DR

C. L3SW 使用 show ip route ospf 将会看到到达工程技术部的路由

D. R_ BJ 使用 show ip route ospf 将会看到到达工程技术部的路由

任务2　中小型企业网络配置实训

一、实训目标

1. 能搭建网络设备综合拓扑。
2. 会实施网络设备综合配置。
3. 会进行网络设备的整体调试与测试。
4. 能撰写综合网络设备配置实验报告。

二、网络设备

路由器 2 台、三层交换机 3 台、二层交换机 4 台、PC 6 台、服务器 2 台、V.35 线缆 1 对、直连线 9 根、交叉线 7 根。

三、工作任务

1. 使用 packet tracer 工具搭建网络，拓扑如图 7－2－1 所示。

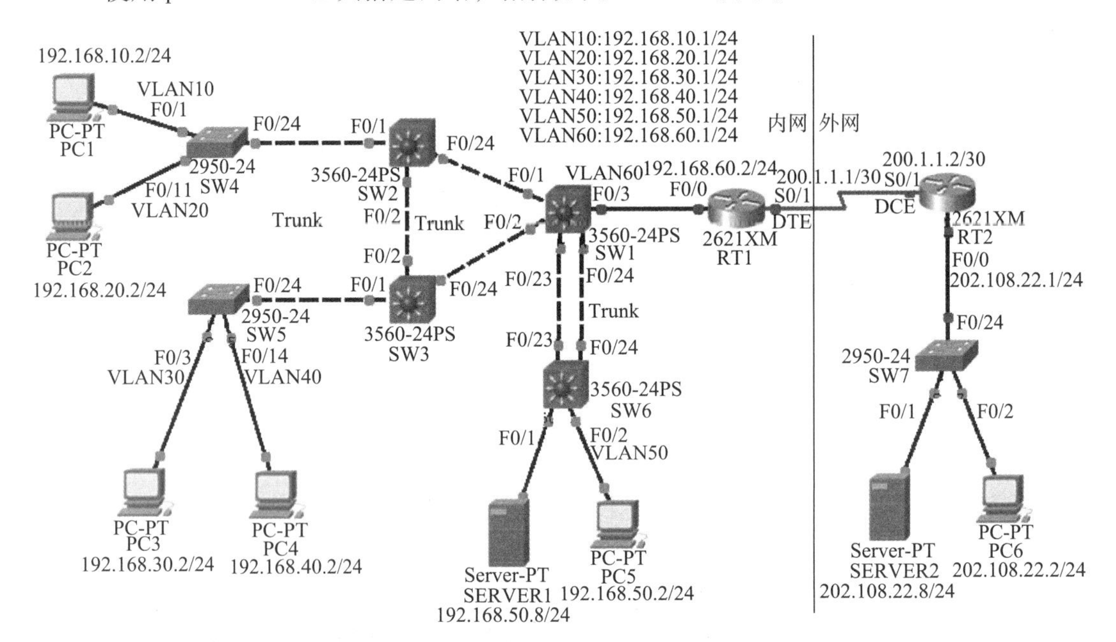

图 7－2－1

2. 根据网络拓扑配置所有设备的基本 IP 地址。

3. 根据网络规划，在交换机上配置相应的 VLAN，并分别加入对应的端口。

4. 在交换机 SW1、SW2、SW3 上配置快速生成树协议，并且把 SW1 设置成为根交换机。

5. 在交换机 SW1、SW6 之间配置端口聚合，增加内网服务器的链路带宽。

6. 在内网三层交换机和内网路由器 RT1 上运行 RIPv2 动态路由，确保内网贯通。

7. 设置内网服务器 SERVER1 只允许 VLAN20 和 VLAN40 的主机访问内网的 FTP 服务，内网所有主机都可以访问内网服务器 SERVER1 的 Web 服务。

8. PC5 作为网络管理 PC，将其 MAC 地址与交换机 SW6 的 F0/2 口绑定，若有其他主机接入该端口，立即关闭此端口。

9. 在内网核心交换机 SW1 与内网路由器 RT1 上启用远程管理功能，密码为 wjxvtc，并且只能允许 PC5 远程登录。

10. 内网路由器 RT1 与 ISP 的 RT2 之间采用 PPP 协议连接，并应用 CHAP 认证以保证线路的安全。

11. 公司向 ISP 申请了公有注册 IP 地址 200. 1. 1. 3/24，配置静态 NAT 将内网服务器 SERVER1 的 Web 和 FTP 服务向互联网发布。

12. 配置 NAPT，让除 VLAN30 以外的所有机器都可以上互联网。

13. 以“学号＋姓名”为文件名提交配置文件。

四、注意事项

1. 配置 PPP 协议的 CHAP 认证的时候，要先确保两个路由器之间是互通的，同时时钟是否配置。如果出现测试信息一直跳动，认证不成功的情况，要先在另一台路由器上把端口 down，再检查配置和改正错误。

2. 全网路由设置的时候必须注意要能学习到所有网段，特别是三层交换机的网段与路由配置。

3. 访问控制列表要注意题目要求，先选择使用标准访问控制列表还是扩展访问控制列表，再仔细分析要禁止的规则，最后一定要应用规则，并注意是出栈还是入栈。

【课后习题】

图 7－2－2 所示为一家企业的网络拓扑。

该公司运营总部位于北京，在上海设有一家办事处。总部设有工程技术部、市场营销部以及财务部，所有部门连接到一台锐捷二层交换机 L2SW 上，L2SW 通过 VLAN 将 3 个部门

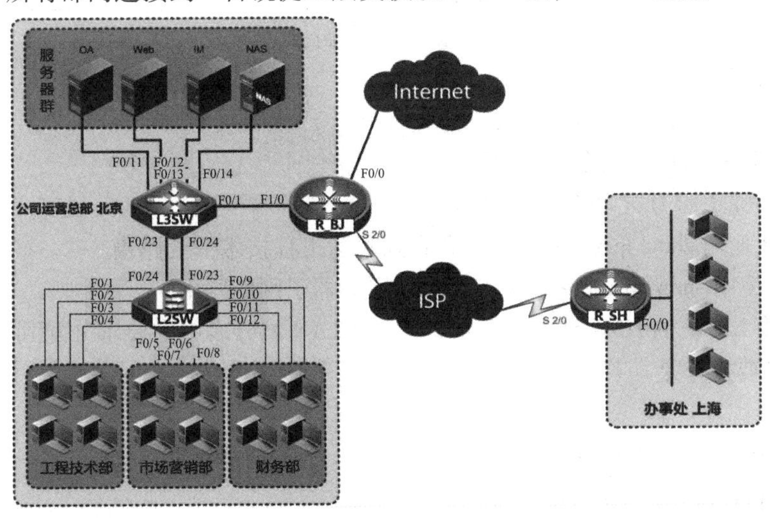

设备IP地址如下：

R_BJ
F0/0:211.33.171.1/30
F1/0:10.1.1.1/30
S2/0:10.1.1.5/30

R_SH
F0/0:172.16.50.254/24
S2/0:10.1.1.6/30

L3SW
F0/1:10.1.12/30
VLAN 10:172.16.10.254/24
VLAN 20:172.16.20.254/24
VLAN 30:172.16.30.254/24
VLAN 40:172.16.40.254/24

服务器
OA服务器:172.16.40.1
Web服务器:172.16.40.2
IM服务器:172.16.40.3
NAS服务器:172.16.40.4

VLAN划分见下表：

设备	接口	VLAN ID	部门
L3SW	F0/11 ~ F0/14	40	服务器群
L2SW	F0/1 ~ F0/4	10	工程技术部
	F0/5 ~ F0/8	20	市场营销部
	F0/9 ~ F0/12	30	财务部

图 7－2－2

划分到不同的广播域中。二层交换机通过冗余链路上联到一台锐捷三层交换机 L3SW。三层交换机使用 SVI 作为不同部门 VLAN 以及服务器 VLAN 的网关，并通过一个三层接口连接一台锐捷路由器 R_ BJ。R_ BJ 作为总部的边界路由器，使用以太网接口接入 Internet，并使用 Serial 口通过 ISP 专线与上海办事处连接。总部的服务器群由 4 台服务器组成，分别提供 OA、Web、IM 及 NAS 存储访问。上海办事处网络结构简单，办事处 PC 使用一台锐捷路由器 R_ SH 经专线连接到总部，实现办事处访问服务器群以及其他上网应用。

根据上述描述，请您回答下列问题：

1. 为了消除内网带宽瓶颈，需要在 L3SW 和 L2SW 之间使用端口聚合。请补全 L3SW 的配置以实现该功能（请输入完整的关键字）

```
L3SW(config)#interface ________ FastEthernet 0/23 -24
L3SW(config-if-range)#________ 10
L3SW(config-if-range)#exit
L3SW(config)#interface aggregatePort 10
L3SW(config-if-Aggregate port1)#switchport mode ________
L3SW(config-if-Aggregate port1)#end
L3SW#write
```

2. 如果使用 OSPF 作为路由协议，那么（　　）。

A. L3SW 和 R_ BJ 之间会选举 DR

B. R_ BJ 和 R_ SH 之间会选举 DR

C. R_ SH 使用 show ip route ospf 将会看到到达工程技术部的路由

D. L3SW 使用 show ip route ospf 将会看到服务器子网的路由

3. 为了将 L2SW 的 F0/1 到 F0/12 接口安装 VLAN 划分表中的要求分配到指定 VLAN 中，你需要做的必要操作是（　　）。

A.

```
interface range F0/1 -4
switchport access vlan 10
interface range F0/5 -8
switchport access vlan 20
interface range F0/9 -12
switchport access vlan 30
```

B.

```
interface range F0/1, F0/4
switchport access vlan 10
interface range F0/5, F0/8
switchport access vlan 20
interface range F0/9, F0/12
switchport access vlan 30
```

C.

```
interface range F0/1 -F0/4
```

```
switchport access vlan 10
interface range F0/5 - F0/8
switchport access vlan 20
interface range F0/9 - F0/12
switchport access vlan 30
```

D.

```
interface range F0/1, 4
switchport access vlan 10
interface range F0/5, 8
switchport access vlan 20
interface range F0/9, 12
switchport access vlan 30
```

4. 为了实现网络互通，使用 OSPF 作为路由协议。请补全 L3SW 的相关配置和 R_ BJ 的 show 输出（请输入完整的关键字）。

```
L3SW(config)#router ospf
L3SW(config-router)#router-id 212.1.1.1
L3SW(config-router)#network 10.1.1.2 ________ area 0
L3SW(config-router)#network ________ 0.0.255.255 area 0
L3SW(config-router)#passive-interface default
L3SW(config-router)#no passive-interface ________ ________
L3SW(config-router)#end
L3SW#
......
R_BJ#show ip ospf neighbor
OSPF process 1:
Neighbor ID  Pri  State  Dead Time  Address  Interface
________ 1  Full/DR  00:00:38 ________ FastEthernet ________
```

5. 为了测试网络连通性，你使用市场营销部的主机 ping 通了上海办事处的主机 172.16.50.25，之后你在市场营销部的主机上执行了 tracert 命令，请补全以下输出中的空缺内容。

```
C:\Users\Administrator>tracert 172.16.50.25
通过最多 30 个跃点跟踪到 172.16.50.25 的路由
1    2 ms    2 ms    2 ms    ________
2    1 ms    1 ms    1 ms    ________
3    2 ms    1 ms    1 ms    ________
4    2 ms    1 ms    1 ms    172.16.50.25
```

6. 为了消除环路，你选择使用快速生成树协议，而且需要实现 L3SW 为根交换机。以下配置可以实现该需求的是（　　）。

A.

L2SW （config)#enable spanning - tree

L3SW （config)#enable spanning - tree

B.

L2SW （config)#spanning - tree

L3SW （config)#spanning - tree

C.

L3SW （config)#spanning - tree mode rstp

L3SW （config)#spanning - tree priority 0

L2SW （config)# spanning - tree mode rstp

D.

L3SW （config)#spanning - tree mode rstp

L3SW （config)#spanning - tree vlan 10 priority 0

L3SW （config)#spanning - tree vlan 20 priority 0

L3SW （config)#spanning - tree vlan 30 priority 0

L3SW （config)#spanning - tree vlan 40 priority 0

E.

L2SW （config)#spanning - tree mode rstp

L2SW （config)#spanning - tree priority 0

L3SW （config)# spanning - tree mode rstp

7. 为了将L2SW的F0/23作为生成树首选的主链路，你可以使用以下哪种来实现？（ ）

A.

L3SW （config)#interface fastethernet 0/24

L3SW （config - if - Fastethernet0/24)#spanning - tree port - priority 16

B.

L3SW （config)#interface fastethernet 0/24

L3SW （config - if - Fastethernet0/24)#spanning - tree priority 16

C.

L2SW （config)#interface fastethernet 0/23

L2SW （config - if - Fastethernet0/23)#spanning - tree path - cost 10

D.

L2SW （config)#interface fastethernet 0/23

L2SW （config - if - Fastethernet0/23)#spanning - tree cost 10

8. 如果要实现外部用户访问Web服务器，你需要在R_ BJ上做出以下哪些配置？（ ）

A. access - list 10 permit any

B. ip nat inside source list 10 80 211. 33. 171. 1 80

C. ip nat inside source static tcp 172. 16. 40. 2 80 211. 33. 171. 1 80

D. interface F1/0
   ip nat inside
E. interface F0/0
   ip nat outside
F. interface S 2/0
   ip nat outside

9. 为了将 L3SW 的 F0/24 作为生成树首选的主链路，你可以使用以下哪种来实现？(　　)

A.

L3SW (config)#interface FastEthernet 0/24

L3SW (config - if - Fastethernet0/24)#spanning - tree port - priority 16

B.

L3SW (config)#interface FastEthernet 0/24

L3SW (config - if - FastEthernet0/24)#spanning - tree priority 16

C.

L2SW (config)#interface FastEthernet 0/23

L2SW (config - if - FastEthernet0/23)#spanning - tree path - cost 10

D.

L2SW (config)#interface FastEthernet 0/23

L2SW (config - if - FastEthernet0/23)#spanning - tree cost 10

10. 如果要在 L3SW 上利用访问控制列表实现市场营销部禁止被财务部、工程技术部以及上海办事处访问，下面的配置正确的是（　　）。

A.

access - list 100 deny ip 172. 16. 10. 0 0. 0. 0. 255 172. 16. 10. 0 0. 0. 0. 255

access - list 100 deny ip 172. 16. 30. 0 0. 0. 0. 255 172. 16. 10. 0 0. 0. 0. 255

access - list 100 deny ip 172. 16. 50. 0 0. 0. 0. 255 172. 16. 10. 0 0. 0. 0. 255

access - list 100 permit ip any 172. 16. 20. 0 0. 0. 0. 255

int vlan 20

ip access - group 100 out

B.

access - list 100 deny ip 172. 16. 10. 0 0. 0. 0. 255 172. 16. 30. 0 0. 0. 0. 255

access - list 100 deny ip 172. 16. 30. 0 0. 0. 0. 255 172. 16. 30. 0 0. 0. 0. 255

access - list 100 deny ip 172. 16. 50. 0 0. 0. 0. 255 172. 16. 30. 0 0. 0. 0. 255

access - list 100 permit ip any 172. 16. 20. 0 0. 0. 0. 255

int vlan 20

ip access - group 1 in

C.

access - list 100 deny ip 172. 16. 10. 0 0. 0. 0. 255 any

access - list 100 deny ip 172. 16. 30. 0 0. 0. 0. 255 any

access - list 100 deny ip 172. 16. 50. 0 0. 0. 0. 255 any
accesslist 100 permit ip any any
int vlan 30
ip access - group 100 out

D.

access - list 100 deny ip 172. 16. 10. 0 0. 0. 0. 255 any
access - list 100 deny ip 172. 16. 30. 0 0. 0. 0. 255 any
access - list 100 deny ip 172. 16. 50. 0 0. 0. 0. 255 any
accesslist 100 permit ip any any
int vlan 10
ip access - group 1 in

11. 为了实现网络互通，使用 OSPF 作为路由协议。请补全 L3SW 和 R_ BJ 的相关配置和 R_ BJ 的 show 输出（请输入完整的关键字）。

```
L3SW(config)#router ospf
L3SW(config - router)#router - id 1.1.1.1
L3SW(config - router)#network 10.1.1.2 ________ area 0
L3SW(config - router)#network ________ 0.0.255.255 area 0
L3SW(config - router)#passive - interface default
L3SW(config - router)#no passive - interface ________  ________
L3SW(config - router)#end
L3SW#
......
R_BJ(config)#router ospf
R_BJ(config - router)#router - id 2.2.2.2
R_BJ(config - router)#network 10.0.0.0 0.255.255.255 area 0
R_BJ(config - router)#________ originate
R_BJ#show ip ospf neighbor
OSPF process 1:
Neighbor ID  Pri  State  Dead Time  Address  Interface
1.1.1.1  1  Full/BDR  00:00:38 ________ FastEthernet ________
```

12. 如果要实现员工在公司外可以通过 R_ BJ 的公网地址访问 OA 服务器的 https 服务。你需要在 R_ BJ 上做出以下哪些配置？（　　）

A.

access - list 10 permit any
ip nat inside source list 10 433 211. 33. 171. 1 443

B.

ip nat inside source static tcp 172. 16. 40. 1　433　interface FastEthernet 0/0 433

C.

ip nat inside source static tcp 172. 16. 40. 1　443　interface FastEthernet 0/0 443

D.

```
interface F1/0
ip nat inside
```

E.

```
interface F0/0
ip nat outside
```

F.

```
interface S2/0
ip nat outside
```

任务3　校园网络规划与设计实训

一、实训目标

1. 能针对真实情境进行需求分析。
2. 能针对需求进行设备选型。
3. 网络拓扑的规划与设计。
4. 能实施某校园网络设备综合配置并测试。

二、实训项目情境

某学校有一个校园网需要建设，大体情况如下：

此学校有一栋实验楼A，整个校园网的网络中心位于此楼的408房间，内有核心交换机与服务器两台（Web和FTP）。另外有两栋教学楼B和教学楼C，教学楼B位于教学楼A的西侧，此两栋楼之间线缆管道距离为460米。教学楼C位于教学楼A的西南侧，与教学楼A之间没有直接管道连接，与教学楼B之间有管道连接，距离为1250米。教学楼B和教学楼C中，有部分教师办公室，要求他们处在同一网段中，但用VLAN进行分隔。教学楼A、教学楼B及教学楼C中都有教室，要求所有教室的计算机处于同一网段中。

同时，要求整个校园网接入到Internet，电信给出的接入地址为：218.3.80.1/29，DNS服务器地址为：218.2.135.1。整个校园网通过核心三层交换机完成网段数据的路由，接入设备采用核心路由器完成。

三、设计要求

1. 请为此网络设计一张合理的拓扑结构图，在拓扑结构中，合理标示出连接网络设备的传输介质类型，为每个接入网段规划一个合理IP地址，以及设备连接的IP地址。

2. 在各个三层交换机中，通过动态路由的创建，实现互通。

3. 让所有计算机都可以通过接入地址为：218.3.80.1/29，DNS服务器地址为：218.2.135.1来上网。

4. 在服务器的连接中，通过静态路由的创建，并映射到Internet。

5. 在内网路由器上配置安全功能，禁止冲击波（135端口）和振荡波（445端口）病毒入侵。禁止学生网访问内网的 FTP 服务器，其他不受影响。

四、提交任务

以“学号+姓名”为文件名提交合理的拓扑结构图和设备配置文件。

五、层次化网络设计

1. 层次化网络设计的概念。

层次化网络设计在互联网组件的通信中引入了三个关键层的概念，如图 7－3－1 所示，这三个层次分别是：核心层（Core Layer）、汇聚层（Distribution Layer）和接入层（Access Layer）。

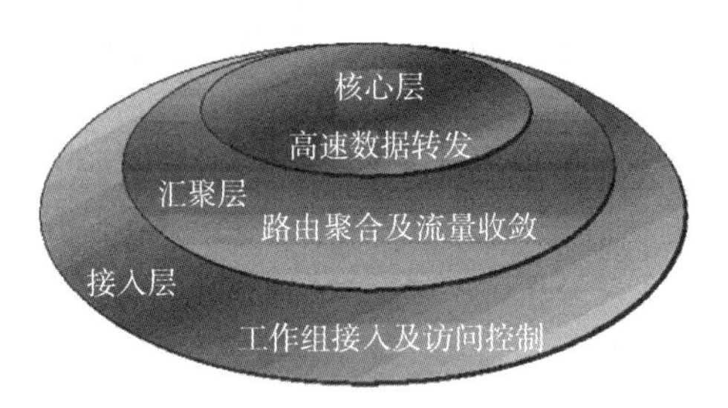

图 7－3－1

核心层提供网络节点之间的最佳传输通道。汇聚层提供基于策略的连接控制。接入层提供用户接入网络的通道。每一层都为网络提供了特定必要的功能，通过各层功能的配合，从而构建一个功能完善的 IP 网，这些层的功能都可在路由器或交换机里实现，如图 7－3－2 所示。

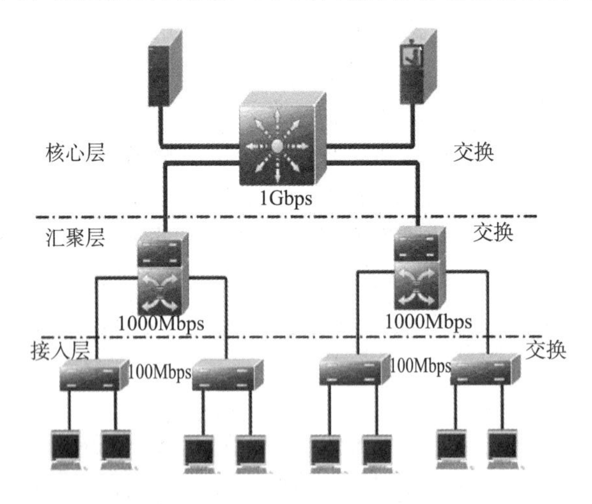

图 7－3－2

2. 层次化设计中各层的功能及特点。

核心层为网络提供了骨干组件或高速交换组件。目标：高速运送流量，主要工作是交换数据包。核心层的主要功能是提供地理上远程站点之间的优化广域传输。核心层对整个网络的性能至关重要，因此其特点主要包括高速交换、高可靠性、低时延，提供冗余链、提供故障隔离、有限和一致的直径等特性。

汇聚层用于把大量接入层的路径进行汇聚和集中，并连接至核心层，同时在接入层和核心层之间提供协议转换和带宽管理。实现访问流量及端口的收敛，隔离拓扑结构的变化。汇聚层主要特点有工作组级访问、广播/多播域的定义、VLAN之间的路由选择、介质翻译、在静态和动态路由选择协议之间的划分等。

接入层为用户提供对网络的访问接口，是整个网络的可见部分，也是用户与该网的连接场所。它将本地用户的信息通过内部高速局域网、分组交换网或拨号接入等接入到汇聚层，实现网络流量的馈入及访问。接入层特点主要有建立独立的冲突域、建立工作组与汇聚层的连接、对汇聚层的访问控制和策略进行支持等。

3. 网络分层结构规划应遵守的两条基本原则。

（1）网络中因拓扑结构改变而受影响的区域应被限制到最低程度。

（2）路由器（及其他网络设备）应传输尽量少的信息。

4. 层次化设计的优点。

（1）可扩展性；

（2）高可用性；

（3）低时延；

（4）故障隔离；

（5）模块化；

（6）高投资回报；

（7）网络管理清晰方便。

【课后习题】

一、单项选择题

1. 在层次化网络设计中，提供用户连接服务的是（　　）。

A. 核心层　　B. 汇聚层　　C. 接入层　　D. 服务层

2. 在层次化网络设计中，提供高速转发的是（　　）。

A. 核心层　　B. 汇聚层　　C. 接入层　　D. 服务层

3. 在层次化网络设计中，OSPF特殊区域配置在（　　）。

A. 核心层　　B. 汇聚层　　C. 接入层　　D. 服务层

4. 主机到自身所在网段的三层网关设备LAN接口是否可以ping通，这个判断是确定排错范围中的（　　）。

A. 分段法　　B. 分层法　　C. 分块法　　D. 排除法

5. 查看NAT转换表以及debug ipnat命令，这些操作是确定排错范围中的（　　）。

A. 分段法　　B. 分层法　　C. 分块法　　D. 排除法

二、多项选择题

1. 对于层次化网络设计模型的优点描述正确的是（　　）。

A. 节约成本，易于理解　　B. 负责高速的数据转发

C. 便于扩大网络规模　　D. 利于故障隔离

2. 层次化网络设计中，将网络分为（　　）。

A. 核心层　　B. 汇聚层　　C. 接入层　　D. 服务层

3. 确定排错范围常用的处理方法包括如下哪些？（　　）

A. 分段法　　B. 分层法　　C. 分块法　　D. 排除法

4. 以下属于数据链路层故障分析的是（　　）。

A. 检查 IP 地址配置　　B. 检查网卡驱动

C. ping 127. 0. 0. 1　　D. 检查网卡的 IRQ

5. 检查网卡的 IRQ 有哪些因素？（　　）

A. 物理问题　　B. 逻辑问题　　C. 服务器问题

D. 用户终端问题　　E. 外界因素　　F. 网络设备问题

项目八

网络工程师认证基础知识

任务1　网络体系结构

一、OSI 参考模型

1. 国际标准化组织（ISO）开发了开放式系统互联（OSI）参考模型，该模型为计算机间开放式通信所需要定义的功能层次建立了全球标准，以促进计算机系统的开放互联，可在多个厂家的环境中支持互联。

OSI 模型将通信会话需要的各种进程划分成7个相对独立的功能层次，这些层次的组织是以在一个通信会话中事件发生的自然顺序为基础的。

图8－1－1描述了 OSI，1～3层提供了网络访问，4～7层用于支持端端通信。

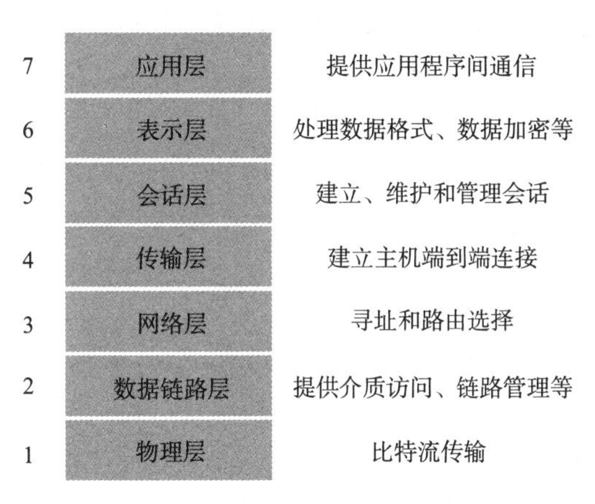

图8－1－1

（1）物理层。

最底层称为物理层（Physical Layer），这一层负责传送比特流，它从第二层数据链路层（DLL）接收数据帧，并将帧的结构和内容串行发送即每次发送一个比特，然后这些数据流被传输给 DLL 重新组合成数据帧。

从字面上看，物理层只能看见0和1，它没有一种机制用于确定自己所传输和发送比特流的含义，而只与电信号技术和光信号技术的物理特征相关。这些特征包括用于传输信号电流的电压、介质类型以及阻抗特征，甚至包括用于终止介质的连接器的物理形状。

（2）数据链路层（DLL）。

OSI 参考模型的第二层称为数据链路层（DLL）。与所有其他层一样，它肩负两个责任：

发送和接收。它还要提供数据有效传输的端端（端到端）连接。

在发送方，DLL需负责将指令、数据等包装到帧中，帧（frame）是DLL层生成的结构，它包含足够的信息，确保数据可以安全地通过本地局域网到达目的地。成功发送意味着数据帧要完整无缺地到达目的地。也就是说，帧中必须包含一种机制用于保证在传送过程中内容的完整性。为确保数据传送完整安全到达，必须要做到两点：

①在每个帧完整无缺地被目标节点收到时，源节点必须收到一个响应。

②在目标节点发出收到帧的响应之前，必须验证帧内容的完整性。

有很多情况可以导致帧的发送不能到达目标或者在传输过程中被破坏或不能使用。DLL有责任检测并修正所有这些错误。

DLL的另一个职责是重新组织从物理层收到的数据比特流。不过，如果帧的结构和内容都被发出，DLL并不重建一个帧。相反，它缓存到达的比特流直到这些比特流构成一个完整的帧。

不论哪种类型的通信都要求有第一层和第二层的参与，不管是局域网（LAN）还是广域网（WAN）都是如此。

（3）网络层。

网络层负责在源机器和目标机器之间建立它们所使用的路由。这一层本身没有任何错误检测和修正机制，因此，网络层必须依赖于端端之间的由DLL提供的可靠传输服务。

网络层用于本地LAN网段之上的计算机系统建立通信，它之所以可以这样做，是因为它有自己的路由地址结构，这种结构与第二层机器地址是分开的、独立的。这种协议称为路由或可路由协议。路由协议包括IP、Novell公司的IPX以及Apple Talk协议。本书将着重讲述IP协议以及与其相关的协议和应用。

网络层是可选的，它只用于当两个计算机系统处于不同的由路由器分割开的网段这种情况，或者当通信应用要求某种网络层或传输层提供的服务、特性或者能力时。例如，当两台主机处于同一个LAN网段的直接相连这种情况，它们之间的通信只使用LAN的通信机制就可以了（即OSI参考模型的一、二层）。

（4）传输层。

传输层提供类似于DLL所提供的服务，传输层的职责也是保证数据在端端之间完整传输，不过与DLL不同，传输层的功能是在本地LAN网段之上提供这种功能，它可以检测到路由器丢弃的包，然后自动产生一个重新传输请求。

传输层的另一项重要功能就是将乱序收到的数据包重新排序，数据包乱序有很多原因。例如，这些包可能通过网络的路径不同，或者有些在传输过程中被破坏。不管是什么情况，传输层应该可以识别出最初的包顺序，并且在将这些包的内容传递给会话层之前将它们恢复成发送时的顺序。

（5）会话层。

OSI的第五层是会话层，相对而言，这一层没有太大用处，很多协议都将这一层的功能与传输层捆绑在一起。

OSI会话层的功能主要是用于管理两个计算机系统连接间的通信流。通信流称为会话，它决定了通信是单工还是双工。它也保证了接受一个新请求一定在另一请求完成之后。

（6）表示层。

表示层负责管理数据编码方式，不是所有计算机系统都使用相同的数据编码方式，表示层的职责就是在可能不兼容的数据编码方式之间提供翻译（例如在 ASCII 和 EBCDIC）。

表示层可以用在浮点格式间的调整转换并提供加密解密服务。

（7）应用层。

OSI 参考模型的最顶层是应用层，尽管它称为应用层，但它并不包含任何用户应用。相反，它只在那些应用和网络服务间提供接口。

这一层可以看成是初始化通信会话的起因。例如，邮件客户可能会产生一个从邮件服务器检索新消息的请求，客户端应用自动向与之相关的第七层协议发出请求，并产生通信会话，以获取所需要的文件。

2. OSI 的对等通信。

垂直方向的结构层次是数据处理的功能流程，每一层都有与其相邻层的接口，为了通信，两个系统必须在各层之间传递数据、指令、地址等信息。通信的逻辑流程是对等的（图 8－1－2），每一层都使用自己的协议，每一层都利用下层提供的服务来实现对等层通信。

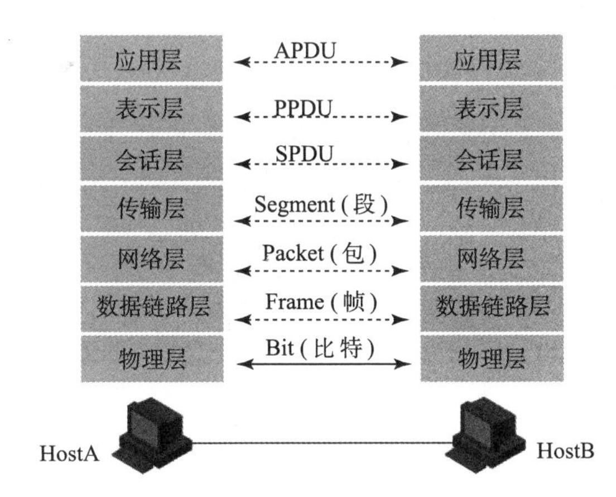

图 8－1－2

3. OSI 的数据封装与解封装。

虽然通信流程垂直通过各层次，但每一层在逻辑上都能够直接与远程计算机系统的相应层直接通信。为创建这种层次间的逻辑连接，引发通信机器的每一层协议都要在数据报文前增加报文头。该报文头只能被其他计算机的相应层识别和使用。接收端机器的协议层删去报文头，每一层都删去该层负责的报文头，最后将数据传向它的应用，过程如图 8－1－3 所示。

例如，通信源发送方机器的第四层为第三层将数据段打包。第三层将从第四层收到的数据再次打包，也就是第三层将数据打包并编址然后通过它自己的第二层将它们发向目标机器的第三层协议。第二层将数据包分解为帧，完善它们的编址（使其可以为 L A N 识别）。这些数据帧被提供给第一层，由第一层将其转换为二进制比特流，这些二进制比特流被发向目标机器的第一层。

目标机器将这些一个接一个的流程完全翻过来进行，并在源机器每一层相对应的协议层上将各层增加的报文头去掉。到此，数据到达目标机器的第四层，数据形式也回到源发送方

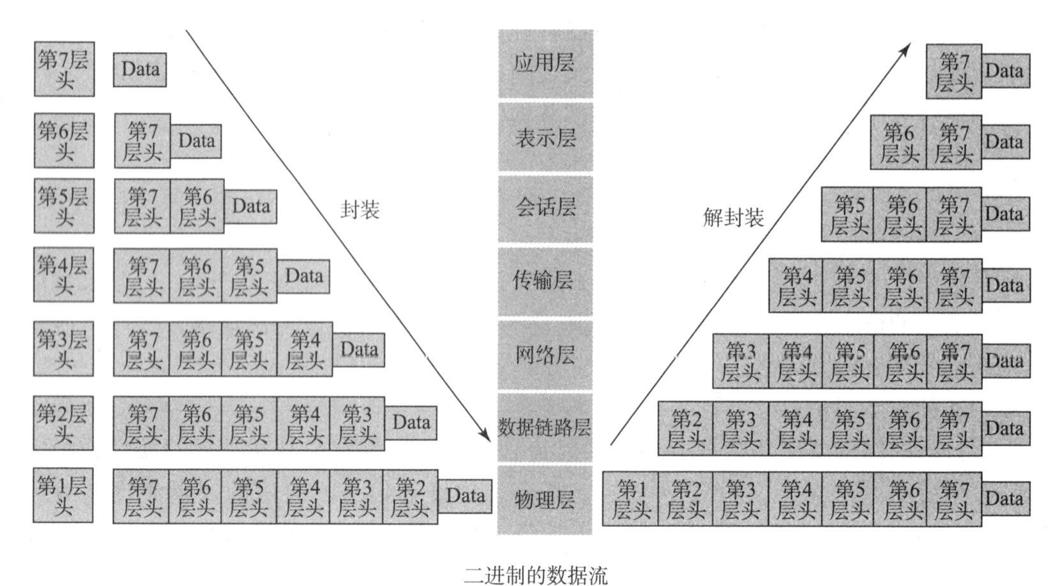

图 8－1－3

机器在第四层时的形式。因此，这两个第四层协议看起来好像是物理连接并可以直接通信。在相关层之间，从那些层的角度来看，通信像是直接发生在对应层之间，这正是 OSI 参考模型的成功之处。

4. 分层结构的优点。

OSI 参考模型定义了网络中设备所遵守的层次结构，这种分层结构的优点有：

（1）开放的标准化接口；

（2）多厂商兼容性；

（3）易于理解、学习和更新协议标准；

（4）实现模块化工程，降低了开发实现的复杂度；

（5）便于故障排除。

二、TCP/IP 参考模型

虽然 OSI 参考模型最初的设计目标是为开放式通信协议设计一个体系结构框架，但它实际上并没有达到这一目标。实际上，这一目标现在已经完全被变成仅仅是一个学术结构。到现在为止，该模型是一个非常完美的用于解释开放式通信概念的方式，并是在一个数据通信会话中所必需功能的逻辑顺序。另外还有一个有意义的参考模型——TCP/IP 参考模型，该模型描述了 IP 协议栈。

与 OSI 参考模型不同，TCP/IP 模型更侧重于互联设备间的数据传送，而不是严格的功能层次划分。它通过解释功能层次分布的重要性来做到这一点，但它仍为设计者具体实现协议留下很大的余地。因此，OSI 参考模型在解释互联网络通信机制上比较适合，但 TCP/IP 成了互联网络协议的市场标准。TCP/IP 参考模型比 OSI 模型更灵活，图 8－1－4 对此有所描述。

TCP/IP 参考模型是在它所解释的协议出现很久以后才发展起来的，更重要的是，由于

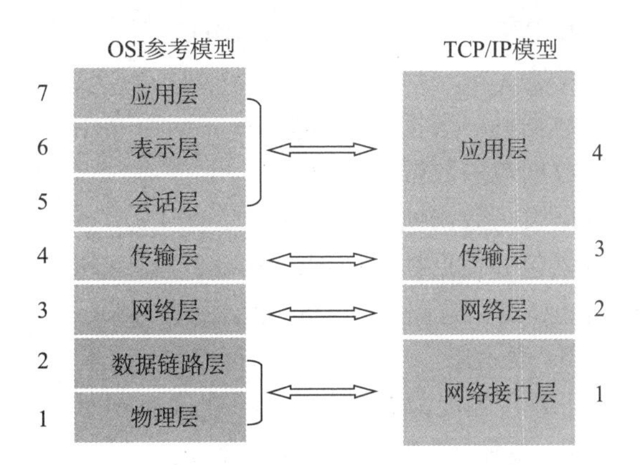

图 8-1-4

它更强调功能分布而不是严格的功能层次的划分，因此它比 OSI 模型更灵活。TCP/IP 无处不在，它不是某时某地存在的物理事物，它是一组协议，这组协议使任何具有计算机、调制解调器和 Internet 服务提供者的用户能访问和共享 Internet 上的信息。

1. 网络接口层。

负责处理与传输介质相关的细节（物理线路和接口、链路层通信）。主要协议有：以太网/FDDI/令牌环、SLIP/HDLC/PPP、X. 25/帧中继/ATM 等。

2. 网络层。

负责将数据包送达正确的目的地（数据包的路由、路由的维护），处理报文的路由管理，这一层根据接收报文的信息决定报文的去向。主要协议有：IP、ICMP、IGMP 等。

3. 传输层。

负责提供端到端通信（数据完整性校验、差错重传、数据的重新排序）。主要协议有：TCP、UDP 等。

4. 应用层。

负责处理特定的应用程序细节（远程访问、资源共享），包括一些服务，这些服务在 OSI 中由独立的三层实现。这些服务是和端用户相关的认证、数据处理以及压缩。包括电子邮件、浏览器、Telnet 客户以及其他的 Internet 应用。主要协议有：Telnet、FTP/TFTP、SMTP/POP3、SNMP/HTTP 等。

【课后习题】

一、单项选择题

1. 为了与连接到另一个网络中的人们通信，我们需要通过一台设备，该设备能够提供硬件层次和软件层次上的转换。该设备一般被称为（　　）。

A. 网卡　　B. 网桥　　C. 网守　　D. 网关

2. 数据在传输过程中的数据的压缩和解压缩、加密和解密等工作是由哪个 OSI 层次提供的服务？（　　）

A. 应用层　　B. 表示层　　C. 传输层　　D. 数据链路层

3. 下列哪个协议属于 TCP/IP 的网际层？（　　）

A. ICMP　　B. PPP　　C. HDLC　　D. RIP

4. 数据封装的正确过程是（　　）。

A. 数据段→数据包→数据帧→数据流→数据

B. 数据流→数据段→数据包→数据帧→数据

C. 数据→数据包→数据段→数据帧→数据流

D. 数据→数据段→数据包→数据帧→数据流

5. 数据传送的逻辑编址和路由选路位于OSI七层模型的哪一层？（　　）

A. 应用层　　B. 表示层　　C. 网络层　　D. 会话层

6. 能保证数据端到端可靠传输能力的是相应OSI的（　　）。

A. 网络层　　B. 传输层　　C. 会话层　　D. 表示层

7. TFTP服务端口号是（　　）。

A. 23　　B. 48　　C. 53　　D. 69

8. OSI参考模型是由下列选项中哪个组织提出的？（　　）

A. IEEE　　B. 美国国家标准局（ANSI）

C. EIA/TIA　　D. IBA

E. ISO

9. 下面哪一个不是TCP报文格式中的字段？（　　）

A. 子网掩码　　B. 序列号　　C. 确认号　　D. 目的端口

10. RFC文档是下面哪一个标准的工作文件？（　　）

A. ISO　　B. ITU　　C. IETF　　D. IEEE

11. 数据分段是OSI七层模型中的____完成的。（　　）

A. 物理层　　B. 网络层　　C. 传输层　　D. 接入层

E. 分发层　　F. 数据链路层

12. IP、Telnet、UDP分别是OSI参考模型的哪一层协议？（　　）

A. 1、2、3　　B. 3、4、5　　C. 4、5、6　　D. 3、7、4

13. TCP协议通过____来区分不同的连接。（　　）

A. IP地址　　B. 端口号　　C. IP地址+端口号　　D. 以上答案均不对

14. 以下工作在OSI参考模型网络层的设备是（　　）。

A. 路由器　　B. 中继器　　C. 集线器　　D. 服务器

15. DNS工作于（　　）。

A. 网络层　　B. 传输层　　C. 会话层　　D. 表示层

E. 应用层

16. 高层的协议将数据传递到网络层后，形成____，而后传送到数据链路层。（　　）

A. 数据帧　　B. 数据流　　C. 数据包　　D. 数据段

17. 在TCP建立连接的3个数据段中，SYN位和ACK位都为1的是（　　）。

A. 第一个段　　B. 第二个段　　C. 第三个段　　D. 第一个和第三个段

18. 下列所述的哪一个是无连接的传输层协议？（　　）

A. TCP　　B. UDP　　C. IP　　D. SPX

19. PING命令使用ICMP的哪一种code类型？（　　）

A. Redirect　　B. Echo reply

C. Source quench　　D. Destination Unreachable

20. 下列协议中，使用 UDP 作为承载协议的是？(　　)

A. FTP　　B. TFTP　　C. SMTP　　D. HTTP

21. 小于____的 TCP/UDP 端口号已保留与现有服务一一对应，此数字以上的端口号可自由分配。(　　)

A. 199　　B. 100　　C. 1024　　D. 2048

22. 下面关于 MAC 地址说法正确的是（　　）。

A. 最高位为 1 时，表示唯一地址或单播地址

B. 最高位为 0 时，表示组地址或组播地址

C. 全为 1 时，表示广播地址

D. 源 MAC 地址与目的 MAC 地址的前 24 位必须相同才可以通信

23. 在以太网帧中，哪一个字段用于指示数据帧负载部分的协议类型？(　　)

A. protocol　　B. type　　C. port　　D. code

24. 关于 IPv4，以下说法正确的是（　　）。

A. 提供可靠的传输服务　　B. 提供尽力而为的传输服务

C. 在传输前先建立连接　　D. 保证发送出去的数据包按顺序到达

25. 在 Windows 主机上使用 ping 命令连续测试与某目标的连通性，应使用什么参数？(　　)

A. －l　　B. －t　　C. －a　　D. －v

26. Windows 中的 tracert 命令是利用什么协议实现的？(　　)

A. ARP　　B. ICMP　　C. IP　　D. RARP

27. 在以下地址段中，我们通常在内网中使用，且在外网使用时不需向 CNNIC 注册的 IP 地址是？(　　)

A. 10. 0. 0. 0/8　　B. 172. 32. 0. 0/16　　C. 192. 186. 0. 0/16　　D. 219. 168. 0. 0/16

28. 如果需要清空当前主机的 ARP 列表，应该使用什么命令？(　　)

A. arp －a　　B. arp －d　　C. arp －n　　D. arp －l

29. IP 地址 192. 168. 1. 0/16 代表的含义是（　　）。

A. 网络 192. 168. 1 中编号为 0 的主机

B. 代表 192. 168. 1. 0 这个 C 类网络

C. 是一个超网的网络号，该超网由 255 个 C 类网络合并而成

D. 网络号是 192. 168，主机号是 1. 0

30. IP 报文为什么需要分片和重组？(　　)

A. 因为应用层需要发送的数据往往大于 65535 字节

B. 因为传输层提交的数据往往大于 65535 字节

C. 因为数据链路层的 MTU 小于 65535 字节

D. 因为物理层一次能够传输的数据小于 65535 字节

31. IP 协议报头中哪个字段说明了数据部分封装的传输层协议类型？(　　)

A. 版本字段　　B. 标志字段　　C. 标识符字段　　D. 协议字段

32. 以下对 Telnet 的描述，正确的是（　　）。

A. 一个用于确定某个 IP 地址是否可达的工具，它会发出数据包到这个 IP 地址并等待回应

B. 一个利用路径上每个路由器返回的 ICMP 超时信息来工作的工具

C. 允许用户访问远程设备 CLI 的工具

D. 网络设备内置的一个应用，它可以向管理员报告错误信息

33. 下列有关 TCP 和 UDP 的说法中，错误的是（　　）。

A. TCP 是一种面向连接的、可靠的传输层协议

B. TCP 是通过滑动窗口来确保数据可靠传输

C. UDP 是一种非面向连接的协议，省去了确认机制，因此提高了数据传输的高效性，而可靠性是通过高层协议来实现的

D. TFTP 是使用 UDP 进行文件传输的应用层协议

34. 以下哪一项不是路由器具备的主要功能？（　　）

A. 转发收到的 IP 数据包　　B. 为 IP 数据包选择最佳转发路径

C. 分析 IP 数据包所携带的 TCP 内容　　D. 维护路由表

35. OSI 参考模型中的____负责产生和检测电压，以便收发承载数据的信号。（　　）

A. 传输层　　B. 网络层　　C. 数据链路层　　D. 物理层

36. 以下对局域网特点的描述，正确的是（　　）。

A. 运行在有限的地理范围内　　B. 至少包含一台服务器

C. 可以在不安全的网络中建立安全的隧道　　D. 将 SOHO 用户接入公司内部网络

37. 在进行网络测试时，为了测试目标服务器的某个应用的端口是否开启，可以使用以下哪种方法？（　　）

A. ping 目标主机的目标端口号　　B. telnet 目标主机的目标端口号

C. A、B 两种方法都不可以　　D. A、B 两种方法都可以

38. 为了传输的可靠性，http 使用 TCP 协议作为承载协议。TCP 用于实现可靠性的是 TCP 头部中的____字段。（　　）

A. 确认号　　B. 端口号　　C. 窗口大小　　D. 序列号

二、多项选择题

1. 以下哪两项是 UDP 报文中包括的字段？（　　）

A. 源端口/目的端口　B. 源地址/目的地址　C. 长度和校验和　　D. 报文序列号

2. 数据链路层由两个部分组成，这两部分是（　　）。

A. 会话子层　　B. 表示子层　　C. 逻辑链接控制子层

D. 介质访问控制子层　　E. 唯一组织代码和厂商编号

F. 目的服务访问点　　G. 源服务访问点

3. 下面应用中需要在数据传输前建立连接的是（　　）。

A. ping　　B. telnet　　C. DHCP

D. TFTP　　E. FTP

任务2　IP编址与子网划分

一、IP 编址

网络互联的一个重要前提条件是要有一个有效的地址结构，并且所有的互联网络用户都应遵守这个地址结构。地址结构可以有许多不同的形式，网络地址总是数字式的，这些数字可以用二进制、十进制、十六进制表示，它们能方便所有的人理解和实现。地址结构能够高度扩展，或者专门为一小部分用户团体而设计。

Internet 和 IP 的设计师 Internet 工程任务组（IETF）选择了适合于机器表示的数值来标识 IP 网络和主机，因此 Internet 中的每一个网络具有自己独一无二的数值地址。网络管理人员要确信网络中的每一台主机有与之对应的唯一的主机编号。

IP 的原始版本 IPv4，使用 32 位的二进制地址，每个地址组织成由点分隔的 8 位数，每个 8 位数称为 8 位位组，二进制数表示对机器很友好，但不易被用户所理解。

32 位的 IPv4 地址意味着 Internet 能支持 4294967296 个可能的 IPv4 地址，这个数量曾经被认为绰绰有余。但是，这些地址被浪费掉许多，包括分配但没被使用的地址、分配不合适的子网掩码等。

随着 Internet 用户的增长，32 位的地址被证明有问题。IPv6 就是为了克服这个不足而设计的，它有非常不同的地址结构。IPv6 地址有 128 位，使用全新的分类，以使地址的使用效率最大化。

1. 二进制和十进制数。

以 2 为基数的数值系统称为二进制数，某一位的 1 表示的值大小由其位置决定。这非常类似于十进制系统，最右边的数代表 1，次右边的数代表 10，再次右边的数表示 100，依此类推。每一个数位表示的值是其右边数位表示数值的 10 倍。

然而，10 进制数系统提供了 10 个数字表示不同的值（0 ~ 9），而二进制数系统仅支持两个有效数字：0 和 1。数值所在位置决定了数的大小，最右位置。在十进制中表示 1，在二进制中亦是如此，次右的数位代表 2，下一个位置代表 4，再下一个代表 8 等等。每一个位置上的数表示的值是其右边数位表示数值大小的 2 倍。

一个二进制数对应的十进制数为：把二进制数中为 1 的位对应的数值相加。从数学上讲，IPv4 地址的每个 8 位位组（共有 4 个）能表示的最大值为 10 进制 255，若要一个 8 位的二进制数等于 255，需要其中的每一位均为 1。表 8 - 2 - 1 表示出了二进制与十进制数之间的关系。

表 8 - 2 - 1

位数	8	7	6	5	4	3	2	1
二进制	1	1	1	1	1	1	1	1
十进制	128	64	32	16	8	4	2	1

二进制地址中每位的值均为 1，因此计算这个二进制数对应的十进制数把各位所表示的

数值相加即可，即：128 +64 +32 +16 +8 +4 +2 +1 =255。

二进制与十进制数值之间的这个关系是整个 IP 地址结构的基石。记住在每个 IPv4 地址中有 4 个二进制 8 位位组。IP 地址结构的其他方面如子网掩码、VLSM 以及 CIDR 均基于这些数值系统，所以必须明白这些基本的数值系统及其之间的转化。

2. IPv4 地址格式。

IPv4 地址在 1981 年 9 月实现标准化。人们考虑到当时的计算情况，尽量使其具有前瞻性。基本的 IP 地址是分成 8 位一个单元（称为 8 位位组）的 32 位二进制数。

为了方便人们的使用，对机器友好的二进制地址转变为人们更熟悉的十进制地址。IP 地址中的每一个 8 位位组用 0 ~255 之间的一个十进制数表示。这些数之间用点（.）隔开，这是所谓的十进制点分法。因此，最小的 IPv4 地址值为 0.0.0.0，最大的地址值为 255.255.255.255，然而这两个值是保留的，没有分配给私人的端系统。

十进制点分法表示的 IPv4 地址分成几类，以适应大型、中型、小型的网络。这些类的不同之处在于用于表示网络的位数与用于表示主机的位数之间的差别。IP 地址分成五类，用字母表示：A 类地址、B 类地址、C 类地址、D 类地址、E 类地址。

每一个 IP 地址包括两部分：网络地址和主机地址（图 8 -2 -1），上面五类地址对所支持的网络数和主机数有不同的组合（图 8 -2 -2）。

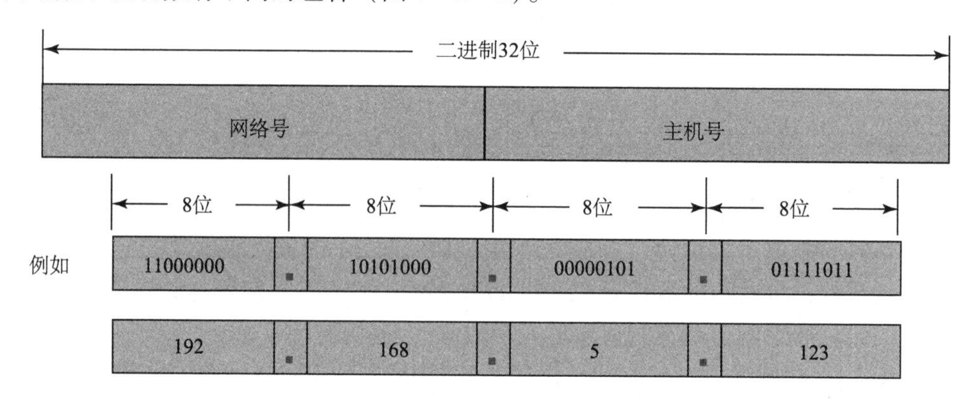

图 8 -2 -1

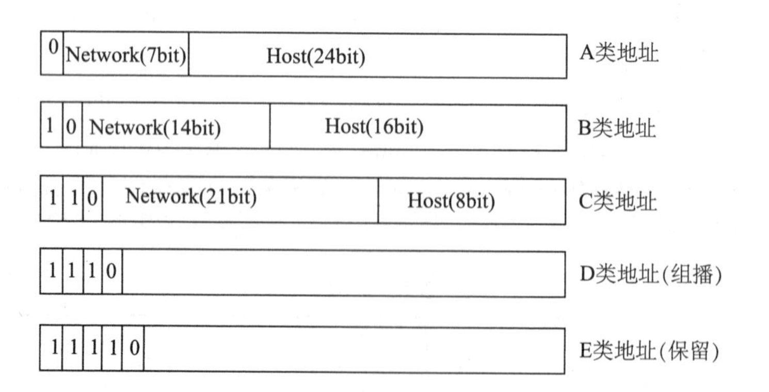

图 8 -2 -2

（1）A 类地址。

设计 A 类地址的目的是支持巨型网络，由于对规模巨大网络的需求很小，因此开发了

这种结构使主机地址数很大，而严格限制可被定义为 A 类网络的数量。

一个 A 类 IP 地址仅使用第一个 8 位位组表示网络地址，剩下的 3 个 8 位位组表示主机地址。

A 类地址的第一个位置为 0，这一点在数学上限制了 A 类地址的范围小于 127（64 + 32 + 16 + 8 + 4 + 2 + 1）。最左边位表示 128，在这里空缺。因此仅有 127 个可能的 A 类网络。

A 类地址后面的 24 位表示可能的主机地址，A 类网络地址的范围从 1.0.0.0 到 126.0.0.0。

注意只有第一个 8 位位组表示网络地址，剩余的 3 个 8 位位组用于表示第一个 8 位位组所表示网络中唯一的主机地址，当用于描述网络时这些位置为 0。

注意：127.0.0.0 是一个 A 类地址，但是它已被保留作闭环（look back）测试之用而不能分配给一个主机。

每一个 A 类地址能支持 16777214 个不同的主机地址，这个数是由 2 的 24 次方再减去 2 得到的。减 2 是必要的，因为 IP 把全 0 保留为表示网络而全 1 表示网络内的广播地址。

（2）B 类地址。

设计 B 类地址的目的是支持中到大型的网络。B 类网络地址范围从 128.1.0.0 到 191.254.0.0。

B 类地址蕴含的数学逻辑是相当简单的。一个 B 类 IP 地址使用两个 8 位位组表示网络号，另外两个 8 位位组表示主机号。B 类地址的第 1 个 8 位位组的前两位总置为 10，剩下的 6 位既可以是 0 也可以是 1，这样就限制其范围小于等于 191（128 + 32 + 16 + 8 + 4 + 2 + 1）。

最后的 16 位（2 个 8 位位组）标识可能的主机地址。每一个 B 类地址能支持 64534 个唯一的主机地址，这个数由 2 的 16 次方减 2 得到。B 类网络仅有 16382 个。

（3）C 类地址。

C 类地址用于支持大量的小型网络。这类地址可以认为与 A 类地址正好相反。A 类地址使用第一个 8 位位组表示网络号，剩下的 3 个表示主机号，而 C 类地址使用三个 8 位位组表示网络地址，仅用一个 8 位位组表示主机号。

C 类地址的前 3 位数为 110，前两位和为 192（128 + 64），这形成了 C 类地址空间的下界。第三位等于十进制数 32，这一位为 0 限制了地址空间的上界。不能使用第三位限制了此 8 位位组的最大值为 223（255 - 32）。因此 C 类网络地址范围从 192.0.1.0 至 223.255.254.0。

最后一个 8 位位组用于主机寻址。每一个 C 类地址理论上可支持最大 256 个主机地址（0 ~ 255），但是仅 254 个可用，因为 0 和 255 不是有效的主机地址。可以有 2097150 个不同的 C 类网络地址。

注意：在 IP 地址中，0 和 255 是保留的主机地址。IP 地址中所有的主机地址为 0 用于标识局域网。同样，全为 1 表示在此网段中的广播地址。

（4）D 类地址。

D 类地址用于在 IP 网络中的组播（Multicasting，又称为多目广播）。D 类组播地址机制仅有有限的用处，一个组播地址是一个唯一的网络地址，它能指导报文到达预定义的 IP 地址组。

因此，一台机器可以把数据流同时发送到多个接收端，这比为每个接收端创建一个不同的流有效得多。组播长期以来被认为是IP网络最理想的特性，因为它有效地减小了网络流量。

D类地址空间，和其他地址空间一样，有其数学限制，D类地址的前4位恒为1110，预置前3位为1意味着D类地址开始于224（128+64+32）。第4位为0意味着D类地址的最大值为239（128+64+32+8+4+2+1），因此D类地址空间的范围从224.0.0.0到239.255.255.254。

这个范围看起来有些奇怪，因为上界需要4个8位位组确定。通常情况下，这意味着用于表示主机和网络的8位位组用来表示一个网络号。这其中是有原因的，因为D类地址不是用于互联单独的端系统或网络。

D类地址用于在一个私有网中传输组播报文至IP地址定义的端系统组中。因此没有必要把地址中的8位位组或地址位分开表示网络和主机。相反，整个地址空间用于识别一个IP地址组（A、B或C类）。现在，提出了许多其他的建议：不需要D类地址空间的复杂性，就可以进行IP组播。

（5）E类地址。

E类地址虽被定义却为IETF所保留作研究之用。因此Internet上没有可用的E类地址。E类地址的前4位恒为1，因此有效的地址范围从240.0.0.0至255.255.255.255，所以E类地址只作研究之用且仅IETF内部使用。

（6）特殊的IP地址（表8-2-2）。

表8-2-2

网络号	主机号	地址类型和用途
Any	全0	网络地址，代表特定网段
Any	全1	网段广播地址，代表特定网段的所有节点
127	Any	环回地址，常用于环回测试
全0		代表所有网络，常用于指定默认路由
全1		全网广播地址，代表所有节点

（7）单播、广播与组播的概念。

单播：从一台主机向另一台主机发送数据包的过程。使用目的设备的主机地址作为目的地址，并且可以通过网际网络路由。

广播：从一台主机向某网络中的所有主机发送数据包的过程。使用特殊的地址作为目的地址，分为限制广播（仅限于本地网络，不被路由器转发）与定向广播（某个特定网络，被路由器转发）。

组播：从一台主机向选定的一组主机发送数据包的过程。使用特殊的地址作为目的地址，可以限于本地网络，也可以通过网际网络路由。

二、子网与子网划分

由网络管理员将一个给定的网络分为若干个更小的部分，称为子网划分（RFC950），这些被划分出来的更小部分被称为子网（Subnet）。

当网络中的主机总数未超出所给定的某类网络可容纳的最大主机数，但内部又要划分成若干个分段（Segment）进行管理时，就可以采用子网划分的方法。为了创建子网，网络管理员需要从原有 IP 地址的主机位中借出连续的高若干位（图 8－2－3）作为子网络标识。

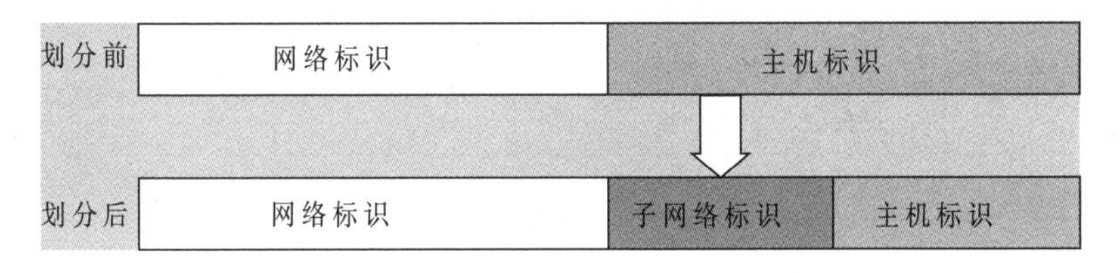

图 8－2－3

1. 子网掩码。

子网掩码是可用点－十进制数格式表示的 32 位二进制数，掩码告诉网络中的端系统（包括路由器和其他主机）IP 地址的多少位用于识别网络和子网。这些位被称为扩展的网络前缀。剩下的位标识子网内的主机，掩码中用于标识网络号的位置为 1，主机位置为 0。

（1）格式：使用与 IP 地址相同的编址格式，32 位长度的二进制比特位，也可分为 4 个 8 位组并采用点十进制来表示。

（2）取值：与 IP 地址中的网络位部分对应的位取值为“1”，而与 IP 地址主机部分对应的位取值为“0”。

（3）功能：告知主机或路由设备，IP 地址的哪一部分代表网络号（含网络标识与子网络标识），哪一部分代表主机号。

（4）操作：通过将子网掩码与相应的 IP 地址进行求“与”操作，分离出给定的 IP 地址所属的网络号信息。

（5）使用：与 IP 地址配对出现。传统的 A、B 和 C 类网络所对应的子网掩码分别为：255.0.0.0、255.255.0.0 和 255.255.255.0。

子网掩码举例：

例 1：101.3.3.3/255.0.0.0（或写成 101.3.3.3/8）表示该地址中的前 8 位为网络标识部分，后 24 位表示主机号，从而网络号为 101.0.0.0，表明未进行过子网划分。

例 2：101.3.3.3/255.255.248.0（或写成 101.3.3.3/21）表示该地址中的前 21 位为网络标识部分，后 11 位表示主机部分，表明进行了子网划分。

2. 子网划分的方法。

（1）明确与子网划分的需求：需要获得的子网数量和每个子网中所要拥有的主机数；

（2）确定需要从原主机位借出的子网络标识位数：在满足基本需求的前提下，尽可能提供子网数量和主机数的冗余；

（3）根据全“0”和全“1”IP 地址保留的规定：原则上，子网划分时要从主机位的高位中至少选择两位（link）作为子网络位；而只要能保证保留两位作为主机位，A、B、C 类网络最多可借出的子网络位分别为 22 位、14 位和 6 位。

C 类地址空间的子网化如表 8－2－3 所示。

表8-2-3

网络前缀中的位数	子网掩码	可用的子网地址数	每个子网内可用的主机地址数
2	255.255.255.192	1022	62
3	255.255.255.224	2046	30
4	255.255.255.240	4094	14
5	255.255.255.248	8190	6
6	255.255.255.252	16382	2

3. 可变长子网掩码（VLSM）。

允许在同一网络范围内使用不同长度子网掩码称为可变长子网掩码（Variable - Length Subnet Mask），简称VLSM。

虽然分子网方法是对IP地址结构有价值的扩充，但是它还要受到一个基本的限制：整个网络只能有一个子网掩码。因此，当用户选择了一个子网掩码（也就意味着每个子网内的主机数确定了）之后，就不能支持不同尺寸的子网了。1987年针对这一问题提出了解决方法，IETF发布了RFC1009，这个文档规范了如何使用多个子网掩码分子网，即每个子网可以有不同的大小，这种子网化技术称为VLSM。

VLSM使一个组织的IP地址空间被更有效地使用，使网络管理员能够按子网的特殊需要定制子网掩码。假设一个IP基地址为172.16.9.0，这是一个B类地址。使用16位的网络号。使用6位扩展网络前缀会得到22位的扩展网络前缀，这样就会有62个可用的子网地址，每个子网内有1022个可用的主机地址。

4. 无类域前路由（CIDR）。

Classless Inter - domain Routing，简称CIDR，它有三大特点：消除地址分类、强化路由汇聚、超网化。

即允许将若干个较小的网络合并成一个较大的网络，以可变长子网掩码的方式重新分配网络号，目的在于将多个IP网络地址捆绑起来使用，形成地址汇聚（address aggregation），在地址汇聚的基础上实现路由汇聚（routing aggregation），减少路由表的表项，提高路由器的工作效率。

CIDR是对IP地址结构的扩充。它是随着20世纪90年代初Internet的飞速发展带来的危机而产生的。早在1992年，IETF就针对Internet的需要和使用开始考虑Internet继续扩展的能力。主要考虑：剩下未分配IPv4地址的耗尽问题，B类地址的耗尽尤其严重；随着Internet的成长，路由表迅速扩大。

所有的迹象表明Internet会快速发展且这种势头必将持续，因为更多的商业组织连到Internet上。实际上，IETF的一些成员甚至预言了“毁灭之日”，是1994年3月的某一天，这一天被认为是B类地址耗尽的时间。缺少任何寻址机制，Internet的可扩展性将受到削弱。更坏的预测是：Internet会在“毁灭之日”前路由表大到使路由机制崩溃。

IETF决定为了避免Internet的崩溃，制定了短期和长期的解决方案。从长远考虑，唯一可靠的解决方案是开发全新的IP协议，这种协议应具有极大扩充的地址空间结构，最后，这个方案被称为IPv6。

更紧迫、短期的要求是减慢未分配地址的耗尽速度和减慢路由表的扩大速度，其结果促成了 CIDR。依靠更灵活的地址结构，在 1994—1995 年，CIDR 在 Internet 上被实现，在防止路由表扩大方面马上见效。CIDR 的另一个优点是超网。超网化就是把一块连续的 C 类地址空间模拟成一个单一的更大一些的地址空间。如果得到足够多的连续 C 类地址，就能够重新定义网络和主机识别域中位数的分配情况，模拟一个 B 类地址。

CIDR 是传统地址分配策略的重大突破，它完全抛弃了有类地址，这允许 CIDR 根据网络大小分配网络地址空间，而不是在预定义的网络地址空间中作裁剪。每一个 CIDR 网络地址和一个相关位的掩码一起广播，这个掩码识别了网络前缀的长度。

【课后习题】

一、单项选择题

1. 第一个八位组以二进 1110 开头的 IP 地址是____地址。（　　）

A. A 类　　B. B 类　　C. C 类　　D. D 类

2. 根据图 8 -2 -4 所示，以下哪个 IP 地址可以指派给 PC？（　　）

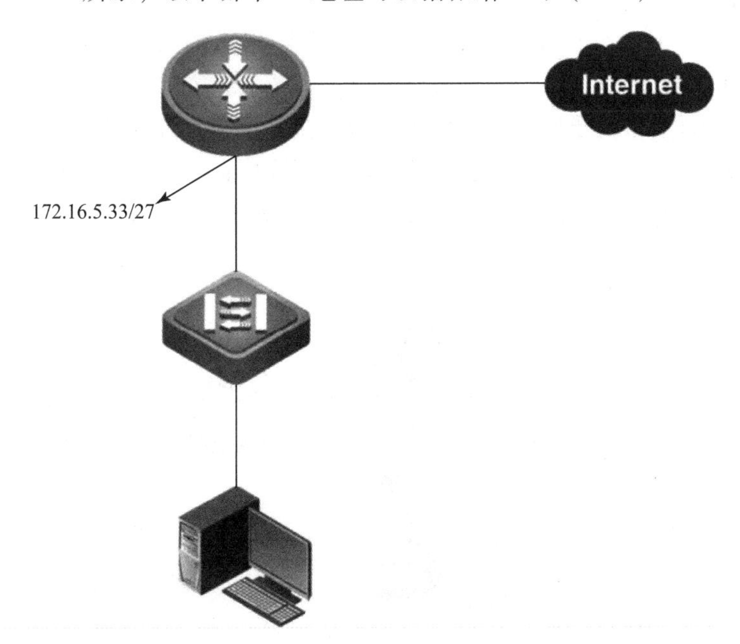

图 8 -2 -4

A. 172. 16. 5.　　B. 172. 16. 5. 32　　C. 172. 16. 5. 40

D. 172. 16. 5. 63　　E. 172. 16. 5. 75

3. 如图 8 -2 -5 所示的网络中，如果主机 A 向主机 B 发出 ping 流量并收到了主机 B 的应答流量，以下叙述中正确的是（　　）。

A. 路由器的 F0/1 收到的 ping，源 IP 地址是主机 A 的 IP，目的 MAC 地址是主机 B 的 MAC

B. 路由器的 F1/1 转出的 ping，源 MAC 地址是主机 A 的 MAC，目的 IP 地址是主机 B 的 IP

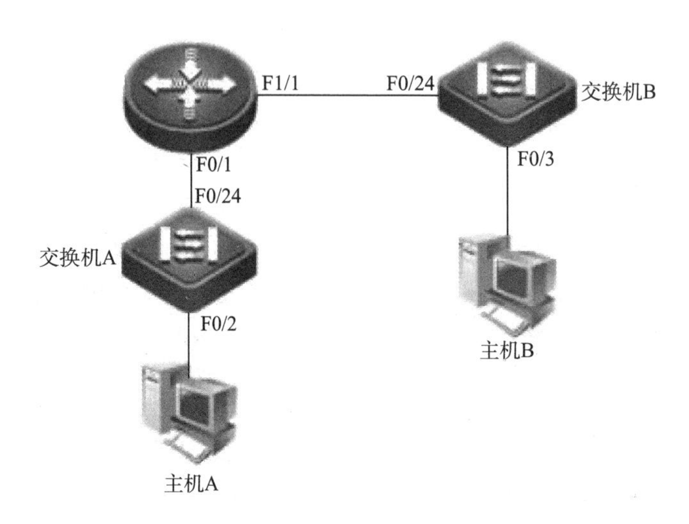

图 8 -2 -5

C. 路由器的 F0/1 转出的应答，源 IP 地址是主机 B 的 IP，目的 MAC 地址是主机 A 的 MAC

D. 路由器 F1/1 收到的应答，源 IP 地址是主机 B 的 IP，目的 MAC 地址是主机 A 的 MAC

4. 对于一个没有经过子网划分的传统 C 类网络来说，允许安装多少台主机？（ ）

A. 1024 台　　B. 65025 台　　C. 254 台　　D. 16 台　　E. 48 台

5. 如图 8 -2 -6 所示，添加了一个包含 11 台主机的子网，为了减少地址浪费，该子网的网络号最好是（ ）。

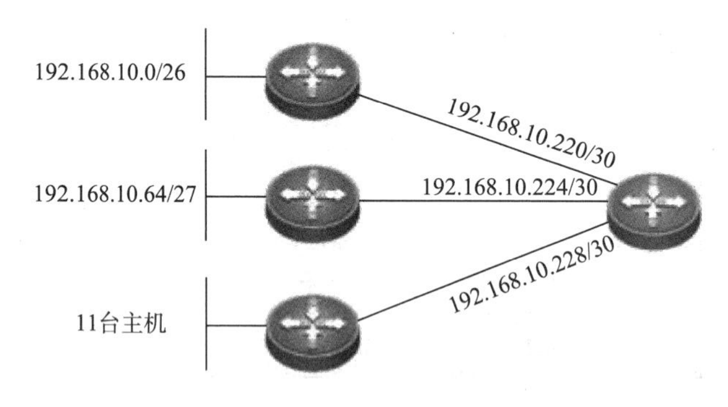

图 8 -2 -6

A. 192. 168. 10. 80/29　　B. 192. 168. 10. 96/28

C. 192. 168. 10. 80/28　　D. 192. 168. 10. 96/29

二、多项选择题

1. 国际上负责分配 IP 地址的专业组织划分了几个网段作为私有网段，可以供人们在私有网络上自由分配使用，以下属于私有地址的网段是哪三项？（ ）

A. 10. 0. 0. 0/8　　B. 172. 16. 0. 0/12

C. 192. 168. 0. 0/16　　D. 224. 0. 0. 0/8

2. 子网划分使得 IP 地址结构分为哪三部分？(　　)

A. 网络位　　B. 主机位　　C. 广播位　　D. 子网位

3. 下面关于 IP 地址说法正确的是哪三项？(　　)

A. 每一个 IP 地址包括两部分：网络位和主机位

B. IP 地址分为 A、B、C、D、E 五类

C. 使用 32 位的二进制地址，通常用点分十进制表示

D. IP 地址掩码与 IP 地址逐位进行与运算操作，结果也是一个 32 位的二进制数。这 32 位中，为 0 的部分代表主机位

【课后习题】参考答案

项目一　交换机配置

任务 1　交换机的初始化配置

一、单项选择题

1. B　2. A　3. A　4. B　5. D　6. D　7. A　8. B　9. B　10. D　11. C　12. B

二、多项选择题

1. BC　2. BD

任务 2　交换机 VLAN 划分

一、单项选择题

1. B　2. C　3. B　4. C　5. B　6. A　7. B　8. A　9. A

二、多项选择题

1. CD　2. BD

任务 3　跨交换机实现相同 VLAN 互通

一、单项选择题

1. B　2. D　3. B　4. C　5. B　6. B　7. B　8. A　9. A　10. A　11. A　12. C　13. D　14. D

二、多项选择题

1. CD　2. AD

任务 4　利用三层交换机路由功能实现不同 VLAN 互通

一、单项选择题

1. C　2. B

二、多项选择题

1. BCE　2. BCF

任务5　生成树配置一（端口上开启 RSTP）

一、单项选择题

1. A　2. B　3. B　4. C　5. A　6. C　7. B　8. C　9. B　10. B　11. B　12. C　13. C　14. C

二、多项选择题

ABC

任务6　生成树配置二（VLAN 上开启 RSTP）

一、单项选择题

1. B　2. C　3. B　4. A　5. D　6. B　7. A　8. C　9. A　10. B

二、多项选择题

ABD

任务7　端口聚合

一、单项选择题

1. B　2. A　3. C　4. D　5. B　6. B　7. B　8. C　9. B　10. D　11. D

二、多项选择题

ABCD

任务8　交换机端口安全

一、单项选择题

1. B　2. B　3. B

二、多项选择题

1. BCD　2. ABC

项目二　交换机进阶功能

任务1　三层交换机的路由功能一（端口路由）

一、单项选择题

B

二、多项选择题

1. AD　2. ABC　3. DF

任务2　三层交换机的路由功能二（SVI路由）

一、单项选择题

1. A　2. C

二、多项选择题

1. AC　2. ABD

任务3　交换机综合实验网络规划与配置

一、单项选择题

1. B　2. B　3. A

二、多项选择题

1. CDE　2. AB

项目三　路由器配置

任务1　路由器基本配置与静态路由

一、单项选择题

1. B　2. B　3. D　4. D　5. B　6. D　7. D　8. D　9. B　10. C　11. C　12. A　13. A　14. B　15. D　16. D　17. C　18. D　19. C　20. B　21. A　22. A　23. B　24. C　25. B

二、多项选择题

1. BD　2. AD

任务2　单臂路由配置

一、单项选择题

1. D　2. C　3. D　4. B　5. B　6. C　7. A

二、多项选择题

BC

任务3　RIP动态路由配置

一、单项选择题

1. C　2. B　3. C　4. D　5. A　6. B　7. A　8. C　9. B　10. C　11. A

二、多项选择题

1. ABC　2. ACD　3. AC

任务4　OSPF 动态路由单区域配置

一、单项选择题

1. C　2. C　3. B　4. D　5. C　6. C　7. B　8. C　9. A　10. B　11. D　12. C　13. D　14. D　15. C　16. C　17. C　18. C　19. B　20. A　21. D　22. C　23. A　24. C

二、多项选择题

1. AC　2. AD　3. ABC　4. AC

任务5　OSPF 动态路由多区域配置

一、单项选择题

1. A　2. A　3. A　4. A　5. B　6. B　7. A　8. A　9. C　10. B　11. A　12. C　13. A

二、多项选择题

1. BF　2. ABD　3. AC　4. ABD　5. BF　6. ABC

项目四　广域网接入

任务1　广域网协议封装与 PPP 的 PAP 认证

一、单项选择题

1. A　2. B　3. B　4. B　5. B　6. B

二、多项选择题

1. AB　2. BD

任务2　PPP 的 CHAP 认证

一、单项选择题

1. C　2. D　3. C

二、多项选择题

ACD

任务3　VoIP 因特网语音协议拨号对等体实验

一、单项选择题

1. B　2. A

二、多项选择题

1. ABCD　2. ACD

项目五　网络安全配置

任务1　标准ACL访问控制列表实验一（编号方式）

一、单项选择题

1. C　2. C　3. C

二、多项选择题

ABCD

任务2　标准ACL访问控制列表实验二（命名方式）

一、单项选择题

1. C　2. B

二、多项选择题

AC

任务3　扩展ACL访问控制列表实验一（编号方式）

一、单项选择题

1. A　2. C　3. B　4. C

二、多项选择题

1. AF　2. AB

任务4　扩展ACL访问控制列表实验二（命名方式）

一、单项选择题

1. B　2. C　3. D

二、多项选择题

BD

任务5　扩展ACL访问控制列表实验三（VTY访问限制）

一、单项选择题

1. C　2. B

二、多项选择题

ABD

项目六　内外网互联

任务1　动态 NAPT 配置

一、单项选择题

1. B　2. A　3. B　4. B　5. B　6. D　7. D　8. B　9. B　10. B
11. D

二、多项选择题

1. ABCD　2. BC　3. AD

任务2　反向 NAT 映射

一、单项选择题

1. D　2. B　3. B

二、多项选择题

AC

任务3　DHCP 配置（Client 与 Server 处于同一子网）

一、单项选择题

1. D　2. A

二、多项选择题

BC

任务4　DHCP 中继代理（Client 与 Server 处于不同子网）

一、单项选择题

A

二、多项选择题

1. AB　2. AB

任务5　Wireless 无线实验

一、单项选择题

1. C　2. B　3. C　4. C　5. B　6. C　7. C　8. D　9. A　10. A　11. A　12. A　13. C

14. D

二、多项选择题

AC

项目七　网络综合配置

任务1　网络综合配置重要实验命令范例

1. C　2. rstp　priority　port - priority　3. D　4. A　5. 10　static　tcp　172. 16. 40. 2　211. 33. 171. 1　outside　inside　6. AB　7. AD

任务2　中小型企业网络配置实训

1. range　port - group　trunk　2. AC　3. A　4. 0. 0. 0. 0　172. 16. 0. 0　FastEthernet　0/1　212. 1. 1. 1　10. 1. 1. 2　1/0　5. 172. 16. 20. 254　10. 1. 1. 1　10. 1. 1. 6　6. AC　7. AD　8. CDE　9. AD　10. A　11. 0. 0. 0. 0　172. 16. 0. 0　FastEthernet　0/1　default - information　10. 1. 1. 2　1/0　12. CDE

任务3　校园网络规划与设计实训

一、单项选择题

1. C　2. A　3. B　4. A　5. B

二、多项选择题

1. ACD　2. ABC　3. ABC　4. BD　5. CDEF

项目八　网络工程师认证基础知识

任务1　网络体系结构

一、单项选择题

1. D　2. B　3. A　4. D　5. C　6. B　7. D　8. E　9. A　10. C　11. C　12. D　13. C　14. A　15. E　16. C　17. B　18. B　19. B　20. B　21. C　22. C　23. B　24. B　25. B　26. B　27. A　28. B　29. D　30. C　31. D　32. C　33. B　34. C　35. D　36. A　37. B　38. D

二、多项选择题

1. AC　2. CD　3. BE

任务2　IP编址与子网划分

一、单项选择题

1. C　2. C　3. A　4. C　5. B

二、多项选择题

1. ABC　2. ABD　3. ABC

参考文献

［1］高峡，陈智罡，袁宗福．网络设备互连学习指南［M］．北京：科学出版社，2009.

［2］高峡，钟啸剑，李永俊．网络设备互连实验指南［M］．北京：科学出版社，2009.

［3］施晓秋．计算机网络技术［M］．北京：高等教育出版社，2006.

［4］〔美〕刘易斯．思科网络技术学院教程（CCNA3 交换基础与中级路由）［M］．北京：北京邮电大学出版社，2008.

［5］孙良旭．路由交换技术［M］．北京：清华大学出版社，2010.

［6］鲍蓉．网络工程教程［M］．北京：中国电力出版社，2008.

［7］桂海源．现代交换原理［M］．3 版．北京：人民邮电出版社，2007.

［8］刘增基，邱智亮．交换原理与技术［M］．北京：人民邮电出版社，2007.

［9］王建平．网络设备配置与管理［M］．北京：清华大学出版社，2010.